세상이 변해도
배움의 즐거움은
변함없도록

시대는 빠르게 변해도
배움의 즐거움은
변함없어야 하기에

어제의 비상은
남다른 교재부터
결이 다른 콘텐츠
전에 없던 교육 플랫폼까지

변함없는 혁신으로
교육 문화 환경의 새로운 전형을
실현해왔습니다.

비상은 오늘, 다시 한번
새로운 교육 문화 환경을 실현하기 위한
또 하나의 혁신을 시작합니다.

오늘의 내가 어제의 나를 초월하고
오늘의 교육이 어제의 교육을 초월하여
배움의 즐거움을 지속하는 혁신,

바로, 메타인지 기반 완전 학습을.

상상을 실현하는 교육 문화 기업 비상

메타인지 기반 완전 학습

초월을 뜻하는 meta와 생각을 뜻하는 인지가 결합한 메타인지는
자신이 알고 모르는 것을 스스로 구분하고 학습계획을 세우도록 하는
궁극의 학습 능력입니다. 비상의 메타인지 기반 완전 학습 시스템은
잠들어 있는 메타인지를 깨워 공부를 100% 내 것으로 만들도록 합니다.

내신 성적을 쑥쑥~ 올리는!!

내공의 힘

중등 수학
2·2

STRUCTURE 구성과 특징

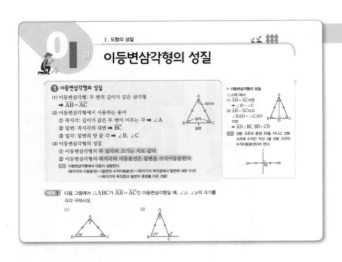

내공 ① 단계 | 개념 정리 + 예제

핵심 개념과 대표 문제를 함께 구성하여 시험 전에 중요 내용만을 한눈에 정리할 수 있다.

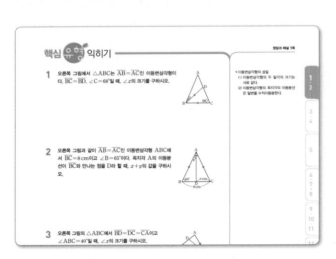

내공 ② 단계 | 핵심 유형 익히기

각 유형마다 자주 출제되는 핵심 유형만을 모아 구성하였다.

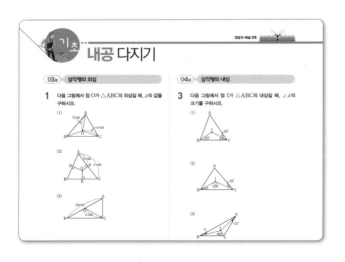

내공 ③ 단계 | 기초 내공 다지기

계산 또는 기초 개념에 대한 유사 문제를 반복 연습할 수 있다.

다시 보는 핵심 문제 | 내공 **5** 단계

중단원의 핵심 문제들로 최종 실전 점검을 할
수 있다.

내공 쌓는 족집게 문제 | 내공 **4** 단계

최근 기출 문제를 난이도와 출제율로 구분하여
시험에 완벽하게 대비할 수 있다.

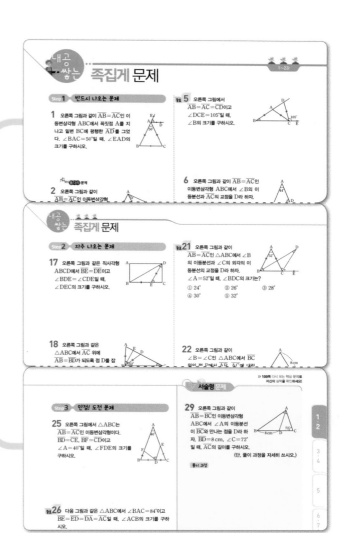

CONTENTS 차례

III

확률

다시 보는 핵심 문제

CONTENTS

이등변삼각형의 성질

01강

❶ 이등변삼각형의 성질

(1) 이등변삼각형: 두 변의 길이가 같은 삼각형
  ➡ $\overline{AB} = \overline{AC}$

(2) 이등변삼각형에서 사용하는 용어
  ① 꼭지각: 길이가 같은 두 변이 이루는 각 ➡ ∠A
  ② 밑변: 꼭지각의 대변 ➡ $\overline{BC}$
  ③ 밑각: 밑변의 양 끝 각 ➡ ∠B, ∠C

(3) 이등변삼각형의 성질
  ① 이등변삼각형의 두 밑각의 크기는 서로 같다.
  ② 이등변삼각형의 꼭지각의 이등분선은 밑변을 수직이등분한다.

  참고 이등변삼각형에서 다음이 성립한다.
  (꼭지각의 이등분선)=(밑변의 수직이등분선)=(꼭지각의 꼭짓점에서 밑변에 내린 수선)
  =(꼭지각의 꼭짓점과 밑변의 중점을 이은 선분)

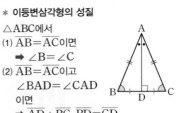
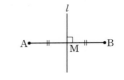

예제 1 다음 그림에서 △ABC가 $\overline{AB} = \overline{AC}$인 이등변삼각형일 때, ∠$x$, ∠$y$의 크기를 각각 구하시오.

(1)

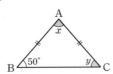

(2)

예제 2 오른쪽 그림과 같이 $\overline{AB} = \overline{AC}$인 이등변삼각형 ABC에서 ∠A의 이등분선이 $\overline{BC}$와 만나는 점을 D라 할 때, 다음을 구하시오.
  (1) $\overline{CD}$의 길이
  (2) ∠ADC의 크기
  (3) ∠B의 크기

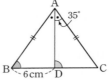

❷ 이등변삼각형이 되는 조건

두 내각의 크기가 같은 삼각형은 이등변삼각형이다.
  ➡ ∠B = ∠C이면 $\overline{AB} = \overline{AC}$

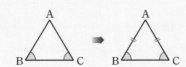

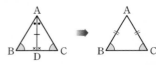
예제 3 다음 그림과 같은 △ABC에서 x의 값을 구하시오.

(1)

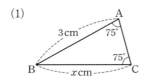

(2)

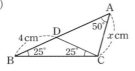

핵심 유형 익히기

1 오른쪽 그림에서 △ABC는 $\overline{AB}=\overline{AC}$인 이등변삼각형이다. $\overline{BC}=\overline{BD}$, ∠C=68°일 때, ∠$x$의 크기를 구하시오.

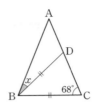

• 이등변삼각형의 성질
 (1) 이등변삼각형의 두 밑각의 크기는 서로 같다.
 (2) 이등변삼각형의 꼭지각의 이등분선은 밑변을 수직이등분한다.

2 오른쪽 그림과 같이 $\overline{AB}=\overline{AC}$인 이등변삼각형 ABC에서 $\overline{BC}=8\,cm$이고 ∠B=65°이다. 꼭지각 A의 이등분선이 $\overline{BC}$와 만나는 점을 D라 할 때, $x+y$의 값을 구하시오.

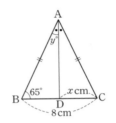

3 오른쪽 그림의 △ABC에서 $\overline{BD}=\overline{DC}=\overline{CA}$이고 ∠ABC=40°일 때, ∠$x$의 크기를 구하시오.

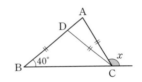

4 오른쪽 그림과 같이 $\overline{AB}=\overline{AC}$인 이등변삼각형 ABC에서 ∠B의 이등분선이 $\overline{AC}$와 만나는 점을 D라 할 때, $\overline{BD}$의 길이를 구하시오.

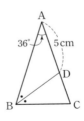

• 두 내각의 크기가 같은 삼각형은 이등변삼각형이다.

5 폭이 일정한 종이 테이프를 오른쪽 그림과 같이 접었다. $\overline{AC}=6\,cm$, $\overline{BC}=4\,cm$일 때, $\overline{AB}$의 길이를 구하시오.

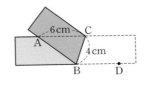

• 폭이 일정한 종이 테이프 접기

02강 직각삼각형의 합동 조건

① 직각삼각형의 합동 조건
직각삼각형에서 직각과 마주 보고 있는 변

(1) RHA 합동: 빗변의 길이와 한 예각의 크기가 각각
같은 두 직각삼각형은 서로 합동이다.
➡ ∠C=∠F=90°, $\overline{AB}=\overline{DE}$, ∠B=∠E이면
△ABC≡△DEF (RHA 합동)

(2) RHS 합동: 빗변의 길이와 다른 한 변의 길이가 각
각 같은 두 직각삼각형은 서로 합동이다.
➡ ∠C=∠F=90°, $\overline{AB}=\overline{DE}$, $\overline{AC}=\overline{DF}$이면
△ABC≡△DEF (RHS 합동)

주의 직각삼각형의 합동 조건을 이용할 때는 빗변의 길이가 같은 지를 반드시 확인해야 한다.

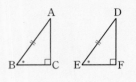
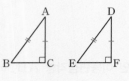

* 직각삼각형의 합동 조건
RHA 합동, RHS 합동에서
R는 직각 (Right angle),
H는 빗변 (Hypotenuse),
A는 각 (Angle),
S는 변 (Side)
을 뜻한다.

예제 1 다음 보기의 직각삼각형 중에서 서로 합동인 것을 찾아 기호 ≡를 써서 나타내고,
각각의 합동 조건을 말하시오.

• 보기 •

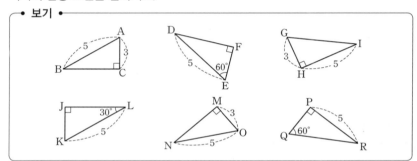

② 각의 이등분선의 성질

(1) 각의 이등분선 위의 한 점에서 그 각을 이루는 두 변
까지의 거리는 같다.
➡ ∠AOP=∠BOP이면 $\overline{PQ}=\overline{PR}$

(2) 각을 이루는 두 변에서 같은 거리에 있는 점은 그 각
의 이등분선 위에 있다.
➡ $\overline{PQ}=\overline{PR}$이면 ∠AOP=∠BOP

참고 (1)에서 △POQ≡△POR (RHA 합동)
(2)에서 △POQ≡△POR (RHS 합동)

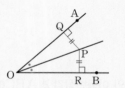

* 각의 이등분선의 성질

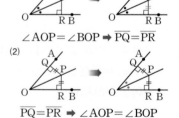

(1)
∠AOP=∠BOP ➡ $\overline{PQ}=\overline{PR}$
(2)
$\overline{PQ}=\overline{PR}$ ➡ ∠AOP=∠BOP

예제 2 오른쪽 그림에서 ∠AOP=∠BOP이고
$\overline{AO}=10\,cm$, $\overline{AP}=3\,cm$일 때, x의 값을 구하시오.

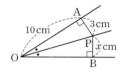

예제 3 오른쪽 그림에서 $\overline{PA}=\overline{PB}$이고 ∠OPB=72°일 때,
∠x의 크기를 구하시오.

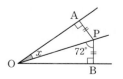

핵심 유형 익히기

1 오른쪽 그림과 같은 두 직각삼각형 ABC와 DEF가 서로 합동이 될 수 있는 조건을 다음 보기에서 모두 고르시오.

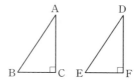

• 보기 •

ㄱ. $\overline{AB}=\overline{DE}$, $\overline{BC}=\overline{EF}$
ㄴ. $\overline{BC}=\overline{EF}$, $\overline{AC}=\overline{DF}$
ㄷ. $\overline{AC}=\overline{DF}$, $\angle A=\angle D$
ㄹ. $\angle A=\angle D$, $\angle B=\angle E$
ㅁ. $\overline{AB}=\overline{DE}$, $\angle B=\angle E$

- 두 직각삼각형의 빗변의 길이가 같을 때
  (1) 크기가 같은 한 예각이 있으면
    ➡ RHA 합동
  (2) 길이가 같은 다른 한 변이 있으면
    ➡ RHS 합동

2 오른쪽 그림과 같이 $\angle B=90°$인 직각이등변삼각형 ABC의 두 꼭짓점 A, C에서 꼭짓점 B를 지나는 직선 l에 내린 수선의 발을 각각 D, E라 하자. $\overline{AD}=3\,cm$, $\overline{CE}=4\,cm$일 때, $\overline{DE}$의 길이를 구하시오.

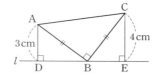

- 직각삼각형에서 직각을 제외한 나머지 두 내각의 크기의 합은 90°이다.

3 오른쪽 그림과 같이 $\angle C=90°$인 직각삼각형 ABC에서 $\overline{BC}=\overline{BD}$이고 $\overline{AB}\perp\overline{DE}$이다. $\overline{EC}=6\,cm$, $\angle EBC=25°$일 때, $x+y$의 값을 구하시오.

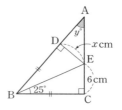

4 오른쪽 그림과 같이 $\overrightarrow{OP}$를 $\angle QOR$의 이등분선이라 하고, 점 P에서 두 변 OQ, OR에 내린 수선의 발을 각각 A, B라 할 때, 다음 보기에서 옳은 것을 모두 고르시오.

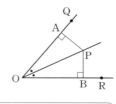

• 보기 •

ㄱ. $\angle POA=\angle POB$
ㄴ. $\overline{OA}=\overline{OP}$
ㄷ. $\overline{PA}=\overline{PB}$
ㄹ. $\triangle POA\equiv\triangle POB$

- 각의 이등분선의 성질
  (1) 각의 이등분선 위의 한 점에서 그 각을 이루는 두 변까지의 거리는 같다.
  (2) 각을 이루는 두 변에서 같은 거리에 있는 점은 그 각의 이등분선 위에 있다.

5 오른쪽 그림과 같이 $\angle B=90°$인 직각삼각형 ABC에서 $\angle A$의 이등분선이 $\overline{BC}$와 만나는 점을 D라 하고, 점 D에서 $\overline{AC}$에 내린 수선의 발을 H라 하자. $\overline{AC}=10\,cm$, $\overline{BD}=3\,cm$일 때, $\triangle ADC$의 넓이를 구하시오.

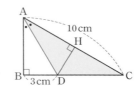

족집게 문제

1 오른쪽 그림과 같이 $\overline{AB}=\overline{AC}$인 이등변삼각형 ABC에서 꼭짓점 A를 지나고 밑변 BC에 평행한 $\overrightarrow{AD}$를 그렸다. ∠BAC=50°일 때, ∠EAD의 크기를 구하시오.

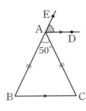

아차! 돌다리 문제

2 오른쪽 그림과 같이 $\overline{AB}=\overline{AC}$인 이등변삼각형 ABC에서 $\overline{BC}$의 연장선 위에 ∠ADC=25°가 되도록 점 D를 잡았다. ∠B=64°일 때, ∠x의 크기는?

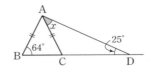

① 20°　　② 23°　　③ 25°

④ 31°　　⑤ 39°

중요 3 오른쪽 그림과 같이 $\overline{AB}=\overline{AC}$인 이등변삼각형 ABC에서 ∠B와 ∠C의 이등분선의 교점을 D라 하자. ∠A=72°일 때, ∠x의 크기를 구하시오.

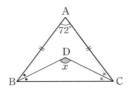

4 오른쪽 그림과 같은 △ABC에서 $\overline{AD}=\overline{BD}=\overline{CD}$이고 ∠C=55°일 때, ∠DAB의 크기는?

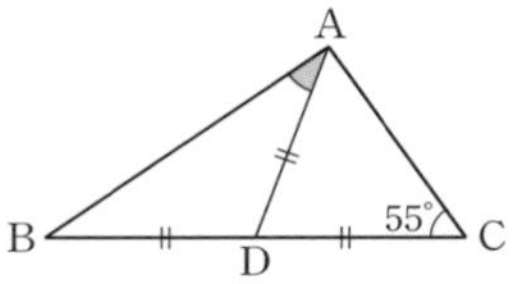

① 30°　　② 35°　　③ 40°

④ 45°　　⑤ 50°

중요 5 오른쪽 그림에서 $\overline{AB}=\overline{AC}=\overline{CD}$이고 ∠DCE=105°일 때, ∠B의 크기를 구하시오.

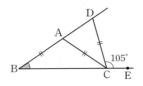

6 오른쪽 그림과 같이 $\overline{AB}=\overline{AC}$인 이등변삼각형 ABC에서 ∠B의 이등분선과 $\overline{AC}$의 교점을 D라 하자. ∠A=44°일 때, ∠ADB의 크기를 구하시오.

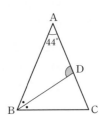

7 오른쪽 그림과 같이 $\overline{AB}=\overline{AC}$인 이등변삼각형 ABC에서 ∠A의 이등분선과 $\overline{BC}$의 교점을 D라 하자. $\overline{BC}=8\,cm$일 때, 다음 중 옳지 않은 것은?

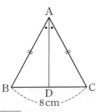

① $\overline{AD}=\overline{BC}$　　　② $\overline{BD}=\overline{CD}=4\,cm$

③ ∠B=∠C　　　④ ∠ADC=90°

⑤ △ABD≡△ACD

8 오른쪽 그림에서 △ABC는 $\overline{BA}=\overline{BC}$인 이등변삼각형이고, $\overline{BD}$는 ∠B의 이등분선이다. $\overline{AC}=10\,cm$이고 △ABD$=35\,cm^2$일 때, $\overline{BD}$의 길이를 구하시오.

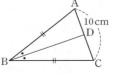

9 오른쪽 그림과 같이 $\overline{CA}=\overline{CB}$
이고 ∠C=90°인 직각이등변삼각
형 ABC에서 ∠C의 이등분선과
$\overline{AB}$의 교점을 D라 하자.
$\overline{CD}=6$ cm일 때, $\overline{AB}$의 길이를 구
하시오.

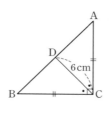

아차! **돌다리** 문제

중요 **10** 직사각형 모양의 종이 테이
프를 오른쪽 그림과 같이 접었
다. ∠DAB=70°일 때,
∠ACB의 크기를 구하시오.

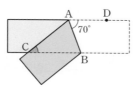

11 다음 중 오른쪽 보기의 삼각형과 합
동인 삼각형은?

• 보기 •
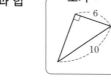

①   ②

③   ④

⑤

12 다음 중 오른쪽 그림과 같이
∠C=∠F=90°인 두 직각삼
각형 ABC와 DEF가 합동이
되기 위한 조건이 <u>아닌</u> 것을 모
두 고르면? (정답 2개)

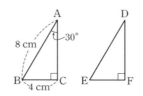

① $\overline{DE}=8$ cm, $\overline{EF}=4$ cm
② $\overline{DE}=8$ cm, ∠D=30°
③ $\overline{DE}=8$ cm, ∠E=60°
④ $\overline{DF}=8$ cm, ∠D=30°
⑤ ∠D=30°, ∠E=60°

13 오른쪽 그림의 △ABC에서
점 M은 $\overline{BC}$의 중점이고, 두 점 D,
E는 각각 두 꼭짓점 B, C에서
$\overline{AM}$의 연장선과 $\overline{AM}$에 내린 수
선의 발이다. $\overline{AM}=7$ cm,
$\overline{EM}=1$ cm, $\overline{CE}=3$ cm일 때,
△ABD의 넓이는?

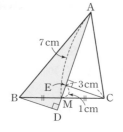

① 10 cm² ② 11 cm² ③ 12 cm²
④ 13 cm² ⑤ 14 cm²

14 오른쪽 그림과 같이 ∠C=90°
인 직각이등변삼각형 ABC에서
$\overline{AC}$ 위의 한 점 E에서 $\overline{AB}$에 내린
수선의 발을 D라 하자. $\overline{BC}=\overline{BD}$
일 때, ∠CBE의 크기를 구하시오.

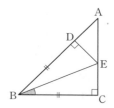

15 오른쪽 그림과 같이 ∠AOB
의 내부의 한 점 P에서 두 변
OA, OB에 내린 수선의 발을 각
각 Q, R라 하자. $\overline{PQ}=\overline{PR}$일
때, 다음 중 옳지 <u>않은</u> 것은?

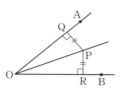

① $\overline{OQ}=\overline{OR}$ ② ∠POQ=∠POR
③ ∠OPQ=∠OPR ④ ∠QOR=∠QPO
⑤ △POQ≡△POR

16 다음 그림과 같이 ∠C=90°인 직각삼각형 ABC에
서 $\overline{BC}$ 위의 한 점 D에서 $\overline{AB}$에 내린 수선의 발을 M이
라 하자. $\overline{AM}=\overline{BM}$, $\overline{MD}=\overline{CD}$일 때, ∠$x$의 크기를
구하시오.

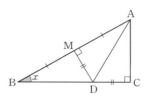

17 오른쪽 그림과 같은 직사각형 ABCD에서 $\overline{BE}=\overline{DE}$이고 $\angle BDE=\angle CDE$일 때, $\angle DEC$의 크기를 구하시오.

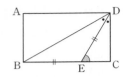

18 오른쪽 그림과 같은 △ABC에서 $\overline{AC}$ 위에 $\overline{AB}=\overline{BD}$가 되도록 점 D를 잡고, $\angle ABD$의 이등분선이 $\overline{AC}$와 만나는 점을 E라 하자. $\angle EBC=62°$일 때, $\angle C$의 크기를 구하시오.

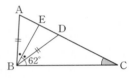

19 오른쪽 그림에서 △ABC는 $\overline{AB}=\overline{AC}$인 이등변삼각형이고, $\overline{BD}=\overline{DE}=\overline{EC}$이다. $\angle ADE=70°$일 때, $\angle DAE$의 크기는?

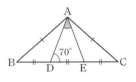

① 36° ② 38° ③ 40°
④ 42° ⑤ 44°

20 오른쪽 그림은 $\overline{AB}=\overline{AC}$인 이등변삼각형 모양의 종이 ABC를 $\overline{DE}$를 접는 선으로 하여 꼭짓점 A가 꼭짓점 B에 오도록 접은 것이다. $\angle EBC=21°$일 때, $\angle x$의 크기를 구하시오.

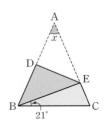

주요21 오른쪽 그림과 같이 $\overline{AB}=\overline{AC}$인 △ABC에서 $\angle B$의 이등분선과 $\angle C$의 외각의 이등분선의 교점을 D라 하자. $\angle A=52°$일 때, $\angle BDC$의 크기는?

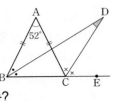

① 24° ② 26° ③ 28°
④ 30° ⑤ 32°

22 오른쪽 그림과 같이 $\angle B=\angle C$인 △ABC에서 $\overline{BC}$ 위의 점 P에서 $\overline{AB}$, $\overline{AC}$에 내린 수선의 발을 각각 D, E라 하자. $\overline{AC}=8\,cm$이고 △ABC의 넓이가 $52\,cm^2$일 때, $\overline{PD}+\overline{PE}$의 길이를 구하시오.

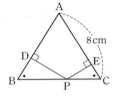

23 오른쪽 그림과 같이 $\angle A=90°$이고 $\overline{AB}=\overline{AC}$인 직각이등변삼각형 ABC의 두 꼭짓점 B, C에서 꼭짓점 A를 지나는 직선 l에 내린 수선의 발을 각각 D, E라 하자. $\overline{BD}=12\,cm$, $\overline{CE}=5\,cm$일 때, $\overline{DE}$의 길이를 구하시오.

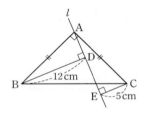

주요24 오른쪽 그림과 같이 $\angle C=90°$인 직각삼각형 ABC에서 $\angle A$의 이등분선이 $\overline{BC}$와 만나는 점을 D라 하자. $\overline{AB}=6\,cm$, $\overline{DC}=2\,cm$일 때, △ABD의 넓이를 구하시오.

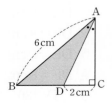

Step3 만점! 도전 문제

25 오른쪽 그림에서 △ABC는 $\overline{AB}=\overline{AC}$인 이등변삼각형이다. $\overline{BD}=\overline{CE}$, $\overline{BF}=\overline{CD}$이고 ∠A=40°일 때, ∠FDE의 크기를 구하시오.

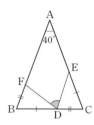

중요 26 다음 그림과 같은 △ABC에서 ∠BAC=84°이고 $\overline{BE}=\overline{ED}=\overline{DA}=\overline{AC}$일 때, ∠ACB의 크기를 구하시오.

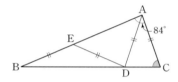

27 오른쪽 그림과 같이 $\overline{AB}=\overline{AC}$인 이등변삼각형 ABC 에서 ∠A의 이등분선과 $\overline{BC}$의 교점을 D라 하고, 점 D에서 $\overline{AC}$에 내린 수선의 발을 E라 할 때, $\overline{BC}$의 길이를 구하시오.

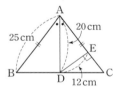

28 오른쪽 그림과 같이 ∠C=90°인 직각삼각형 ABC에서 ∠B의 이등분선 이 $\overline{AC}$와 만나는 점을 E라 하고, 점 E에서 $\overline{AB}$에 내린 수선의 발을 D라 하자. $\overline{AB}=15$ cm, $\overline{BC}=12$ cm, $\overline{AC}=9$ cm일 때, △ADE의 둘레의 길이를 구하시오.

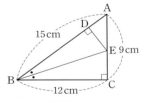

서술형 문제

29 오른쪽 그림과 같이 $\overline{AB}=\overline{BC}$인 이등변삼각형 ABC에서 ∠A의 이등분선 이 $\overline{BC}$와 만나는 점을 D라 하 자. $\overline{BD}=8$ cm, ∠C=72° 일 때, $\overline{AC}$의 길이를 구하시오.
(단, 풀이 과정을 자세히 쓰시오.)

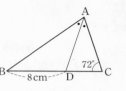

풀이 과정

답 _____

30 다음 그림에서 △ABC는 ∠A=90°인 직각이등 변삼각형이다. 두 꼭짓점 B, C에서 꼭짓점 A를 지나는 직선 l에 내린 수선의 발을 각각 D, E라 하자. $\overline{BD}=10$ cm, $\overline{CE}=8$ cm일 때, 사각형 DBCE의 넓이를 구하시오. (단, 풀이 과정을 자세히 쓰시오.)

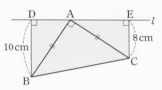

풀이 과정

답 _____

03강 삼각형의 외심

❶ 삼각형의 외심

(1) 삼각형의 외접원: △ABC의 모든 꼭짓점이 원 O 위에 있을 때, 원 O는 △ABC에 외접한다고 한다. 이때 원 O를 △ABC의 외접원이라 하고, 외접원의 중심 O를 △ABC의 외심이라 한다.

(2) 삼각형의 외심의 성질

① 삼각형의 세 변의 수직이등분선은 한 점(외심)에서 만난다.

② 삼각형의 외심에서 세 꼭짓점에 이르는 거리는 같다.

➡ $\overline{OA}=\overline{OB}=\overline{OC}=$(외접원 O의 반지름의 길이)

참고 점 O가 △ABC의 외심이면 △OAD≡△OBD, △OBE≡△OCE, △OAF≡△OCF이다.

* 삼각형의 외심의 위치

(1) 예각삼각형
➡ 삼각형의 내부

(2) 둔각삼각형
➡ 삼각형의 외부

(3) 직각삼각형
➡ 빗변의 중점

 예제 1 다음 그림에서 점 O가 △ABC의 외심일 때, x의 값을 구하시오.

(1)

(2)
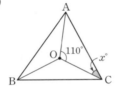

 예제 2 오른쪽 그림에서 점 O는 직각삼각형 ABC의 외심이다.

∠B=40°, $\overline{OC}$=8 cm일 때, 다음을 구하시오.

(1) $\overline{AB}$의 길이

(2) ∠AOC의 크기

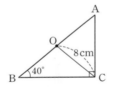

---

❷ 삼각형의 외심의 활용

점 O가 △ABC의 외심일 때

(1)
 ➡

∠x+∠y+∠z=90°

(2)
 ➡

∠BOC=2∠A

* 삼각형의 외심의 활용

(1)에서 $\overline{OA}=\overline{OB}=\overline{OC}$이므로
$2∠x+2∠y+2∠z=180°$,
$2(∠x+∠y+∠z)=180°$
∴ $∠x+∠y+∠z=90°$

(2)에서
$∠BOC=●+●+○+○$
$=2(●+○)$
$=2∠A$

예제 3 다음 그림에서 점 O가 △ABC의 외심일 때, ∠x의 크기를 구하시오.

(1)
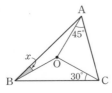

(2)
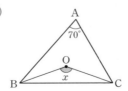

핵심유형 익히기

1 오른쪽 그림에서 점 O가 △ABC의 외심일 때, 다음 보기에서 옳은 것을 모두 고르시오.

• 보기 •
ㄱ. $\overline{OA}=\overline{OB}=\overline{OC}$ ㄴ. $\angle OAD=\angle OAF$
ㄷ. $\overline{AD}=\overline{BD}$ ㄹ. $\triangle OBE\equiv\triangle OCE$

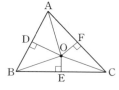

• 점 O가 △ABC의 외심일 때

➡ $\triangle OAD\equiv\triangle OBD$,
$\triangle OBE\equiv\triangle OCE$,
$\triangle OAF\equiv\triangle OCF$

• 삼각형의 외심은 세 변의 수직이등분선의 교점이다.

2 오른쪽 그림에서 점 O가 △ABC의 외심일 때, △ABC의 둘레의 길이를 구하시오.

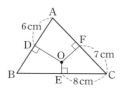

3 오른쪽 그림에서 점 O는 △ABC의 외심이다. $\overline{AB}=12$ cm이고, △OAB의 둘레의 길이가 28 cm일 때, $\overline{OA}$의 길이를 구하시오.

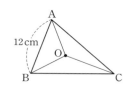

4 오른쪽 그림과 같이 $\angle C=90°$인 직각삼각형 ABC에서 $\overline{AB}=10$ cm, $\overline{BC}=8$ cm, $\overline{CA}=6$ cm일 때, △ABC의 외접원의 넓이를 구하시오.

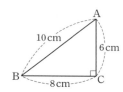

• 점 O가 직각삼각형 ABC의 외심일 때

(△ABC의 외접원의 반지름의 길이)
$=\overline{OA}=\overline{OB}=\overline{OC}$
$=\dfrac{1}{2}\times$(빗변의 길이)

5 다음 그림에서 점 O가 △ABC의 외심일 때, $\angle x$의 크기를 구하시오.

(1)
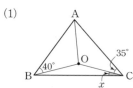

(2)
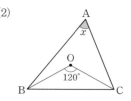

6 오른쪽 그림에서 점 O는 △ABC의 외심이다. $\angle ABO=20°$, $\angle OAC=36°$일 때, $\angle x$의 크기를 구하시오.

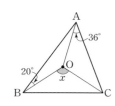

기초를 좀 더 다지려면~! 18쪽 ≫

04강 삼각형의 내심

① 삼각형의 내심

(1) 삼각형의 내접원: △ABC의 모든 변이 원 I에 접할 때, 원 I는 △ABC에 내접한다고 한다. 이때 원 I를 △ABC의 내접원이라 하고, 내접원의 중심 I를 △ABC의 내심이라 한다.

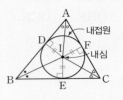

(2) 삼각형의 내심의 성질
　① 삼각형의 세 내각의 이등분선은 한 점(내심)에서 만난다.
　② 삼각형의 내심에서 세 변에 이르는 거리는 같다.
　　➡ $\overline{ID}=\overline{IE}=\overline{IF}$=(내접원 I의 반지름의 길이)

(3) 모든 삼각형의 내심은 삼각형의 내부에 있다.

　참고　점 I가 △ABC의 내심이면 △IAD≡△IAF, △IBD≡△IBE, △ICE≡△ICF이다.

예제 1　다음 그림에서 점 I가 △ABC의 내심일 때, x의 값을 구하시오.

(1)
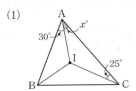

(2)
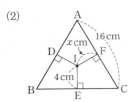

✻ 원의 접선과 접점

(1) 원과 직선이 한 점에서 만날 때, 이 직선은 원에 접한다고 한다. 이때 이 직선을 원의 접선이라 하고, 접선이 원과 만나는 점을 접점이라 한다.

(2) 원의 접선은 그 접점을 지나는 반지름과 수직이다.

✻ 삼각형의 외심과 내심의 위치

(1) 이등변삼각형: 외심 O와 내심 I가 꼭지각의 이등분선 위에 있다.

(2) 정삼각형: 외심 O와 내심 I가 일치한다.

이등변삼각형　　　　정삼각형

② 삼각형의 내심의 활용

점 I가 △ABC의 내심일 때

(1)
 ➡

$$\angle x+\angle y+\angle z=90°$$

(2)
 ➡

$$\angle BIC=90°+\frac{1}{2}\angle A$$

(3) △ABC의 내접원의 반지름의 길이를 r라 하면
　➡ $\triangle ABC=\frac{1}{2}r(\overline{AB}+\overline{BC}+\overline{CA})$

(4) $\overline{AD}=\overline{AF}$, $\overline{BD}=\overline{BE}$, $\overline{CE}=\overline{CF}$

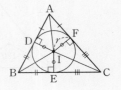

✻ 삼각형의 내심의 활용

(1)에서
$2\angle x+2\angle y+2\angle z=180°$,
$2(\angle x+\angle y+\angle z)=180°$
$\therefore \angle x+\angle y+\angle z=90°$

(2)에서
$\angle BIC=\circ+\bullet+\triangle+\circ$
　　　$=(\circ+\bullet+\triangle)+\circ$
　　　$=90°+\frac{1}{2}\angle A$

(3)에서
$\triangle ABC=\triangle IAB+\triangle IBC+\triangle ICA$
　　　$=\frac{1}{2}r\overline{AB}+\frac{1}{2}r\overline{BC}+\frac{1}{2}r\overline{CA}$
　　　$=\frac{1}{2}r(\overline{AB}+\overline{BC}+\overline{CA})$

예제 2　다음 그림에서 점 I가 △ABC의 내심일 때, x의 값을 구하시오.

(1)
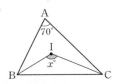

(2)
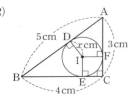

1 오른쪽 그림에서 점 I가 △ABC의 내심일 때, 다음 중 옳지 않은 것을 모두 고르면? (정답 2개)

① $\overline{AF}=\overline{CF}$　　② ∠IAB=∠IBA
③ $\overline{ID}=\overline{IE}=\overline{IF}$　　④ ∠ICE=∠ICF
⑤ △IBD≡△IBE

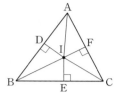

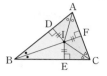

• 점 I가 △ABC의 내심일 때

➡ △IAD≡△IAF,
　△IBD≡△IBE,
　△ICE≡△ICF

2 오른쪽 그림에서 점 I는 △ABC의 내심이고 ∠IBA=24°, ∠BIC=120°일 때, ∠x의 크기를 구하시오.

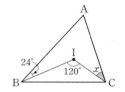

• 삼각형의 내심은 세 내각의 이등분선의 교점이다.

3 오른쪽 그림에서 점 I는 △ABC의 내심이고 ∠IAB=35°, ∠C=60°일 때, ∠x의 크기를 구하시오.

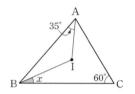

4 오른쪽 그림에서 점 I는 △ABC의 내심이고 ∠AIB=112°일 때, ∠x의 크기를 구하시오.

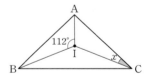

5 오른쪽 그림에서 △ABC의 내접원 I의 반지름의 길이는 2 cm이다. △ABC의 둘레의 길이가 16 cm일 때, △ABC의 넓이를 구하시오.

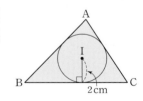

6 오른쪽 그림에서 원 I는 △ABC의 내접원이고, 세 점 D, E, F는 각각 내접원과 $\overline{AB}$, $\overline{BC}$, $\overline{CA}$의 접점이다. $\overline{AB}$=12 cm, $\overline{AC}$=7 cm, $\overline{AD}$=3 cm일 때, $\overline{BC}$의 길이를 구하시오.

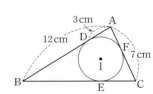

기초를 좀 더 다지려면~! 18쪽 ≫

정답과 해설 **5**쪽

내공 다지기

03강 삼각형의 외심

1 다음 그림에서 점 O가 △ABC의 외심일 때, x의 값을 구하시오.

(1)
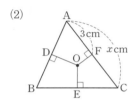

(2)
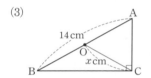

(3)
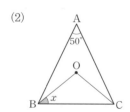

2 다음 그림에서 점 O가 △ABC의 외심일 때, $\angle x$의 크기를 구하시오.

(1)
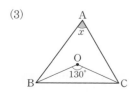

(2)

(3)

04강 삼각형의 내심

3 다음 그림에서 점 I가 △ABC의 내심일 때, $\angle x$의 크기를 구하시오.

(1)
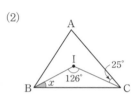

(2)
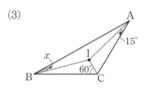

(3)
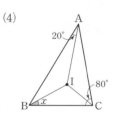

(4)
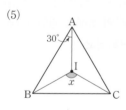

(5)

(6)
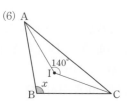

내공 쌓는 족집게 문제

1 다음 보기에서 삼각형의 외심에 대한 설명으로 옳지 <u>않은</u> 것을 모두 고르시오.

> • 보기 •
> ㄱ. 삼각형의 외접원의 중심이다.
> ㄴ. 세 내각의 이등분선의 교점이다.
> ㄷ. 세 변의 수직이등분선의 교점이다.
> ㄹ. 삼각형의 외심에서 세 변에 이르는 거리는 같다.
> ㅁ. 직각삼각형의 외심의 위치는 빗변의 중점이다.

2 오른쪽 그림에서 점 O가 △ABC의 외심일 때, 다음 중 옳지 <u>않은</u> 것을 모두 고르면?

(정답 2개)

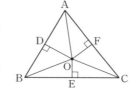

① $\overline{AD}=\overline{AF}$
② $\overline{OE}=\overline{OF}$
③ $\overline{OA}=\overline{OB}=\overline{OC}$
④ $\angle OAF=\angle OCF$
⑤ $\triangle OAF \equiv \triangle OCF$

3 오른쪽 그림에서 점 O는 △ABC의 외심이다.
$\angle OAC=50°$, $\angle OCB=25°$일 때, $\angle x - \angle y$의 크기를 구하시오.

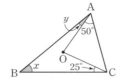

4 오른쪽 그림에서 점 O는 삼각형 ABC의 외심이다.
$\overline{CD}=5\,cm$이고 △AOC의 둘레의 길이가 $22\,cm$일 때, △ABC의 외접원의 반지름의 길이는?

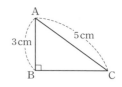

① $5\,cm$ ② $6\,cm$ ③ $7\,cm$
④ $8\,cm$ ⑤ $9\,cm$

5 오른쪽 그림과 같이 $\angle B=90°$인 직각삼각형 ABC에서 $\overline{AB}=3\,cm$, $\overline{AC}=5\,cm$일 때, △ABC의 외접원의 둘레의 길이를 구하시오.

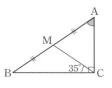

6 오른쪽 그림과 같이 $\angle C=90°$인 직각삼각형 ABC에서 점 M은 $\overline{AB}$의 중점이고 $\angle BCM=35°$일 때, $\angle A$의 크기는?

① $35°$ ② $40°$ ③ $45°$
④ $50°$ ⑤ $55°$

7 오른쪽 그림에서 점 O는 △ABC의 외심이고 $\angle OAB=32°$, $\angle OBC=28°$일 때, $\angle C$의 크기를 구하시오.

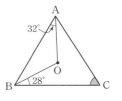

8 오른쪽 그림에서 점 O는
△ABC의 외심이고
∠AOB=130°, ∠OAC=35°
일 때, ∠OBC의 크기는?

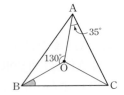

① 23°　　② 25°
③ 28°　　④ 30°
⑤ 32°

9 오른쪽 그림에서 점 O가
△ABC의 외심이고
∠BOC=124°일 때,
∠x+∠y의 크기를 구하시오.

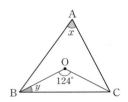

중요 10 다음 중 점 I가 삼각형의 내심을 나타내는 것을 모두
고르면? (정답 2개)

①

②

③

④

⑤

11 오른쪽 그림과 같은 △ABC
에서 ∠A, ∠B, ∠C의 이등분
선의 교점을 I라 할 때, 다음 중
옳지 않은 것은?

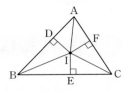

① 점 I는 △ABC의 내심이다.
② $\overline{BD}=\overline{BE}$
③ $\overline{ID}=\overline{IE}=\overline{IF}$
④ ∠IBC=∠ICB
⑤ △IEC≡△IFC

중요 12 오른쪽 그림에서 점 I는
△ABC의 내심이다.
∠IBA=40°, ∠ICA=25°일
때, ∠BIC의 크기를 구하시오.

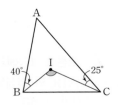

13 오른쪽 그림에서 점 I는
△ABC의 내심이다.
∠IAC=38°, ∠ICA=25°일
때, ∠y−∠x의 크기는?

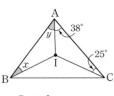

① 11°　　② 13°　　③ 15°
④ 17°　　⑤ 19°

14 오른쪽 그림에서 점 I는
△ABC의 내심이다. ∠C=78°일
때, ∠IAB+∠IBA의 크기를 구
하시오.

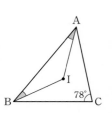

전국 중학교의 기출문제와 새로운 교육과정의 문제를
종합, 분석하여 핵심 문제만을 모았습니다.

15 오른쪽 그림에서 점 I는 $\triangle ABC$의 내심이다. $\angle IAB=35°$, $\angle IBC=20°$ 일 때, $\angle y-\angle x$의 크기를 구하시오.

16 오른쪽 그림과 같이 $\overline{AB}=\overline{AC}$인 이등변삼각형 ABC에서 점 I는 $\triangle ABC$의 내심이다. $\angle A=56°$일 때, $\angle AIC$의 크기를 구하시오.

중요 **17** 오른쪽 그림과 같이 $\triangle ABC$의 내접원 I의 반지름의 길이가 4 cm이고, $\triangle ABC$의 넓이가 88 cm^2일 때, $\triangle ABC$의 둘레의 길이를 구하시오.

18 오른쪽 그림에서 점 I는 $\triangle ABC$의 내심이고, 세 점 D, E, F는 각각 내접원과 $\overline{AB}$, $\overline{BC}$, $\overline{CA}$의 접점이다. $\overline{AB}=14$ cm, $\overline{BC}=16$ cm, $\overline{CA}=12$ cm일 때, $\overline{BD}$의 길이를 구하시오.

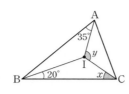

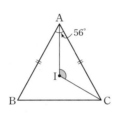

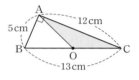

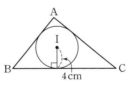

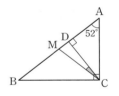

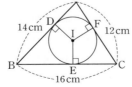

Step 2 자주 나오는 문제

19 다음 중 옳지 않은 것은?

① 정삼각형의 외심과 내심은 일치한다.
② 둔각삼각형의 외심은 삼각형의 내부에 있다.
③ 삼각형의 세 변의 수직이등분선은 한 점에서 만난다.
④ 삼각형의 내심에서 세 변에 이르는 거리는 같다.
⑤ 이등변삼각형의 내심은 꼭지각의 이등분선 위에 있다.

중요 **20** 오른쪽 그림과 같이 $\angle A=90°$인 직각삼각형 ABC에서 점 O는 $\triangle ABC$의 외심이다. $\overline{AB}=5$ cm, $\overline{BC}=13$ cm, $\overline{CA}=12$ cm일 때, $\triangle AOC$의 넓이를 구하시오.

아차! 돌다리 문제

21 오른쪽 그림과 같이 $\angle C=90°$인 직각삼각형 ABC의 꼭짓점 C에서 $\overline{AB}$에 내린 수선의 발을 D, $\overline{AB}$의 중점을 M이라 하자. $\angle A=52°$일 때, $\angle MCD$의 크기를 구하시오.

22 오른쪽 그림에서 점 O는 $\triangle ABC$의 외심이다. $\angle OAC=20°$, $\angle ACB=32°$일 때, $\angle x$의 크기를 구하시오.

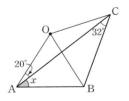

23 오른쪽 그림에서 점 O는
△ABC의 외심이고, 점 O에서
$\overline{BC}$, $\overline{AC}$에 내린 수선의 발을 각각
D, E라 하자. ∠B=40°일 때,
∠OCA의 크기는?

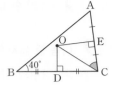

① 30°   ② 36°   ③ 40°
④ 48°   ⑤ 50°

중요 24 오른쪽 그림에서 점 O는
△ABC의 외심이고
∠AOB : ∠BOC : ∠COA
=3 : 4 : 5
일 때, ∠ACB의 크기를 구하시
오.

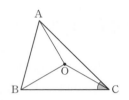

25 오른쪽 그림에서 점 I는
△ABC의 내심이고
∠BAC : ∠ABC : ∠BCA
=3 : 4 : 2
일 때, ∠x의 크기를 구하시오.

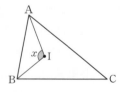

26 오른쪽 그림에서 점 I는
△ABC의 내심이고, 점 I′은
△IBC의 내심이다. ∠IBA=40°,
∠ICA=26°일 때, ∠BI′C의 크
기를 구하시오.

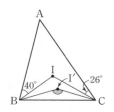

27 오른쪽 그림에서 점 I는
△ABC의 내심이다. △ICA의
넓이가 28 cm²일 때, △ABC의
넓이를 구하시오.

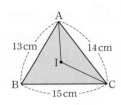

중요 28 오른쪽 그림에서 점 I는
△ABC의 내심이고, 세 점
D, E, F는 각각 내접원과
$\overline{AB}$, $\overline{BC}$, $\overline{CA}$의 접점이다.
$\overline{AD}$=3 cm, $\overline{BC}$=12 cm일
때, △ABC의 둘레의 길이를 구하시오.

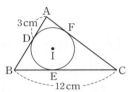

중요 29 오른쪽 그림에서 점 I는
△ABC의 내심이고
$\overline{DE}$ ∥ $\overline{BC}$이다. $\overline{AB}$=8 cm,
$\overline{AC}$=13 cm일 때, △ADE
의 둘레의 길이는?

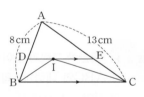

① 17 cm   ② 18 cm   ③ 19 cm
④ 20 cm   ⑤ 21 cm

Step 3   만점! 도전 문제

30 오른쪽 그림에서 점 O는
△ABC의 외심이고, 점 O′은
△ABO의 외심이다.
∠O′BO=40°일 때,
∠OAC의 크기를 구하시오.

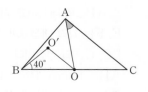

31 오른쪽 그림에서 점 O는 △ABD
의 외심인 동시에 △BCD의 외심이
다. ∠A=65°일 때, ∠C의 크기를
구하시오.

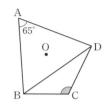

32 오른쪽 그림에서 점 I는
△ABC의 내심이고, $\overline{AI}$의 연장
선과 $\overline{BC}$의 교점을 D, $\overline{BI}$의 연장
선과 $\overline{AC}$의 교점을 E라 하자.
∠C=46°일 때,
∠ADB+∠AEB의 크기를 구하시오.

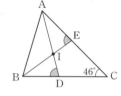

33 오른쪽 그림에서 점 O와
점 I는 각각 △ABC의 외심과
내심이다. $\overline{AO}$, $\overline{AI}$의 연장선
이 $\overline{BC}$와 만나는 점을 각각 D,
E라 하자. ∠BAD=30°,
∠CAE=40°일 때, ∠ADE의 크기를 구하시오.

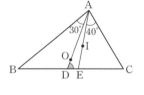

34 오른쪽 그림과 같은 직각삼각형
ABC에서 $\overline{AB}$=15 cm,
$\overline{BC}$=9 cm, $\overline{CA}$=12 cm일 때,
△ABC의 외접원과 내접원의 넓
이의 차를 구하시오.

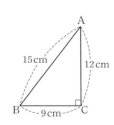

서술형 문제

35 오른쪽 그림과 같이
$\overline{AB}$=$\overline{AC}$인 이등변삼각형
ABC에서 점 O와 점 I는 각각
△ABC의 외심과 내심이다.
∠A=48°일 때, ∠OBI의 크
기를 구하시오.

(단, 풀이 과정을 자세히 쓰시오.)

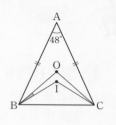

풀이 과정

답 _____

36 오른쪽 그림에서 점 I는
∠A=90°인 직각삼각형
ABC의 내심이다.
$\overline{AB}$=6 cm,
$\overline{BC}$=10 cm, $\overline{CA}$=8 cm일 때, 색칠한 부분의 넓이
를 구하시오. (단, 풀이 과정을 자세히 쓰시오.)

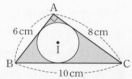

풀이 과정

답 _____

05강 평행사변형

① 평행사변형의 성질

(1) 사각형 기호: 사각형 ABCD를 기호로 □ABCD와 같이 나타낸다.

> 참고 사각형에서 서로 마주 보는 변을 대변, 서로 마주 보는 각을 대각이라 한다.

(2) 평행사변형: 두 쌍의 대변이 각각 평행한 사각형

　➡ $\overline{AB}$ ∥ $\overline{DC}$, $\overline{AD}$ ∥ $\overline{BC}$

(3) 평행사변형의 성질

　① 두 쌍의 대변의 길이는 각각 같다. ➡ $\overline{AB}=\overline{DC}$, $\overline{AD}=\overline{BC}$

　② 두 쌍의 대각의 크기는 각각 같다. ➡ $\angle A=\angle C$, $\angle B=\angle D$

　③ 두 대각선은 서로 다른 것을 이등분한다. ➡ $\overline{AO}=\overline{CO}$, $\overline{BO}=\overline{DO}$

* 평행사변형의 성질
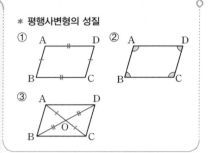

예제 1 다음 그림과 같은 평행사변형 ABCD에서 x, y의 값을 각각 구하시오.

(1)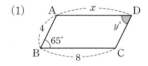

(2)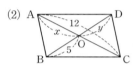

(단, 점 O는 두 대각선의 교점이다.)

② 평행사변형이 되는 조건

다음의 어느 한 조건을 만족시키는 사각형은 평행사변형이다.

① 두 쌍의 대변이 각각 평행하다.

② 두 쌍의 대변의 길이가 각각 같다.

③ 두 쌍의 대각의 크기가 각각 같다.

④ 두 대각선이 서로 다른 것을 이등분한다.

⑤ 한 쌍의 대변이 평행하고 그 길이가 같다.

* 평행사변형이 되는 조건 찾기
주어진 조건대로 사각형을 그려서 다음 중 하나와 같이 되는지 확인한다.
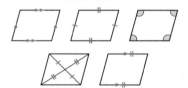

예제 2 다음 보기에서 □ABCD가 평행사변형이 되는 것을 모두 고르시오.

(단, 점 O는 두 대각선의 교점이다.)

- 보기 -

ㄱ. $\overline{AB}=\overline{BC}$, $\overline{AD}=\overline{CD}$ 　　ㄴ. $\angle A=\angle C$, $\angle B=\angle D$

ㄷ. $\overline{AD}$ ∥ $\overline{BC}$, $\overline{AB}=\overline{CD}$ 　　ㄹ. $\overline{AO}=\overline{CO}$, $\overline{BO}=\overline{DO}$

③ 평행사변형과 넓이

평행사변형 ABCD의 내부의 임의의 한 점 P에 대하여

$\triangle PAB+\triangle PCD=\triangle PAD+\triangle PBC$

$\qquad\qquad\qquad\quad =\dfrac{1}{2}\square ABCD$

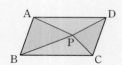

* 평행사변형과 넓이
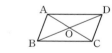

(1) $\triangle ABC=\triangle BCD=\triangle CDA$

$\qquad\qquad =\triangle DAB=\dfrac{1}{2}\square ABCD$

(2) $\triangle ABO=\triangle BCO=\triangle CDO$

$\qquad\qquad =\triangle DAO=\dfrac{1}{4}\square ABCD$

예제 3 오른쪽 그림과 같은 평행사변형 ABCD의 넓이가 36 cm²일 때, $\triangle PAD$와 $\triangle PBC$의 넓이의 합을 구하시오.

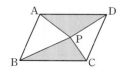

1 다음 그림과 같은 평행사변형 ABCD에서 x, y의 값을 각각 구하시오.

(1)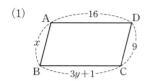

(2)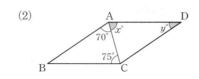

2 오른쪽 그림과 같은 평행사변형 ABCD에서 $\overline{AD}=2x+6$, $\overline{BC}=4x$, $\overline{BO}=2x-1$일 때, $\overline{BD}$의 길이를 구하시오. (단, 점 O는 두 대각선의 교점이다.)

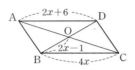

3 다음 □ABCD 중 평행사변형이 <u>아닌</u> 것은?

① 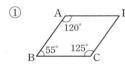   ② 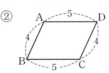   ③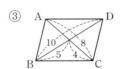

④ 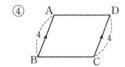   ⑤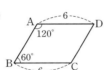

● 평행사변형이 되는 조건
 ① 두 쌍의 대변이 각각 평행하다.
 ② 두 쌍의 대변의 길이가 각각 같다.
 ③ 두 쌍의 대각의 크기가 각각 같다.
 ④ 두 대각선이 서로 다른 것을 이등분
  한다.
 ⑤ 한 쌍의 대변이 평행하고 그 길이가
  같다.

4 다음은 평행사변형 ABCD에서 $\overline{AB}$, $\overline{DC}$의 중점을 각 각 M, N이라 할 때, □AMCN이 평행사변형임을 설명하는 과정이다. (개)~(대)에 알맞은 것을 구하시오.

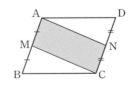

□ABCD가 평행사변형이므로 $\overline{AB} /\!/ \overline{DC}$, 즉 $\overline{AM} /\!/$ (가)   … ㉠

또 $\overline{AB}=$ (나) 이므로 $\overline{AM}=\dfrac{1}{2}\overline{AB}=\dfrac{1}{2}$ (나) = (다)   … ㉡

따라서 ㉠, ㉡에 의해 □AMCN은 평행사변형이다.
---

5 오른쪽 그림과 같은 평행사변형 ABCD에서 두 대각선의 교점을 O라 하자. △OCD의 넓이가 $12\,\mathrm{cm}^2$일 때, □ABCD의 넓이를 구하시오.

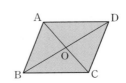

● 평행사변형의 넓이는 두 대각선에 의해 사등분된다.

기초를 좀 더 다지려면~! 26쪽 ≫

내공 다지기

05강 평행사변형

1 다음 그림과 같은 평행사변형 ABCD에서 x, y의 값을 각각 구하시오. (단, 점 O는 두 대각선의 교점이다.)

(1)

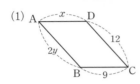

(2)

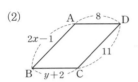

(3)

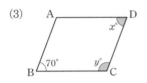

(4)

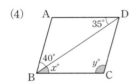

(5)

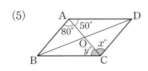

(6)

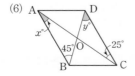

(7)

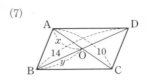

(8)

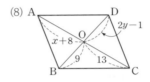

2 다음 그림과 같은 □ABCD가 평행사변형이 되도록 하는 x, y의 값을 각각 구하시오.

(1)

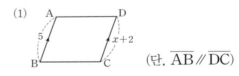

(단, $\overline{AB} /\!/ \overline{DC}$)

(2)

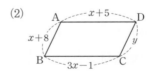

(3)

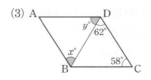

3 다음 중 오른쪽 그림의 □ABCD가 평행사변형이 되는 것은 ○표, 평행사변형이 되지 <u>않는</u> 것은 ×표를 (   ) 안에 쓰고, 평행사변형이 되는 것은 그 조건을 말하시오.
(단, 점 O는 두 대각선의 교점이다.)

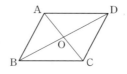

(1) $\overline{AB}=\overline{DC}=6$, $\overline{AD}=\overline{BC}=7$　　(　　)
조건: _____

(2) $\overline{AB}=\overline{BC}=6$, $\overline{CD}=\overline{DA}=7$　　(　　)
조건: _____

(3) $\overline{AB}\,/\!/\,\overline{DC}$, $\overline{AD}\,/\!/\,\overline{BC}$　　(　　)
조건: _____

(4) $\angle A=100°$, $\angle B=80°$, $\angle C=100°$ (　　)
조건: _____

(5) $\angle A=110°$, $\angle B=70°$, $\overline{AD}=8$, $\overline{BC}=5$
　　　　　　　　　　　　　(　　)
조건: _____

(6) $\overline{OA}=\overline{OC}=5$, $\overline{OB}=\overline{OD}=7$　　(　　)
조건: _____

(7) $\overline{AB}\,/\!/\,\overline{DC}$, $\overline{AB}=\overline{DC}=5$　　(　　)
조건: _____

(8) $\overline{AD}\,/\!/\,\overline{BC}$, $\overline{AB}=\overline{CD}=6$　　(　　)
조건: _____

4 다음 그림과 같은 평행사변형 ABCD의 넓이가 $24\,cm^2$일 때, 색칠한 부분의 넓이를 구하시오.
(단, 점 O는 두 대각선의 교점이다.)

(1)
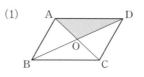

(2)
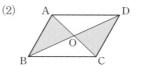

5 아래 그림과 같은 평행사변형 ABCD의 내부의 한 점 P에 대하여 다음을 구하시오.

(1) $\triangle PAD=8\,cm^2$, $\triangle PBC=5\,cm^2$일 때, $\triangle PAB$와 $\triangle PCD$의 넓이의 합
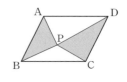

(2) $\triangle PAB=13\,cm^2$, $\triangle PAD=6\,cm^2$, $\triangle PCD=9\,cm^2$일 때, $\triangle PBC$의 넓이
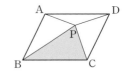

(3) □ABCD$=50\,cm^2$, $\triangle PAB=10\,cm^2$일 때, $\triangle PCD$의 넓이
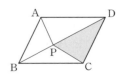

(4) $\triangle PAB+\triangle PCD$ $=16\,cm^2$일 때, □ABCD의 넓이
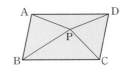

내공 쌓는 족집게 문제

1 오른쪽 그림과 같은 평행사변형 ABCD에서 두 대각선의 교점을 O라 하자. ∠ABD=40°, ∠ACD=70°일 때, ∠x의 크기는?

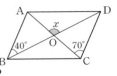

① 95° ② 100° ③ 105°
④ 110° ⑤ 115°

2 오른쪽 그림과 같은 평행사변형 ABCD에서 두 대각선의 교점을 O라 하자. ∠ABD=38°, ∠ACD=70°일 때, ∠a+∠b의 크기는?

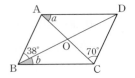

① 60° ② 62° ③ 68°
④ 70° ⑤ 72°

3 오른쪽 그림과 같은 평행사변형 ABCD에서 두 대각선의 교점을 O라 할 때, 다음 중 옳지 않은 것은?

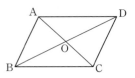

① $\overline{AB}=\overline{DC}$ ② $\overline{OB}=\overline{OD}$
③ ∠ADB=∠CDB ④ ∠BAD=∠BCD
⑤ ∠CAD=∠ACB

4 오른쪽 그림과 같은 평행사변형 ABCD에서 ∠B의 이등분선이 $\overline{CD}$의 연장선과 만나는 점을 E라 하자. $\overline{AB}$=8 cm, $\overline{BC}$=12 cm일 때, $\overline{DE}$의 길이를 구하시오.

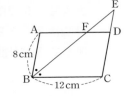

5 오른쪽 그림과 같은 평행사변형 ABCD에서 ∠A의 크기가 ∠B의 크기의 3배일 때, ∠C의 크기는?

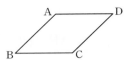

① 115° ② 120° ③ 125°
④ 130° ⑤ 135°

6 오른쪽 그림과 같은 평행사변형 ABCD에서 $\overline{AB}=\overline{CP}$이고 ∠A : ∠B=3:2일 때, ∠DPC의 크기를 구하시오.

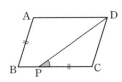

7 오른쪽 그림과 같은 평행사변형 ABCD에서 두 대각선의 교점을 O라 하자. $\overline{AB}$=7 cm, $\overline{AC}+\overline{BD}$=28 cm일 때, △DOC의 둘레의 길이를 구하시오.

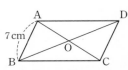

전국 중학교의 기출문제와 새로운 교육과정의 문제를 종합, 분석하여 핵심 문제만을 모았습니다.

8 오른쪽 그림과 같은 □ABCD에서 $\overline{BC}$ 위에 $\overline{AB}=\overline{BE}$가 되도록 점 E를 잡았다. ∠D=70°일 때, □ABCD가 평행사변형이 되도록 하는 ∠x의 크기를 구하시오.

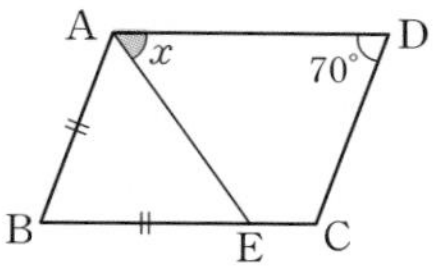

9 오른쪽 그림과 같이 ∠B=58°이고 $\overline{AD}$∥$\overline{BC}$인 사다리꼴 ABCD에 한 가지 조건을 추가하여 평행사변형이 되게 하려고 한다. 다음 중 가능한 조건으로 알맞은 것을 모두 고르면? (정답 2개)

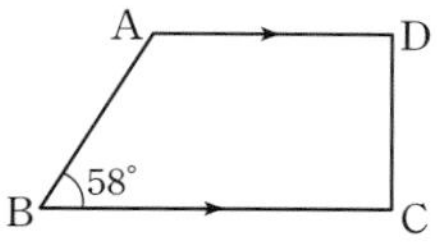

① $\overline{AD}=\overline{BC}$ ② $\overline{AB}=\overline{DC}$ ③ ∠A=∠D
④ $\overline{AB}$∥$\overline{DC}$ ⑤ ∠A+∠B=180°

중요 **10** 다음 보기에서 □ABCD가 평행사변형이 되지 않는 것을 모두 고르시오. (단, 점 O는 두 대각선의 교점이다.)

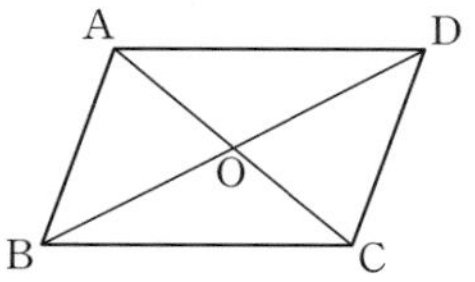

보기
ㄱ. $\overline{AB}=\overline{DC}$=6 cm, $\overline{AD}=\overline{BC}$=8 cm
ㄴ. ∠A=105°, ∠B=75°, ∠C=115°
ㄷ. $\overline{AB}$∥$\overline{DC}$, $\overline{AB}$=7 cm, $\overline{DC}$=7 cm
ㄹ. $\overline{AB}$∥$\overline{DC}$, $\overline{AD}$∥$\overline{BC}$
ㅁ. $\overline{AO}$=4 cm, $\overline{BO}$=4 cm, $\overline{CO}$=5 cm, $\overline{DO}$=5 cm

중요 **11** 오른쪽 그림과 같이 평행사변형 ABCD의 두 대각선의 교점 O를 지나는 직선이 $\overline{AB}$, $\overline{CD}$와 만나는 점을 각각 P, Q라 하자. □ABCD의 넓이가 32 cm²일 때, 색칠한 부분의 넓이를 구하시오.

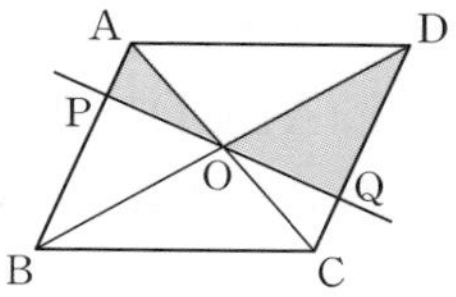

12 오른쪽 그림과 같은 평행사변형 ABCD의 내부의 한 점 P에 대하여 △PAD : △PBC=1 : 2이고 □ABCD의 넓이가 72 cm²일 때, △PAD의 넓이는?

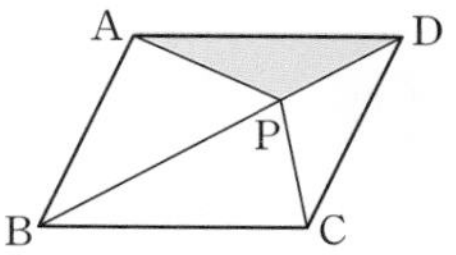

① 8 cm² ② 10 cm² ③ 12 cm²
④ 14 cm² ⑤ 16 cm²

Step2 자주 나오는 문제

중요 **13** 오른쪽 그림과 같은 평행사변형 ABCD에서 ∠A, ∠D의 이등분선이 $\overline{BC}$와 만나는 점을 각각 E, F라 하자. $\overline{AB}$=6 cm, $\overline{AD}$=9 cm일 때, $\overline{EF}$의 길이를 구하시오.

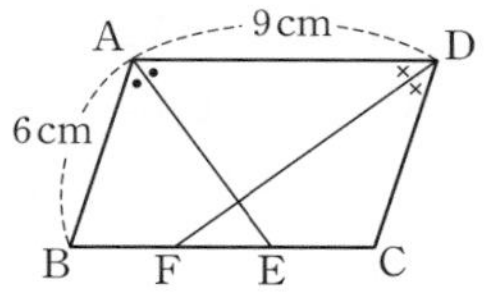

14 오른쪽 그림의 좌표평면에서 □ABCD가 평행사변형일 때, 점 A의 좌표는?

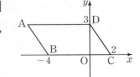

① $(-6, 2)$ ② $(-6, 3)$

③ $(-7, 2)$ ④ $(-7, 3)$

⑤ $(-8, 4)$

주요 15 오른쪽 그림과 같은 평행사변형 ABCD의 꼭짓점 A에서 ∠D의 이등분선 위에 내린 수선의 발을 F라 하자. ∠B=60°일 때, ∠BAF의 크기를 구하시오.

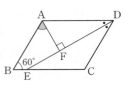

16 오른쪽 그림의 평행사변형 ABCD에서 두 대각선의 교점 O를 지나는 직선이 $\overline{AB}$, $\overline{CD}$와 만나는 점을 각각 P, Q라 하자. ∠APO=90°일 때, △OCQ의 넓이를 구하시오.

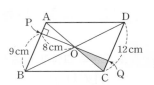

17 오른쪽 그림과 같은 평행사변형 ABCD에서 두 대각선의 교점을 O라 하자. $\overline{BD}$ 위에 $\overline{BE}=\overline{DF}$가 되도록 두 점 E, F를 각각 잡을 때, 다음 중 옳지 <u>않은</u> 것은?

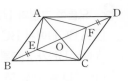

① $\overline{OE}=\overline{OF}$ ② $\overline{AF}=\overline{CE}$

③ ∠BAE=∠DCF ④ $\overline{EF}=\dfrac{1}{2}\overline{BD}$

⑤ △ABE≡△CDF

18 오른쪽 그림과 같이 $\overline{AB}=8\,cm$, $\overline{BC}=10\,cm$인 평행사변형 ABCD에서 점 O는 $\overline{AC}$의 중점이고, □EOCD는 평행사변형이다. $\overline{AD}$와 $\overline{EO}$의 교점을 F라 할 때, $\overline{EF}$의 길이를 구하시오.

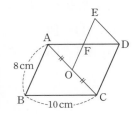

아차 돌다리 문제

주요 19 오른쪽 그림과 같은 평행사변형 ABCD에서 두 대각선의 교점이 O이고, $\overline{BC}$, $\overline{DC}$의 연장선 위에 $\overline{BC}=\overline{CE}$, $\overline{DC}=\overline{CF}$가 되도록 두 점 E, F를 잡았다. △ABC의 넓이가 $8\,cm^2$일 때, □BFED의 넓이를 구하시오.

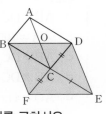

>> **106쪽** 다시 보는 핵심 문제로 자신의 실력을 확인하세요!

Step 3 만점! 도전 문제

20 오른쪽 그림과 같이 $\overline{AB}=\overline{AC}=9\,cm$인 이등변삼각형 ABC에서 $\overline{AB}\,\#\,\overline{RP}$, $\overline{AC}\,\#\,\overline{QP}$일 때, □AQPR의 둘레의 길이를 구하시오.

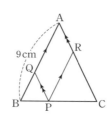

21 오른쪽 그림에서 △ABD, △BCE, △ACF는 △ABC의 세 변을 각각 한 변으로 하는 정삼각형이다. 다음 중 옳지 않은 것은?

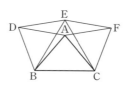

① $\overline{AF}=\overline{DE}$ ② $\overline{AD}=\overline{FC}$
③ △ABC≡△DBE ④ △DBE≡△FEC
⑤ □AFED는 평행사변형이다.

22 오른쪽 그림과 같은 평행사변형 ABCD에서 $\overline{CD}$의 연장선 위에 $\overline{FD}=\overline{DC}=\overline{CE}$가 되도록 두 점 E, F를 잡고, $\overline{AE}$와 $\overline{BC}$, $\overline{BF}$와 $\overline{AD}$의 교점을 각각 G, H라 하자. $\overline{AD}=2\overline{AB}$이고 △ABG의 넓이가 $8\,cm^2$일 때, △PEF의 넓이를 구하시오.

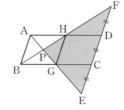

23 오른쪽 그림과 같은 평행사변형 ABCD의 두 꼭짓점 A, C에서 대각선 BD에 내린 수선의 발을 각각 E, F라 할 때, □AECF는 어떤 사각형인지 말하시오.
(단, 풀이 과정을 자세히 쓰시오.)

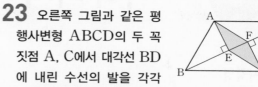

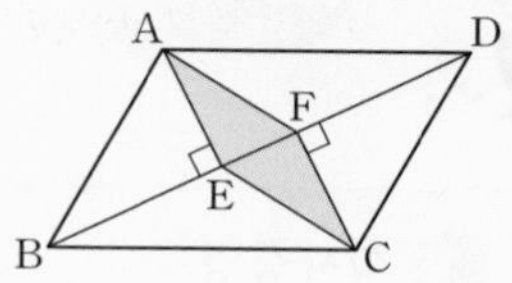

풀이 과정

답

중요 24 오른쪽 그림과 같은 평행사변형 ABCD에서 $\overline{BE}$, $\overline{DF}$는 각각 ∠B, ∠D의 이등분선이다. $\overline{AB}=7\,cm$, $\overline{AD}=10\,cm$, ∠A=60°일 때, □BFDE의 둘레의 길이를 구하시오. (단, 풀이 과정을 자세히 쓰시오.)

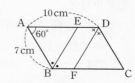

풀이 과정

답

06강 여러 가지 사각형 (1)

① 직사각형

(1) **직사각형**: 네 내각의 크기가 같은 사각형

➡ ∠A＝∠B＝∠C＝∠D

참고 네 내각의 크기가 같으면 두 쌍의 대각의 크기가 각각 같으므로 직사각형은 평행사변형이다.

(2) **직사각형의 성질**: 두 대각선은 길이가 같고, 서로 다른 것을 이등분한다.

➡ $\overline{AC}＝\overline{BD}$, $\overline{AO}＝\overline{BO}＝\overline{CO}＝\overline{DO}$

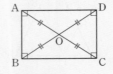

＊ 평행사변형이 직사각형이 되는 조건

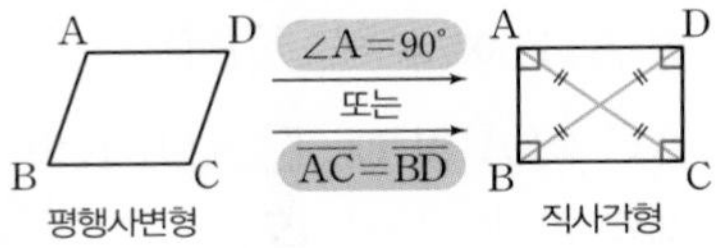

평행사변형 $\xrightarrow[\text{또는}]{\angle A=90°}$ 직사각형
$\overline{AC}＝\overline{BD}$

예제 1 다음 그림과 같은 직사각형 ABCD에서 두 대각선의 교점을 O라 할 때, x, y의 값을 각각 구하시오.

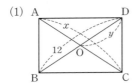

(1)

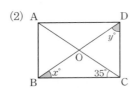

(2)

② 마름모

(1) **마름모**: 네 변의 길이가 같은 사각형

➡ $\overline{AB}＝\overline{BC}＝\overline{CD}＝\overline{DA}$

참고 네 변의 길이가 같으면 두 쌍의 대변의 길이가 각각 같으므로 마름모는 평행사변형이다.

(2) **마름모의 성질**: 두 대각선은 서로 다른 것을 수직이등분한다.

➡ $\overline{AC}\perp\overline{BD}$, $\overline{AO}＝\overline{CO}$, $\overline{BO}＝\overline{DO}$

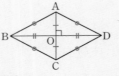

＊ 평행사변형이 마름모가 되는 조건

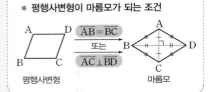

평행사변형 $\xrightarrow[\text{또는}]{\overline{AB}=\overline{BC}}$ 마름모
$\overline{AC}\perp\overline{BD}$

예제 2 오른쪽 그림과 같은 마름모 ABCD에서 두 대각선의 교점을 O라 할 때, 다음 중 옳지 <u>않은</u> 것을 모두 고르면?

(정답 2개)

① $\overline{AB}＝\overline{BC}$ ② $\overline{AO}＝\overline{BO}$
③ $\overline{AC}\perp\overline{BD}$ ④ ∠ABC＝∠BAD
⑤ ∠ABD＝∠ADB

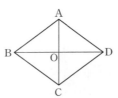

예제 3 오른쪽 그림과 같은 마름모 ABCD에서 두 대각선의 교점을 O라 하자. $\overline{BO}＝2$, ∠ABO＝40°일 때, x, y의 값을 각각 구하시오.

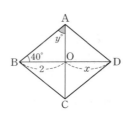

핵심 유형 익히기

1 오른쪽 그림과 같은 직사각형 ABCD에서 두 대각선의 교점을 O라 할 때, 다음 중 옳지 <u>않은</u> 것을 모두 고르면?

(정답 2개)

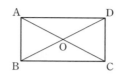

① $\overline{AC}=\overline{BD}$　　　　② $\angle C=90°$
③ $\overline{AB}=\overline{AO}$　　　　④ $\overline{CO}=\overline{DO}$
⑤ $\angle AOB=\angle AOD$

2 오른쪽 그림과 같은 직사각형 ABCD에서 두 대각선의 교점을 O라 하자. $\angle ACB=40°$일 때, $\angle x$의 크기를 구하시오.

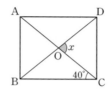

3 다음 중 오른쪽 그림의 평행사변형 ABCD가 직사각형이 되는 조건이 <u>아닌</u> 것은?

(단, 점 O는 두 대각선의 교점이다.)

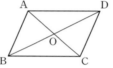

① $\overline{AC}=\overline{BD}$　　　　② $\angle A=\angle B$
③ $\angle B=90°$　　　　④ $\overline{AO}=\overline{DO}$
⑤ $\angle BOC=90°$

● 평행사변형이 직사각형이 되는 조건
① 한 내각이 직각이다.
② 두 대각선의 길이가 같다.

4 오른쪽 그림과 같은 마름모 ABCD에서 두 대각선의 교점을 O라 할 때, $\angle x+\angle y$의 크기를 구하시오.

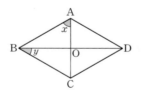

5 오른쪽 그림과 같은 평행사변형 ABCD가 마름모가 되는 조건을 다음 보기에서 모두 고르시오.

(단, 점 O는 두 대각선의 교점이다.)

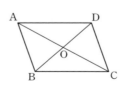

● 평행사변형이 마름모가 되는 조건
① 이웃하는 두 변의 길이가 같다.
② 두 대각선이 서로 수직이다.

· 보기 ·

ㄱ. $\angle D=90°$　　　　ㄴ. $\angle A=\angle B$
ㄷ. $\overline{AC}\perp\overline{BD}$　　　　ㄹ. $\overline{AC}=\overline{BD}$
ㅁ. $\overline{AB}=\overline{BC}$　　　　ㅂ. $\angle ADO=\angle CDO$

07강 여러 가지 사각형 (2)

① 정사각형

(1) 정사각형: 네 변의 길이가 같고, 네 내각의 크기가 같은 사각형

➡ $\overline{AB}=\overline{BC}=\overline{CD}=\overline{DA}$, $\angle A=\angle B=\angle C=\angle D$

참고 정사각형은 네 변의 길이가 같으므로 마름모이고, 네 내각의 크기가 같으므로 직사각형이다.

(2) 정사각형의 성질: 두 대각선은 길이가 같고, 서로 다른 것을 수직이등분한다.

➡ $\overline{AC}=\overline{BD}$, $\overline{AC}\perp\overline{BD}$, $\overline{AO}=\overline{BO}=\overline{CO}=\overline{DO}$

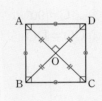

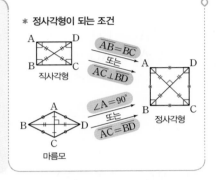

* 정사각형이 되는 조건

예제 1 다음 그림과 같은 정사각형 ABCD에서 두 대각선의 교점을 O라 할 때, x, y의 값을 각각 구하시오.

(1)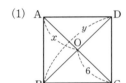

(2)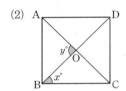

예제 2 다음 조건을 모두 만족시키는 □ABCD는 어떤 사각형인지 말하시오.
(단, 점 O는 두 대각선의 교점이다.)

> (가) $\overline{AD} \parallel \overline{BC}$
> (다) $\overline{AO}=\overline{BO}=\overline{CO}=\overline{DO}$
> (나) $\overline{AB} \parallel \overline{DC}$
> (라) $\overline{AC}\perp\overline{BD}$

② 등변사다리꼴

(1) 사다리꼴: 한 쌍의 대변이 평행한 사각형
(2) 등변사다리꼴: 밑변의 양 끝 각의 크기가 같은 사다리꼴

➡ $\angle B=\angle C$

(3) 등변사다리꼴의 성질
　① 평행하지 않은 한 쌍의 대변의 길이가 같다.

➡ $\overline{AB}=\overline{DC}$

　② 두 대각선의 길이가 같다.

➡ $\overline{AC}=\overline{DB}$

* 등변사다리꼴의 성질
$\overline{AD} \parallel \overline{BC}$인 등변사다리꼴 ABCD에서 다음이 성립한다.
(1) $\angle A=\angle D$, $\angle B=\angle C$
(2) $\angle A+\angle B=180°$,
　　$\angle C+\angle D=180°$
(3) $\triangle ABC\equiv\triangle DCB$ (SAS 합동)
(4) $\triangle ABD\equiv\triangle DCA$ (SAS 합동)

예제 3 다음 그림과 같이 $\overline{AD} \parallel \overline{BC}$인 등변사다리꼴 ABCD에서 x, y의 값을 구하시오.
(단, 점 O는 두 대각선의 교점이다.)

(1)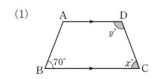

(2)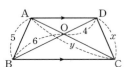

핵심 유형 익히기

1 오른쪽 그림과 같은 정사각형 ABCD에서 두 대각선의 교점을 O라 할 때, 다음 중 옳지 <u>않은</u> 것은?

① $\overline{AC}=\overline{BD}$ ② $\overline{AC} \perp \overline{BD}$
③ $\overline{AB}=\overline{AC}$ ④ $\angle ABD=45°$
⑤ $\overline{AO}=\overline{BO}=\overline{CO}=\overline{DO}$

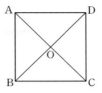

2 오른쪽 그림과 같은 정사각형 ABCD의 내부의 한 점 P에 대하여 △PBC가 정삼각형일 때, ∠CDP의 크기를 구하시오.

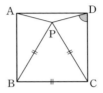

3 오른쪽 그림과 같은 평행사변형 ABCD에서 두 대각선의 교점을 O라 하자. $\overline{AB}=\overline{BC}$일 때, 다음 중 □ABCD가 정사각형이 되기 위한 조건은?

① $\overline{AB}=\overline{AC}$ ② $\overline{BC}=\overline{CD}$
③ $\angle A=90°$ ④ $\angle AOB=90°$
⑤ $\angle ABO=\angle CBO$

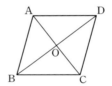

• 직사각형, 마름모가 정사각형이 되는 조건
(1) 직사각형 → 정사각형
 ① 이웃하는 두 변의 길이가 같다.
 ② 두 대각선이 서로 수직이다.
(2) 마름모 → 정사각형
 ① 한 내각이 직각이다.
 ② 두 대각선의 길이가 같다.

4 오른쪽 그림에서 □ABCD가 $\overline{AD} /\!/ \overline{BC}$인 등변사다리꼴일 때, 다음 중 옳지 <u>않은</u> 것은?
(단, 점 O는 두 대각선의 교점이다.)

① $\overline{AB}=\overline{DC}$ ② $\overline{AO}=\overline{DO}$
③ $\angle ABC=\angle DCB$ ④ $\angle ABO=\angle DCO$
⑤ $\angle BAC=\angle DCA$

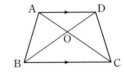

5 오른쪽 그림과 같이 $\overline{AD} /\!/ \overline{BC}$인 등변사다리꼴 ABCD에서 $\overline{AB} /\!/ \overline{DE}$이고 $\overline{AB}=7$ cm, $\overline{AD}=5$ cm, ∠A=120°일 때, 다음 중 옳지 <u>않은</u> 것은?

① $\overline{BC}=12$ cm   ② $\overline{EC}=5$ cm   ③ $\overline{DC}=\overline{DE}$
④ $\angle DEC=60°$ ⑤ △DEC는 정삼각형이다.

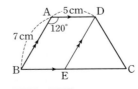

I. 도형의 성질

08강 여러 가지 사각형 사이의 관계

① 여러 가지 사각형 사이의 관계

(1) 한 쌍의 대변이 평행하다.
(2) 다른 한 쌍의 대변이 평행하다.
(3) 한 내각이 직각이거나 두 대각선의 길이가 같다.
(4) 이웃하는 두 변의 길이가 같거나 두 대각선이 서로 수직이다.

* 여러 가지 사각형의 대각선의 성질
(1) 평행사변형: 두 대각선은 서로 다른 것을 이등분한다.
(2) 직사각형: 두 대각선은 길이가 같고, 서로 다른 것을 이등분한다.
(3) 마름모: 두 대각선은 서로 다른 것을 수직이등분한다.
(4) 정사각형: 두 대각선은 길이가 같고, 서로 다른 것을 수직이등분한다.
(5) 등변사다리꼴: 두 대각선의 길이가 같다.

예제 1 다음 그림은 여러 가지 사각형 사이의 관계를 나타낸 것이다. (1), (2)에 각각 들어갈 알맞은 조건을 보기에서 모두 고르시오. (단, 점 O는 두 대각선의 교점이다.)

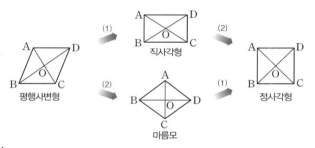

발전 사각형의 각 변의 중점을 연결하여 만든 사각형
(1) 사각형 ➡ 평행사변형
(2) 평행사변형 ➡ 평행사변형
(3) 직사각형 ➡ 마름모
(4) 마름모 ➡ 직사각형
(5) 정사각형 ➡ 정사각형
(6) 등변사다리꼴 ➡ 마름모

┌ • 보기 • ─────────────────────────
│ ㄱ. $\overline{AB}=\overline{BC}$ ㄴ. $\overline{AC}=\overline{BD}$ ㄷ. $\overline{AC}\perp\overline{BD}$ ㄹ. $\angle A=90°$
└──────────────────────────────────

② 평행선과 넓이

(1) 두 직선 l과 m이 평행할 때, $\triangle ABC$와 $\triangle A'BC$는 밑변 $\overline{BC}$가 공통이고 높이는 h로 같으므로 두 삼각형의 넓이가 같다.
➡ $l /\!/ m$이면 $\triangle ABC = \triangle A'BC$

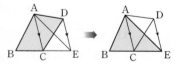

(2) 높이가 같은 두 삼각형의 넓이의 비는 밑변의 길이의 비와 같다.
➡ $\triangle ABD : \triangle ADC = m : n$

참고 $\triangle ABD : \triangle ACD = \left(\frac{1}{2} \times m \times h\right) : \left(\frac{1}{2} \times n \times h\right)$
$= m : n$

* 평행선과 삼각형의 넓이

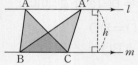

(1) $\triangle ACD = \triangle ACE$
(2) $\square ABCD = \triangle ABE$

* 높이가 같은 삼각형의 넓이의 비
$\overline{BD}, \overline{DC}$를 각각 밑변으로 하고 높이가 같은 두 삼각형 ABD, ADC에서
(1) $\overline{BD} : \overline{DC} = m : n$이면
➡ $\triangle ABD : \triangle ADC = m : n$
(2) $\overline{BD} = \overline{DC}$이면
➡ $\triangle ABD = \triangle ADC$

예제 2 오른쪽 그림과 같은 $\square ABCD$에서 꼭짓점 D를 지나고 $\overline{AC}$에 평행한 직선을 그어 $\overline{BC}$의 연장선과 만나는 점을 E라 하자. $\square ABCD = 20 \text{ cm}^2$일 때, $\triangle ABE$의 넓이를 구하시오.

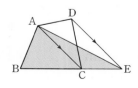

핵심 유형 익히기

1 오른쪽 그림과 같은 평행사변형 ABCD에 대하여 다음 중 옳은 것은? (단, 점 O는 두 대각선의 교점이다.)

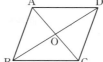

① $\overline{AB}=\overline{BC}$이면 □ABCD는 직사각형이다.
② ∠A=90°이면 □ABCD는 마름모이다.
③ $\overline{AC}\perp\overline{BD}$이면 □ABCD는 직사각형이다.
④ $\overline{AC}\perp\overline{BD}$, $\overline{AC}=\overline{BD}$이면 □ABCD는 정사각형이다.
⑤ $\overline{AC}=\overline{BD}$, ∠A=90°이면 □ABCD는 정사각형이다.

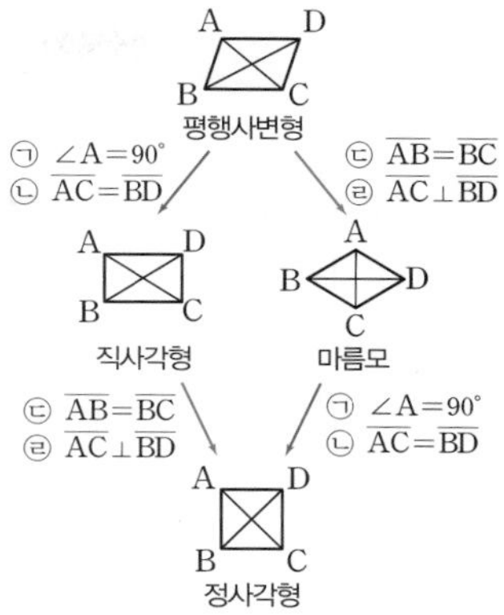

2 다음 중 두 대각선의 길이가 같은 사각형이 <u>아닌</u> 것을 모두 고르면? (정답 2개)

① 평행사변형　　② 직사각형　　③ 마름모
④ 정사각형　　　⑤ 등변사다리꼴

3 오른쪽 그림에서 $\overline{AC}$ // $\overline{DE}$이고 $\overline{AB}=5\,cm$, $\overline{BC}=6\,cm$, $\overline{CE}=4\,cm$, ∠B=90°일 때, □ABCD의 넓이를 구하시오.

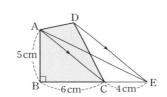

4 오른쪽 그림과 같은 평행사변형 ABCD에서 $\overline{BC}$ 위의 한 점 P에 대하여 $\overline{BP}:\overline{CP}=2:1$이고 □ABCD=120 cm²일 때, △ABP의 넓이를 구하시오.

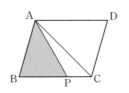

5 오른쪽 그림과 같이 $\overline{AD}$ // $\overline{BC}$인 사다리꼴 ABCD에서 두 대각선의 교점을 O라 하자. △DBC=45 cm², △ABO=15 cm²일 때, △OBC의 넓이는?

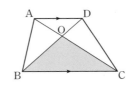

① 15 cm²　　　　② 20 cm²
③ 25 cm²　　　　④ 30 cm²
⑤ 35 cm²

● 여러 가지 사각형 사이의 관계

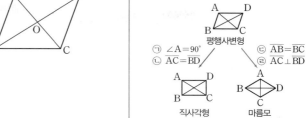

● 높이가 같은 두 삼각형의 넓이의 비는 밑변의 길이의 비와 같다.

● 사다리꼴에서 높이가 같은 두 삼각형의 넓이

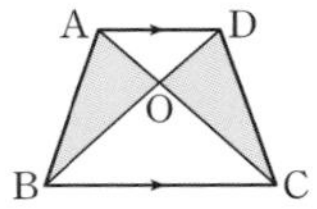

$\overline{AD}$ // $\overline{BC}$인 사다리꼴 ABCD에서
△ABC=△DBC이므로
△ABO=△DCO

족집게 문제

Step 1 반드시 나오는 문제

1 오른쪽 그림과 같은 직사각형 ABCD에서 두 대각선의 교점을 O라 할 때, △OAB의 둘레의 길이는?

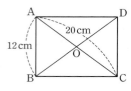

① 22 cm ② 28 cm ③ 30 cm
④ 32 cm ⑤ 34 cm

줄요 2 오른쪽 그림과 같은 직사각형 ABCD에서 두 대각선의 교점을 O라 하자. ∠ADB=36°일 때, ∠y − ∠x의 크기를 구하시오.

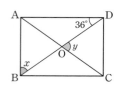

3 오른쪽 그림과 같은 평행사변형 ABCD에서 ∠BAC=∠DAC이고 $\overline{AB}$=7 cm일 때, □ABCD의 둘레의 길이를 구하시오.

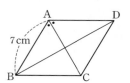

줄요 4 오른쪽 그림과 같은 평행사변형 ABCD에서 두 대각선의 교점을 O라 하자. ∠ACB=55°, ∠ADB=35°일 때, ∠y − ∠x의 크기를 구하시오.

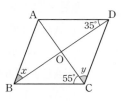

5 오른쪽 그림과 같은 정사각형 ABCD에서 두 대각선의 교점을 O라 하자. $\overline{BD}$=6 cm일 때, □ABCD의 넓이를 구하시오.

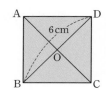

6 오른쪽 그림과 같은 정사각형 ABCD에서 $\overline{AC}=\overline{AE}$이고 ∠DAE=13°일 때, ∠DCE의 크기를 구하시오.

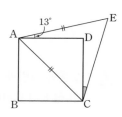

줄요 7 오른쪽 그림과 같이 $\overline{AD} /\!/ \overline{BC}$인 등변사다리꼴 ABCD의 꼭짓점 A에서 $\overline{BC}$에 내린 수선의 발을 E라 하자. $\overline{AD}$=8 cm, $\overline{BE}$=4 cm일 때, $\overline{BC}$의 길이를 구하시오.

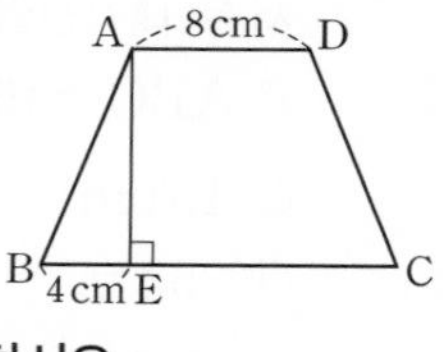

중요 8 아래 그림은 여러 가지 사각형 사이의 관계를 나타낸 것이다. 다음 중 ①~⑤에 해당하는 조건으로 옳지 <u>않은</u> 것은?

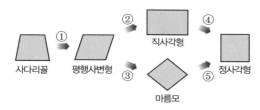

① 평행하지 않은 다른 한 쌍의 대변이 평행하다.
② 두 대각선의 길이가 같다.
③ 이웃하는 두 변의 길이가 같다.
④ 두 대각선이 서로 수직이다.
⑤ 이웃하는 두 내각의 크기의 합이 $180°$이다.

9 다음 보기에서 각 변의 중점을 연결하여 만든 사각형이 마름모가 되는 것을 모두 고른 것은?

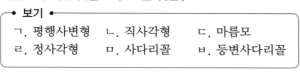

• 보기 •
ㄱ. 평행사변형   ㄴ. 직사각형   ㄷ. 마름모
ㄹ. 정사각형   ㅁ. 사다리꼴   ㅂ. 등변사다리꼴

① ㄱ, ㄴ   ② ㄱ, ㅁ   ③ ㄴ, ㄷ
④ ㄴ, ㅂ   ⑤ ㄹ, ㅂ

중요 10 오른쪽 그림과 같이 □ABCD의 꼭짓점 D에서 $\overline{AC}$에 평행한 직선을 그어 $\overline{BC}$의 연장선과 만나는 점을 E라 하자. $\triangle ABC=18\,cm^2$, □ABCD$=32\,cm^2$일 때, $\triangle ACE$의 넓이를 구하시오.

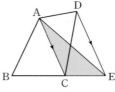

11 오른쪽 그림에서 점 D는 $\overline{BC}$의 중점이고, $\overline{AE}:\overline{ED}=2:3$이다. $\triangle ABC=30\,cm^2$일 때, $\triangle EDC$의 넓이는?

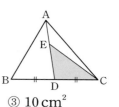

① $8\,cm^2$ ② $9\,cm^2$ ③ $10\,cm^2$
④ $11\,cm^2$ ⑤ $12\,cm^2$

12 오른쪽 그림과 같이 $\overline{AD}\,/\!/\,\overline{BC}$인 사다리꼴 ABCD의 두 대각선의 교점을 O라 하자. $\overline{CO}=2\overline{AO}$이고 $\triangle ABO=24\,cm^2$일 때, $\triangle BCD$의 넓이를 구하시오.

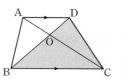

Step 2 자주 나오는 문제

13 오른쪽 그림은 직사각형 모양의 종이 ABCD를 꼭짓점 C가 꼭짓점 A에 오도록 접은 것이다. $\angle BAE=24°$일 때, $\angle x$의 크기를 구하시오.

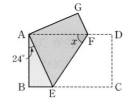

14 오른쪽 그림과 같은 직사각형 ABCD에서 대각선 AC의 중점을 O라 하고, 점 O를 지나고 $\overline{AC}$에 수직인 직선이 $\overline{AD}$, $\overline{BC}$와 만나는 점을 각각 E, F라 하자. $\overline{ED}=5\,cm$, $\overline{BC}=14\,cm$일 때, □AFCE의 둘레의 길이를 구하시오.

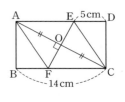

중요 15 오른쪽 그림과 같은 마름모 ABCD의 꼭짓점 C에서 $\overline{AB}$에 내린 수선의 발을 E라 하고, $\overline{CE}$와 $\overline{BD}$의 교점을 F라 하자. $\angle A=116^\circ$일 때, $\angle CFD$의 크기는?

① 46° ② 49° ③ 52°
④ 55° ⑤ 58°

아차! 돌다리 문제

16 마름모 ABCD의 두 대각선의 교점 O를 한 꼭짓점으로 하는 마름모 EOCF가 오른쪽 그림과 같이 겹쳐져 있다. $\overline{AC}=10\,cm$, $\overline{BD}=8\,cm$일 때, 색칠한 부분의 넓이는?

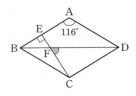

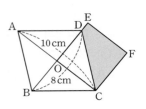

① $10\,cm^2$ ② $15\,cm^2$ ③ $20\,cm^2$
④ $25\,cm^2$ ⑤ $30\,cm^2$

17 오른쪽 그림과 같은 정사각형 ABCD에서 $\overline{AD}=\overline{AE}$이고 $\angle ABE=30^\circ$일 때, $\angle ADE$의 크기를 구하시오.

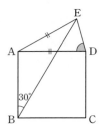

18 오른쪽 그림과 같이 $\overline{AD}/\!/\overline{BC}$인 등변사다리꼴 ABCD에서 $\overline{AD}=\overline{DC}$, $\angle BCA=35^\circ$일 때, $\angle x$의 크기를 구하시오.

중요 19 오른쪽 그림과 같이 $\overline{AD}/\!/\overline{BC}$인 등변사다리꼴 ABCD에서 $\overline{AB}=\overline{AD}$, $2\overline{AD}=\overline{BC}$일 때, $\angle D$의 크기는?

① 110° ② 120° ③ 130°
④ 140° ⑤ 150°

20 오른쪽 그림과 같은 마름모 ABCD에서 $\angle ABC=80^\circ$이고 $\triangle ABP$는 정삼각형일 때, $\angle APD$의 크기를 구하시오.

아차! 돌다리 문제

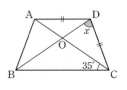

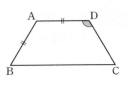

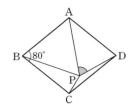

21 오른쪽 그림과 같은 평행사변형 ABCD에서 $\overline{BD}/\!/\overline{EF}$일 때, 다음 삼각형 중 그 넓이가 나머지 넷과 다른 하나는?

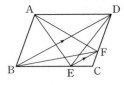

① △ABE ② △AEF ③ △DBE
④ △DBF ⑤ △AFD

중요 22 오른쪽 그림과 같은 평행사변형 ABCD에서 $\overline{BC}$ 위에 $\overline{BP}:\overline{PC}=3:5$가 되도록 점 P를 잡았다. □ABCD$=48\,cm^2$일 때, △ABP의 넓이를 구하시오.

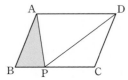

>> **108쪽** 다시 보는 핵심 문제로
자신의 실력을 확인하세요!

서술형 문제

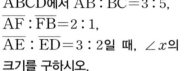
Step 3 만점! 도전 문제

23 오른쪽 그림과 같은 직사각형
ABCD에서 $\overline{AB} : \overline{BC} = 3 : 5$,
$\overline{AF} : \overline{FB} = 2 : 1$,
$\overline{AE} : \overline{ED} = 3 : 2$일 때, $\angle x$의
크기를 구하시오.

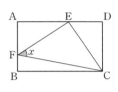

24 오른쪽 그림에서
□ABCD, □OEFG는 한 변
의 길이가 6 cm인 정사각형이
고 점 O는 □ABCD의 두 대
각선의 교점일 때, 색칠한 부분
의 넓이를 구하시오.

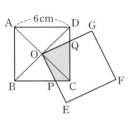

25 오른쪽 그림과 같이
$\overline{AD} = 2\overline{AB}$인 평행사변형
ABCD에서 $\overline{CD}$의 연장선 위에
$\overline{CE} = \overline{CD} = \overline{DF}$가 되도록 두 점
E, F를 잡자. $\overline{AE}$와 $\overline{BC}$의 교점
을 G, $\overline{BF}$와 $\overline{AD}$의 교점을 H,
$\overline{AE}$와 $\overline{BF}$의 교점을 P라 할 때,
$\angle HPG$의 크기를 구하시오.

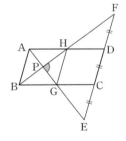

26 오른쪽 그림과 같이
$\overline{AD} /\!/ \overline{BC}$인 사다리꼴 ABCD
에서 점 O는 두 대각선의 교점이
다. $\triangle ABC = 30 \, cm^2$,
$\triangle ABO = 10 \, cm^2$일 때, □ABCD의 넓이는?

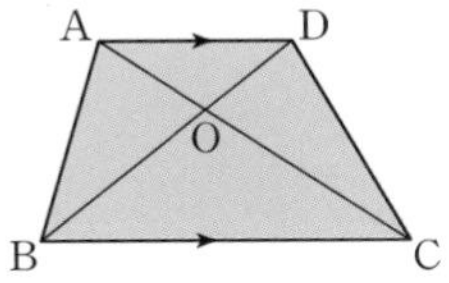

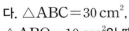

① $40 \, cm^2$ ② $45 \, cm^2$ ③ $50 \, cm^2$

④ $55 \, cm^2$ ⑤ $60 \, cm^2$

중요 27 오른쪽 그림과 같은 정사각형
ABCD에서 두 변 BC, CD 위에
$\overline{BE} = \overline{CF}$인 점 E, F를 각각 잡
고, $\overline{AE}$와 $\overline{BF}$의 교점을 G라 하
자. 이때 $\angle x$의 크기를 구하시오.

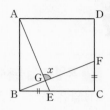

(단, 풀이 과정을 자세히 쓰시오.)

풀이 과정

답 _____

28 오른쪽 그림과 같이 직사각형
모양의 땅이 꺾어진 경계선에 의해
두 부분으로 나누어져 있다. 이때
두 땅의 넓이가 변하지 않으면서
점 A를 지나는 직선으로 된 새로
운 경계선을 정하는 방법을 설명하시오.

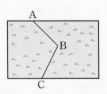

(단, 풀이 과정을 자세히 쓰시오.)

풀이 과정

답 _____

09강 Ⅱ. 도형의 닮음과 피타고라스 정리

닮은 도형

① 도형의 닮음

(1) **닮음**: 한 도형을 일정한 비율로 확대하거나 축소한 도형이 다른 도형과 합동일 때, 이 두 도형은 서로 닮음인 관계가 있다고 한다.

(2) **닮은 도형**: 닮음인 관계가 있는 두 도형

→ 두 삼각형 ABC, DEF가 서로 닮은 도형이다. **기호** $\triangle ABC \backsim \triangle DEF$

참고 닮은 도형을 기호를 사용하여 나타낼 때는 대응점의 순서를 맞추어 쓴다.

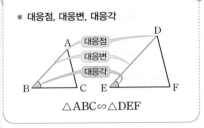

* 대응점, 대응변, 대응각

$\triangle ABC \backsim \triangle DEF$

예제 1 오른쪽 그림에서 두 삼각형은 서로 닮은 도형이다. $\overline{AB}$에 대응하는 변이 $\overline{DE}$일 때, 다음 물음에 답하시오.

(1) 닮은 두 도형을 기호를 사용하여 나타내시오.

(2) $\overline{BC}$의 대응변과 $\angle C$의 대응각을 차례로 구하시오.

② 평면도형에서의 닮음의 성질

(1) 서로 닮은 두 평면도형에서
　① 대응변의 길이의 비는 일정하다.
　② 대응각의 크기는 각각 같다.

(2) **평면도형에서의 닮음비**: 서로 닮은 두 평면도형에서 대응변의 길이의 비

주의 일반적으로 닮음비는 가장 간단한 자연수의 비로 나타내고, 닮음비가 1 : 1인 두 도형은 합동이다.

* 평면도형에서의 닮음의 성질
$\triangle ABC \backsim \triangle DEF$일 때

(1) $\overline{AB} : \overline{DE} = \overline{BC} : \overline{EF} = \overline{AC} : \overline{DF}$
(2) $\angle A = \angle D$, $\angle B = \angle E$, $\angle C = \angle F$

예제 2 오른쪽 그림에서 □ABCD∽□EFGH일 때, 다음을 구하시오.

(1) □ABCD와 □EFGH의 닮음비

(2) $\overline{DC}$의 길이와 $\angle F$의 크기

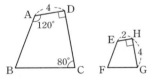

③ 입체도형에서의 닮음의 성질

(1) 서로 닮은 두 입체도형에서
　① 대응하는 모서리의 길이의 비는 일정하다.
　② 대응하는 면은 닮은 도형이다.

(2) **입체도형에서의 닮음비**: 서로 닮은 두 입체도형에서 대응하는 모서리의 길이의 비

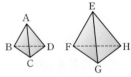

* 입체도형에서의 닮음의 성질
두 삼각뿔이 서로 닮은 도형일 때

(1) $\overline{AB} : \overline{EF} = \overline{BC} : \overline{FG} = \overline{CD} : \overline{GH} = \cdots$
(2) $\triangle ABC \backsim \triangle EFG$,
　$\triangle BCD \backsim \triangle FGH$, $\cdots$

예제 3 오른쪽 그림에서 두 삼각기둥은 서로 닮은 도형이고, $\overline{AB}$에 대응하는 모서리가 $\overline{GH}$일 때, 다음을 구하시오.

(1) 두 삼각기둥의 닮음비

(2) $\overline{CF}$의 길이

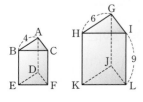

핵심 유형 익히기

1 다음 보기에서 항상 닮은 도형인 것을 모두 고르시오.

> **• 보기 •**
> ㄱ. 두 이등변삼각형   ㄴ. 두 마름모   ㄷ. 두 정삼각형
> ㄹ. 두 부채꼴   ㅁ. 두 직육면체   ㅂ. 두 구

• 도형의 닮음
① 항상 닮음인 평면도형
  • 모든 정다각형
  • 모든 원
  • 모든 직각이등변삼각형
  • 중심각의 크기가 같은 모든 부채꼴
② 항상 닮음인 입체도형
  • 면의 개수가 같은 모든 정다면체
  • 모든 구

2 오른쪽 그림에서 $\triangle ABC \backsim \triangle DEF$일 때, x, y의 값을 각각 구하시오.

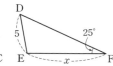

3 오른쪽 그림에서 $\square ABCD \backsim \square EFGH$이고 닮음비가 $2:3$일 때, $\square EFGH$의 둘레의 길이를 구하시오.

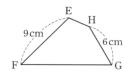

4 오른쪽 그림의 두 사각기둥은 서로 닮은 도형이고, $\overline{AD}$에 대응하는 모서리가 $\overline{IL}$일 때, $x+y$의 값을 구하시오.

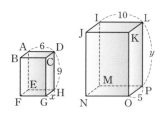

5 오른쪽 그림에서 두 원뿔 (가), (나)가 서로 닮은 도형일 때, 원뿔 (가)의 밑면의 둘레의 길이를 구하시오.

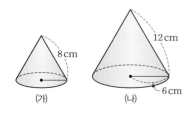

• 서로 닮은 두 원뿔에서
(닮음비)
=(모선의 길이의 비)
=(높이의 비)
=(밑면의 반지름의 길이의 비)

기초를 좀 더 다지려면~! 48쪽 ≫

10강 닮은 도형의 넓이와 부피

① 서로 닮은 두 평면도형에서의 비

서로 닮은 두 평면도형의 닮음비가 $m:n$일 때

(1) 둘레의 길이의 비 ➡ $\underline{m:n}$ → 닮음비와 같다.

(2) 넓이의 비 ➡ $\boxed{m^2:n^2}$

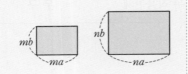

> ＊ 서로 닮은 두 평면도형에서의 비
> 닮음비가 $1:2$인 두 정사각형에서
> (1) 둘레의 길이의 비는
> ➡ $1:2$
> (2) 넓이의 비는
> ➡ $1^2:2^2=1:4$

예제 1 오른쪽 그림에서 △ABC∽△DEF일 때, 다음을 구하시오.

(1) △ABC와 △DEF의 닮음비

(2) △ABC와 △DEF의 둘레의 길이의 비

(3) △ABC와 △DEF의 넓이의 비

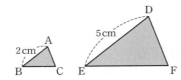

예제 2 오른쪽 그림에서 □ABCD∽□EFGH이다. □ABCD$=144\,cm^2$일 때, □EFGH의 넓이를 구하시오.

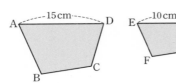

② 서로 닮은 두 입체도형에서의 비

서로 닮은 두 입체도형의 닮음비가 $m:n$일 때

(1) 겉넓이의 비 ➡ $\boxed{m^2:n^2}$

(2) 부피의 비 ➡ $\boxed{m^3:n^3}$

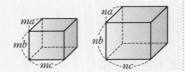

> ＊ 서로 닮은 두 입체도형에서의 비
> 닮음비가 $1:2$인 두 정육면체에서
> (1) 겉넓이의 비는
> ➡ $1^2:2^2=1:4$
> (2) 부피의 비는
> ➡ $1^3:2^3=1:8$

예제 3 오른쪽 그림에서 두 원기둥 A, B가 서로 닮은 도형일 때, 다음을 구하시오.

(1) 두 원기둥 A와 B의 닮음비

(2) 두 원기둥 A와 B의 겉넓이의 비

(3) 두 원기둥 A와 B의 부피의 비

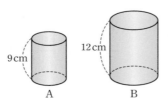

예제 4 오른쪽 그림에서 두 삼각기둥 A와 B는 서로 닮은 도형이다. 삼각기둥 A의 부피가 $16\,cm^3$일 때, 삼각기둥 B의 부피를 구하시오.

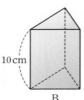

1 오른쪽 그림에서 원 O의 둘레의 길이가 6π cm이고 원 O와 원 O'의 닮음비가 $1:2$일 때, 원 O'의 넓이를 구하시오.

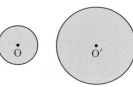

2 오른쪽 그림과 같은 두 정사각형 ABCD, EBFG의 넓이의 비가 $25:9$이고 $\overline{BF}=6$ cm일 때, □ABCD의 둘레의 길이를 구하시오.

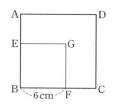

3 오른쪽 그림과 같이 닮은 두 원뿔 A, B가 있다. 원뿔 A의 옆넓이가 72 cm²일 때, 원뿔 B의 옆넓이를 구하시오.

* 닮음비가 $m:n$인 두 입체도형에서
  (1) 밑넓이의 비 ➡ $m^2:n^2$
  (2) 옆넓이의 비 ➡ $m^2:n^2$

4 오른쪽 그림의 두 원기둥 A, B는 닮은 도형이다. 두 원기둥 A, B의 부피의 비가 $8:27$일 때, $x+y$의 값을 구하시오.

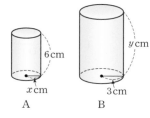

5 오른쪽 그림과 같은 원뿔 모양의 그릇에 높이의 $\dfrac{3}{4}$만큼 물을 채웠다. 이 그릇의 부피가 128 mL일 때, 채워진 물의 부피를 구하시오.

* 원뿔을 밑면에 평행한 평면으로 자를 때 생기는 원뿔은 처음 원뿔과 서로 닮은 도형이다.

기초를 좀 더 다지려면~! 48쪽 》》

삼각형의 닮음 조건

❶ 삼각형의 닮음 조건

두 삼각형은 다음의 각 경우에 서로 닮음이다.
(1) 세 쌍의 대응변의 길이의 비가 같다. (SSS 닮음)
(2) 두 쌍의 대응변의 길이의 비가 같고, 그 끼인각의 크기가 같다. (SAS 닮음)
(3) 두 쌍의 대응각의 크기가 각각 같다. (AA 닮음)

예제 1 다음 그림에서 닮음인 삼각형을 찾아 기호로 나타내고, 그 닮음 조건을 말하시오.

(1)
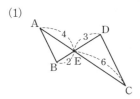

(2)
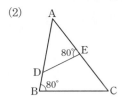

* 삼각형의 닮음 조건

(1)

➡ $a : a' = b : b' = c : c'$

(2)
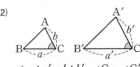
➡ $a : a' = b : b'$, $\angle C = \angle C'$

(3)
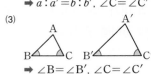
➡ $\angle B = \angle B'$, $\angle C = \angle C'$

❷ 직각삼각형의 닮음

$\angle A = 90°$인 직각삼각형 ABC의 꼭짓점 A에서 빗변 BC에 내린 수선의 발을 D라 하면

$$\triangle ABC \backsim \triangle DBA \backsim \triangle DAC \text{ (AA 닮음)}$$

(1) $\overline{BA} : \overline{BD} = \overline{BC} : \overline{BA}$ ➡ $\overline{AB}^2 = \overline{BD} \times \overline{BC}$
(2) $\overline{CA} : \overline{CD} = \overline{CB} : \overline{CA}$ ➡ $\overline{AC}^2 = \overline{CD} \times \overline{CB}$
(3) $\overline{DA} : \overline{DC} = \overline{DB} : \overline{DA}$ ➡ $\overline{AD}^2 = \overline{DB} \times \overline{DC}$

예제 2 다음 그림과 같이 $\angle A = 90°$인 직각삼각형 ABC에서 x의 값을 구하시오.

(1)
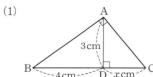

(2)
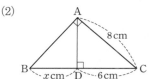

* 직각삼각형의 닮음

(1)　　　(2) 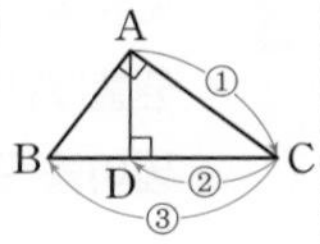
(3)
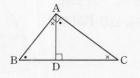
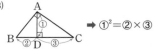
➡ $①^2 = ② \times ③$

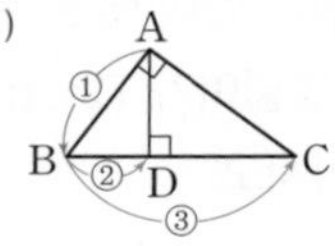

참고 직각삼각형 ABC의 넓이에서
$$\frac{1}{2} \times \overline{AD} \times \overline{BC} = \frac{1}{2} \times \overline{AB} \times \overline{AC}$$
이므로 $\overline{AD} \times \overline{BC} = \overline{AB} \times \overline{AC}$
가 성립한다.

❸ 닮음의 활용

(1) 축도: 도형을 일정한 비율로 줄여 그린 그림
(2) 축척: 축도에서 실제 높이나 거리를 줄인 비율

➡ (축척) = $\dfrac{\text{(축도에서의 길이)}}{\text{(실제 길이)}}$

* 축도와 축척

축도에서의 길이와 실제 길이를 구할 때는 길이와 넓이의 단위에 주의한다.
(1) 길이의 단위
　1 cm = 10 mm, 1 m = 100 cm
　1 km = 1000 m
(2) 넓이의 단위
　$1 m^2 = 10000 cm^2$
　$1 km^2 = 1000000 m^2$

예제 3 축척이 $\dfrac{1}{50000}$인 지도에서 거리가 20 cm로 나타난 두 지점 사이의 실제 거리는 몇 km인지 구하시오.

핵심 유형 익히기

1 오른쪽 그림과 같은 △ABC에서 $\overline{AD}$의 길이는?

① 3　　　　② $\dfrac{7}{2}$　　　　③ 4

④ $\dfrac{9}{2}$　　　　⑤ 5

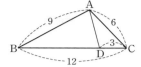

2 오른쪽 그림에서 ∠BAC＝∠E일 때, $x+y$의 값을 구하시오.

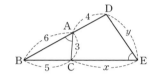

3 오른쪽 그림과 같은 평행사변형 ABCD에서 $\overline{AE}\perp\overline{BC}$, $\overline{AF}\perp\overline{CD}$이다. $\overline{AB}=6\,cm$, $\overline{AD}=10\,cm$, $\overline{AF}=9\,cm$일 때, $\overline{AE}$의 길이를 구하시오.

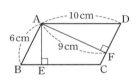

• □ABCD는 평행사변형이므로 대각의 크기가 같다.

4 오른쪽 그림과 같이 ∠A＝90°인 직각삼각형 ABC에서 $\overline{AD}\perp\overline{BC}$이고 $\overline{AB}=4$, $\overline{AC}=3$, $\overline{BC}=5$일 때, $x+y$의 값을 구하시오.

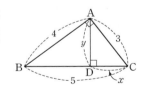

5 오른쪽 그림은 건물의 높이를 구하기 위해 축도를 그린 것이다. 이때 건물의 실제 높이는 몇 m인지 구하시오.

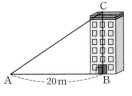

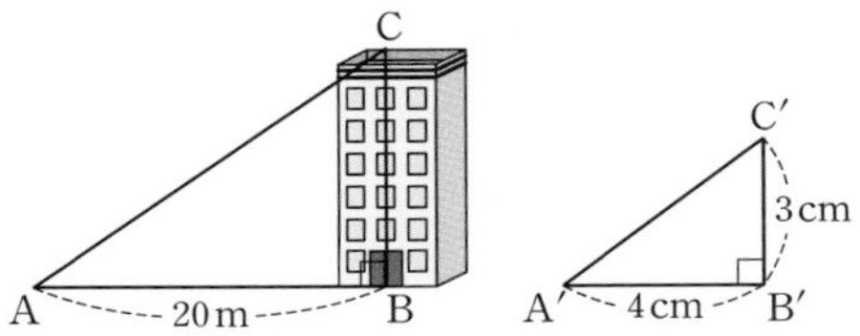

• (실제 길이)＝$\dfrac{(축도에서의 길이)}{(축척)}$

기초를 좀 더 다지려면~! 49쪽 ≫

11강. 삼각형의 닮음 조건　**47**

기초 내공 다지기

09강　닮은 도형

1 아래 그림에서 □ABCD∽□EFGH일 때, 다음을 구하시오.

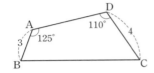

(1) 두 사각형의 닮음비 _____

(2) $\overline{BC}$의 길이 _____

(3) $\overline{EF}$의 길이 _____

(4) ∠B의 크기 _____

(5) ∠G의 크기 _____

2 아래 그림에서 두 삼각뿔은 서로 닮은 도형이고 $\overline{AB}$에 대응하는 모서리가 $\overline{EF}$일 때, 다음을 구하시오.

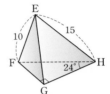

(1) 두 삼각뿔의 닮음비 _____

(2) $\overline{AD}$의 길이 _____

(3) $\overline{FG}$의 길이 _____

(4) ∠CBD의 크기 _____

10강　닮은 도형의 넓이와 부피

3 아래 그림에서 △ABC∽△DEF일 때, 다음을 구하시오.

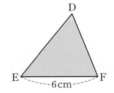

(1) 두 삼각형의 닮음비 _____

(2) 두 삼각형의 둘레의 길이의 비 _____

(3) 두 삼각형의 넓이의 비 _____

(4) △ABC의 둘레의 길이가 $14\,cm$일 때, △DEF의 둘레의 길이 _____

(5) △DEF의 넓이가 $18\,cm^2$일 때, △ABC의 넓이 _____

4 아래 그림에서 두 원뿔 A, B가 서로 닮은 도형일 때, 다음을 구하시오.

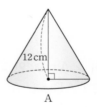

(1) 두 원뿔의 닮음비 _____

(2) 두 원뿔의 겉넓이의 비 _____

(3) 두 원뿔의 부피의 비 _____

(4) 원뿔 A의 겉넓이가 $64\pi\,cm^2$일 때, 원뿔 B의 겉넓이 _____

(5) 원뿔 B의 부피가 $54\pi\,cm^3$일 때, 원뿔 A의 부피 _____

5 다음 그림에서 닮음인 삼각형을 찾아 기호로 나타내고, 그 닮음 조건을 말하시오.

(1)
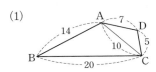

_____

(2)
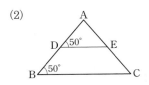

_____

(3)
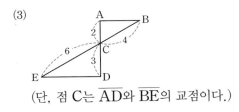

(단, 점 C는 $\overline{AD}$와 $\overline{BE}$의 교점이다.)

_____

6 다음과 같은 조건이 주어질 때, 아래 그림에서 △ABC와 △DEF가 서로 닮음인 것은 ○표, 아닌 것은 ×표를 ( ) 안에 쓰시오.

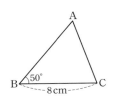

(1) $\overline{AB}=8\,cm$, $\overline{DE}=6\,cm$ ( )

(2) $\overline{AC}=12\,cm$, $\overline{DF}=9\,cm$ ( )

(3) $\overline{AC}=4\,cm$, $\overline{DF}=3\,cm$, $\angle C=70°$ ( )

(4) $\angle A=70°$, $\angle D=70°$ ( )

(5) $\angle A=60°$, $\angle E=50°$ ( )

7 다음 그림에서 x의 값을 구하시오.

(1)
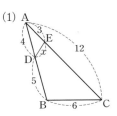

(2)
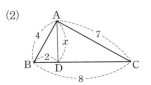

(3)
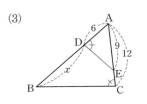

8 다음 그림과 같이 $\angle A=90°$인 직각삼각형 ABC에서 $\overline{AD}\perp\overline{BC}$일 때, x의 값을 구하시오.

(1)
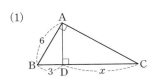

(2)
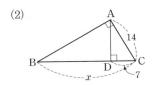

(3)
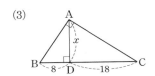

내공 쌓는 족집게 문제

중요 1 아래 그림에서 □ABCD∽□EFGH일 때, 다음 중 옳은 것은?

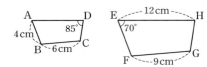

① 두 사각형의 닮음비는 2 : 5이다.
② $\overline{EF}$＝8 cm
③ $\overline{AD}$＝8 cm
④ ∠A=70°, ∠H=75°
⑤ $\overline{DC}$: $\overline{HG}$＝1 : 2

2 다음 그림에서 □ABCD와 □EFGH는 평행사변형이고, 서로 닮은 도형이다. 닮음비가 3 : 4일 때, □EFGH의 둘레의 길이는?

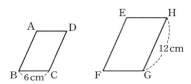

① 32 cm   ② 34 cm   ③ 36 cm
④ 38 cm   ⑤ 40 cm

3 다음 그림에서 두 삼각기둥은 서로 닮은 도형이고 $\overline{AB}$에 대응하는 모서리가 $\overline{GH}$일 때, 다음 중 옳지 <u>않은</u> 것은?

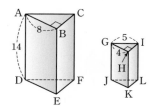

① $\overline{BC}$: $\overline{HI}$＝2 : 1   ② $\overline{AC}$＝10
③ △DEF∽△JKL   ④ $\overline{GJ}$＝8
⑤ $\overline{BE}$: $\overline{HK}$＝$\overline{CF}$: $\overline{IL}$

4 오른쪽 그림에서 두 원기둥이 서로 닮은 도형일 때, 큰 원기둥의 밑면의 넓이를 구하시오.

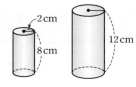

5 오른쪽 그림과 같이 중심이 같은 세 원이 일정한 간격으로 떨어져 있다. 이때 색칠한 세 부분 A, B, C의 넓이의 비는?

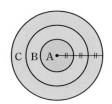

① 1 : 2 : 3   ② 1 : 3 : 4
③ 1 : 3 : 5   ④ 3 : 3 : 4
⑤ 2 : 3 : 5

6 닮은 두 직육면체의 겉넓이의 비가 4 : 9이고, 작은 직육면체의 부피가 40 cm³일 때, 큰 직육면체의 부피는?

① 60 cm³   ② 72 cm³   ③ 90 cm³
④ 120 cm³   ⑤ 135 cm³

중요 7 오른쪽 그림과 같이 높이가 12 cm인 원뿔 모양의 빈 그릇에 일정한 속도로 물을 넣고 있다. 물을 넣기 시작한 지 5분이 되는 순간의 수면의 높이가 4 cm이었을 때, 그 릇에 물을 가득 채우려면 몇 분 동안 물을 더 넣어야 하는지 구하시오.

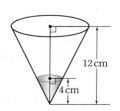

전국 중학교의 기출문제와 새로운 교육과정의 문제를
종합, 분석하여 핵심 문제만을 모았습니다.

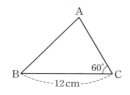 문제

중요 8 아래 그림의 △ABC와 △FDE가 서로 닮은 도형이
되도록 할 때, 다음 중 추가해야 하는 조건을 모두 고르면?

(정답 2개)

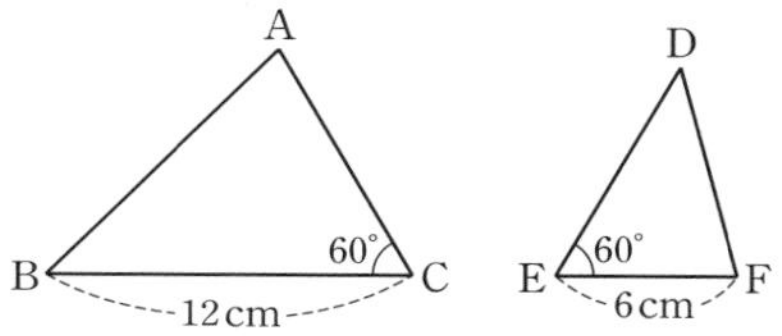

① ∠A＝75°, ∠D＝45°
② ∠B＝45°, ∠F＝70°
③ $\overline{AB}$＝10 cm, $\overline{DF}$＝9 cm
④ $\overline{AC}$＝9 cm, $\overline{DE}$＝8 cm
⑤ $\overline{AC}$＝10 cm, $\overline{DE}$＝9 cm

9 다음 그림과 같은 △ABC에서 ∠B＝∠ACD,
$\overline{AC}$＝6 cm, $\overline{AD}$＝3 cm일 때, $\overline{BD}$의 길이는?

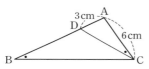

① 8 cm   ② 9 cm   ③ 10 cm
④ 11 cm   ⑤ 12 cm

10 오른쪽 그림에서
∠B＝∠AED이고
△ADE＝27 cm²일 때,
□DBCE의 넓이를 구하시오.

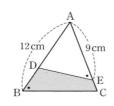

중요 11 오른쪽 그림과 같이
∠A＝90°인 직각삼각형
ABC에서 $\overline{AD}$⊥$\overline{BC}$일 때,
다음 중 옳지 않은 것을 모두 고
르면? (정답 2개)

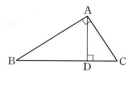

① △ABC∽△DBA   ② △DBA∽△DAC
③ $\overline{AC}^2$＝$\overline{BD}$×$\overline{BC}$ ④ $\overline{AB}$: $\overline{DB}$＝$\overline{BC}$: $\overline{BA}$
⑤ $\overline{AB}$×$\overline{AC}$＝$\overline{BD}$×$\overline{CD}$

중요 12 오른쪽 그림과 같이
∠A＝90°인 직각삼각형
ABC에서 $\overline{AH}$⊥$\overline{BC}$이고
$\overline{AH}$＝6 cm, $\overline{BH}$＝4 cm일
때, △ABC의 넓이를 구하시오.

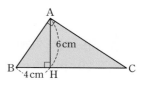

13 다음 그림은 연못의 양쪽 끝 지점 A, B 사이의 거리를
구하기 위해 축도를 그린 것이다. 이때 두 지점 A, B 사이
의 실제 거리는 몇 m인지 구하시오.

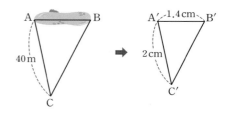

Step **2**   자주 나오는 문제

14 다음 중 항상 닮은 도형이 아닌 것을 모두 고르면?

(정답 2개)

① 중심각의 크기가 같은 두 부채꼴
② 한 변의 길이가 같은 두 직각삼각형
③ 넓이가 같은 두 직사각형
④ 한 내각의 크기가 90°인 두 마름모
⑤ 꼭지각의 크기가 같은 두 이등변삼각형

15 오른쪽 그림과 같이 A4 용지를 반으로 접을 때마다 만들어지는 용지의 크기를 각각 A5, A6, A7, …이라 할 때, A4 용지와 A10 용지의 닮음비는?

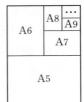

① 2 : 1   ② 4 : 1
③ 6 : 1   ④ 8 : 1
⑤ 16 : 1

16 어느 피자 가게에서 다음 그림과 같이 지름의 길이가 각각 20 cm, 30 cm인 원 모양의 피자를 각각 10000원, 18000원에 판매하고 있다. 두 피자의 종류가 같다고 할 때, 어느 피자를 사는 것이 가격면에서 더 유리한지 말하시오. (단, 피자의 두께는 생각하지 않는다.)

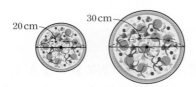

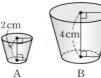 문제

17 오른쪽 그림에서 높이가 각각 2 cm, 4 cm인 컵 A와 B는 서로 닮은 도형이다. 컵 A에 물을 가득 담아 컵 B에 모두 부으려고 한다. 컵 B에 물을 가득 채우려면 컵 A로 최소한 몇 번 부어야 하는지 구하시오.
(단, 컵의 두께는 생각하지 않는다.)

18 다음 그림과 같이 $\overline{AB} /\!/ \overline{CE}$, $\overline{AC} /\!/ \overline{DE}$이고 $\overline{AB}=4\,cm$, $\overline{CE}=6\,cm$, $\overline{CD}=15\,cm$일 때, $\overline{BC}$의 길이는?

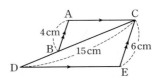

① 9 cm   ② 10 cm   ③ 11 cm
④ 12 cm   ⑤ 13 cm

19 오른쪽 그림에서 $\overline{AB} \perp \overline{CE}$, $\overline{AC} \perp \overline{BD}$이고 $\overline{AB}=12$, $\overline{AC}=8$, $\overline{CD}=2$일 때, x의 값을 구하시오.

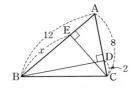

20 다음 그림과 같이 $\angle C = 90°$이고 $\overline{AC}=6\,cm$, $\overline{BC}=12\,cm$인 직각삼각형 ABC 안에 정사각형 DECF가 꼭 맞게 있을 때, □DECF의 넓이를 구하시오.

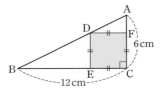

21 오른쪽 그림과 같이 $\angle A = 90°$인 직각삼각형 ABC에서 $\overline{AH} \perp \overline{BC}$이고 $\overline{AB}=4\,cm$, $\overline{BC}=5\,cm$일 때, $\overline{AH}$의 길이를 구하시오.

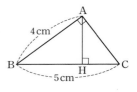

서술형 문제

Step**3** **만점! 도전 문제**

22 다음 그림과 같이 정삼각형을 4등분하고 한가운데 삼각형을 지운다. 그리고 남은 3개의 정삼각형을 각각 4등분하고 한가운데 정삼각형을 지운다. 이와 같은 과정을 반복할 때, 제8단계에서 지워지는 정삼각형과 제10단계에서 지워지는 정삼각형의 닮음비를 구하시오.

(단, 가장 간단한 자연수의 비로 나타내시오.)

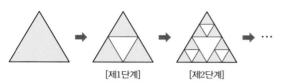

[제1단계]　　　[제2단계]

23 오른쪽 그림과 같은 △ABC
에서
$\angle BAE = \angle CBF = \angle ACD$
이고 $\overline{AB} = 6\,cm$, $\overline{BC} = 8\,cm$,
$\overline{CA} = 7\,cm$, $\overline{DE} = 2\,cm$일 때,
$\overline{DF}$의 길이를 구하시오.

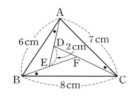

24 오른쪽 그림은 정삼각형
ABC를 꼭짓점 A가 $\overline{BC}$ 위의
점 E에 오도록 접은 것이다.
$\overline{BD} = 8\,cm$, $\overline{BE} = 5\,cm$,
$\overline{EC} = 10\,cm$일 때, $\overline{AF}$의 길이
를 구하시오.

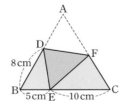

25 오른쪽 그림과 같이 원뿔을 밑면
에 평행한 평면으로 모선이 삼등분되
도록 잘랐을 때 생기는 입체도형을 차
례로 A, B, C라 하자. 입체도형 A의
부피가 $4\,cm^3$일 때, 입체도형 C의 부
피를 구하시오. (단, 풀이 과정을 자세히 쓰시오.)

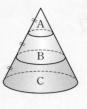

풀이 과정

답

26 오른쪽 그림은 직사각형
ABCD를 대각선 BD를
접는 선으로 하여 꼭짓점 C
가 점 E에 오도록 접은 것
이다. $\overline{AD}$와 $\overline{BE}$의 교점 P
에서 $\overline{BD}$에 내린 수선의 발
을 H라 할 때, $\overline{PH}$의 길이를 구하시오.

(단, 풀이 과정을 자세히 쓰시오.)

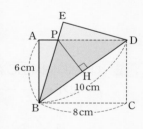

풀이 과정

답

12강 삼각형과 평행선

❶ 삼각형에서 평행선과 선분의 길이의 비

△ABC에서 $\overline{AB}$, $\overline{AC}$ 또는 그 연장선 위에 각각 점 D, E가 있을 때

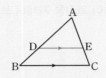 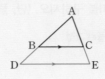

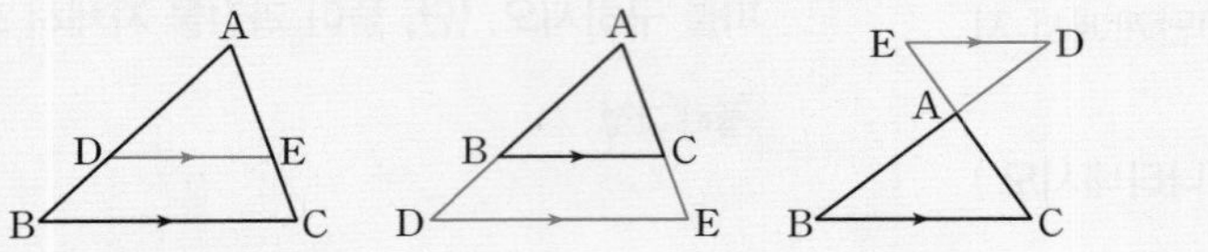

(1) $\overline{BC} /\!/ \overline{DE}$이면
　① $\overline{AB} : \overline{AD} = \overline{AC} : \overline{AE} = \overline{BC} : \overline{DE}$
　② $\overline{AD} : \overline{DB} = \overline{AE} : \overline{EC}$
(2) $\overline{AB} : \overline{AD} = \overline{AC} : \overline{AE} = \overline{BC} : \overline{DE}$ 또는 $\overline{AD} : \overline{DB} = \overline{AE} : \overline{EC}$이면
　$\overline{BC} /\!/ \overline{DE}$이다.

※ 삼각형에서 평행선과 선분의 길이의 비

➡ $a : a' = b : b'$

예제 1 다음 그림에서 $\overline{BC} /\!/ \overline{DE}$일 때, x, y의 값을 각각 구하시오.

(1)
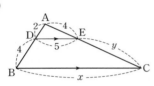

(2)
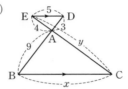

예제 2 다음 보기에서 $\overline{BC} /\!/ \overline{DE}$인 것을 모두 고르시오.

• 보기 •

ㄱ.
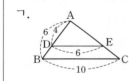

ㄴ.
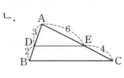

ㄷ.
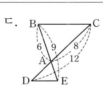

❷ 삼각형의 내각과 외각의 이등분선

△ABC에서 $\overline{AD}$가 ∠A의 이등분선
또는 ∠A의 외각의 이등분선이면
➡ $\overline{AB} : \overline{AC} = \overline{BD} : \overline{CD}$

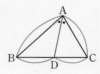 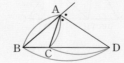

※ 삼각형의 내각과 외각의 이등분선

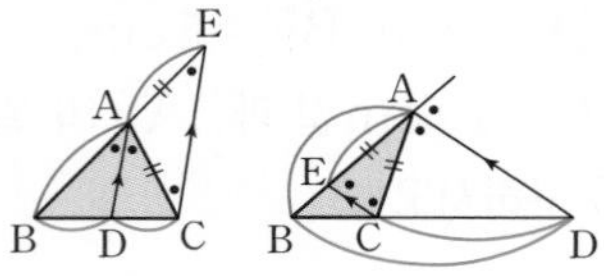

$\overline{AB} : \overline{AE} = \overline{BD} : \overline{CD}$이고,
$\overline{AE} = \overline{AC}$이므로
$\overline{AB} : \overline{AC} = \overline{BD} : \overline{CD}$

예제 3 다음 그림과 같은 △ABC에서 x의 값을 구하시오.

(1)
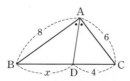

(2)
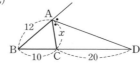

핵심 유형 익히기

1 다음 그림에서 x, y의 값을 각각 구하시오.

(1)

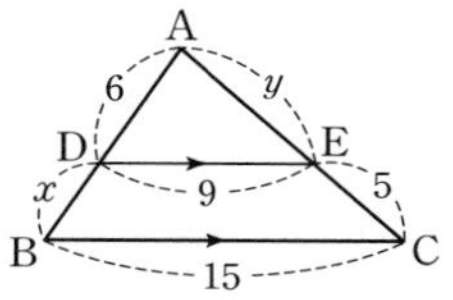

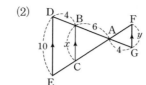

(단, $\overline{BC} \parallel \overline{DE}$)

(2)

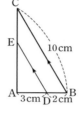

(단, $\overline{BC} \parallel \overline{DE} \parallel \overline{FG}$)

2 오른쪽 그림과 같은 △ABC에서 $\overline{BC} \parallel \overline{DE}$일 때, 다음 중 옳지 **않은** 것은?

① △ABC∽△ADE ② $\overline{AE} : \overline{EC} = 3 : 2$
③ $\overline{DE} : \overline{BC} = 3 : 5$ ④ $\overline{DE} = 6\,cm$
⑤ $\overline{AE} : \overline{EC} = \overline{DE} : \overline{BC}$

3 다음 중 $\overline{BC} \parallel \overline{DE}$인 것을 모두 고르면? (정답 2개)

• 삼각형에서 선분의 길이의 비가 일정하면 $\overline{BC} \parallel \overline{DE}$이다.

① 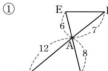 ② 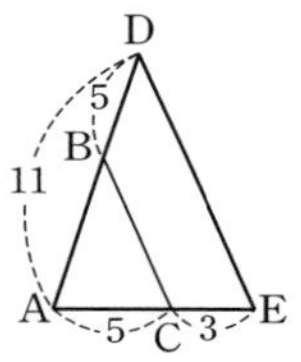   ③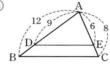

④ 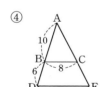 ⑤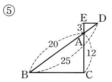

4 다음 그림과 같은 △ABC에서 x의 값을 구하시오.

(1)

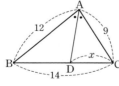

(2)

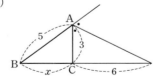

5 오른쪽 그림과 같은 △ABC에서 ∠BAD = ∠CAD 이고 △ABD의 넓이가 $36\,cm^2$일 때, △ADC의 넓이를 구하시오.

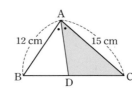

기초를 좀 더 다지려면~! 60쪽 ≫

삼각형의 두 변의 중점을 연결한 선분의 성질

❶ 삼각형의 두 변의 중점을 연결한 선분의 성질 (1)

삼각형의 두 변의 중점을 연결한 선분은
나머지 변과 평행하고, 그 길이는 나머지
변의 길이의 $\frac{1}{2}$이다.

➡ $\triangle ABC$에서 $\overline{AM}=\overline{MB}$, $\overline{AN}=\overline{NC}$이면

$$\overline{MN}/\!/\overline{BC}, \quad \overline{MN}=\frac{1}{2}\overline{BC}$$

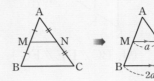

* 삼각형의 두 변의 중점을 연결한 선분의
 성질 (1)
$\triangle AMN$과 $\triangle ABC$에서
$\overline{AM}:\overline{AB}=\overline{AN}:\overline{AC}=1:2$,
$\angle A$는 공통이므로
$\triangle AMN \backsim \triangle ABC$ (SAS 닮음)
$\therefore \overline{MN}=\frac{1}{2}\overline{BC}$
이때 $\angle AMN=\angle ABC$이므로
$\overline{MN}/\!/\overline{BC}$

예제 1 오른쪽 그림과 같은 $\triangle ABC$에서 두 점 M, N은 각각 $\overline{AB}$, $\overline{AC}$의 중점일 때, x, y의 값을 각각 구하시오.

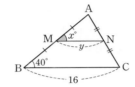

❷ 삼각형의 두 변의 중점을 연결한 선분의 성질 (2)

삼각형의 한 변의 중점을 지나고 다른 한 변에
평행한 직선은 나머지 변의 중점을 지난다.

➡ $\triangle ABC$에서 $\overline{AM}=\overline{MB}$, $\overline{MN}/\!/\overline{BC}$이면

$$\overline{AN}=\overline{NC}$$

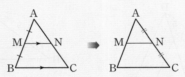

* 삼각형의 두 변의 중점을 연결한 선분의
 성질 (2)
$\triangle ABC$에서 $\overline{MN}/\!/\overline{BC}$이므로
$\overline{AM}:\overline{MB}=\overline{AN}:\overline{NC}=1:1$
$\therefore \overline{AN}=\overline{NC}$

예제 2 오른쪽 그림과 같은 $\triangle ABC$에서 점 M은 $\overline{AB}$의 중점이고 $\overline{MN}/\!/\overline{BC}$일 때, x, y의 값을 각각 구하시오.

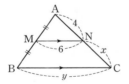

❸ 사다리꼴에서 삼각형의 두 변의 중점을 연결한 선분의 성질의 활용

$\overline{AD}/\!/\overline{BC}$인 사다리꼴 ABCD에서 $\overline{AB}$, $\overline{DC}$의 중점을
각각 M, N이라 하면

(1) $\overline{AD}/\!/\overline{MN}/\!/\overline{BC}$ (2) $\overline{MN}=\frac{1}{2}(\overline{AD}+\overline{BC})$

(3) $\overline{PQ}=\overline{MQ}-\overline{MP}=\frac{1}{2}(\overline{BC}-\overline{AD})$ (단, $\overline{BC}>\overline{AD}$)

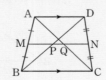

* 사다리꼴에서 삼각형의 두 변의 중점을
 연결한 선분의 성질의 활용

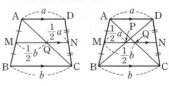

$$\overline{MN}=\frac{1}{2}(a+b) \qquad \overline{PQ}=\frac{1}{2}(b-a)$$

예제 3 오른쪽 그림과 같이 $\overline{AD}/\!/\overline{BC}$인 사다리꼴 ABCD에서 $\overline{AB}$와 $\overline{DC}$의 중점을 각각 M, N이라 하자. $\overline{AD}=6$, $\overline{BC}=8$일 때, $\overline{PQ}$의 길이를 구하시오.

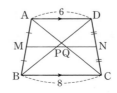

핵심 유형 익히기

1 · 2

1 오른쪽 그림과 같은 △ABC에서 $\overline{AB}$, $\overline{BC}$, $\overline{CA}$의 중점을 각각 D, E, F라 하자. $\overline{AB}=10$, $\overline{BC}=12$, $\overline{CA}=8$일 때, △DEF의 둘레의 길이는?

① 12   ② 13   ③ 14

④ 15   ⑤ 16

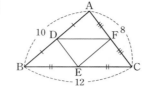

● 삼각형의 두 변의 중점을 연결한 선분은 나머지 변과 평행하고, 그 길이는 나머지 변의 길이의 $\frac{1}{2}$이다.

2 오른쪽 그림과 같은 △ABC에서 점 D는 $\overline{BC}$의 중점이고, 점 G는 $\overline{AD}$의 중점이다. $\overline{EC}\,/\!/\,\overline{FD}$, $\overline{EG}=6$일 때, $\overline{GC}$의 길이를 구하시오.

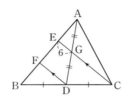

3 오른쪽 그림과 같은 △ABC에서 점 D는 $\overline{AB}$의 중점이고, 점 M은 $\overline{DE}$의 중점이다. $\overline{DF}\,/\!/\,\overline{BE}$이고 $\overline{CE}=5$일 때, $\overline{BC}$의 길이는?

① 7   ② 8   ③ 9

④ 10   ⑤ 12

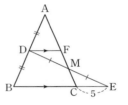

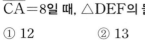

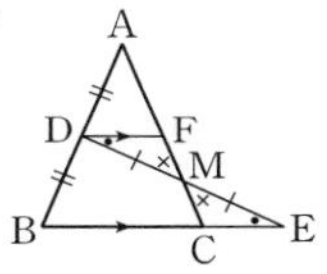

△DMF≡△EMC (ASA 합동)
➡ $\overline{BC}=2\overline{DF}=2\overline{CE}$

4 오른쪽 그림과 같이 $\overline{AD}\,/\!/\,\overline{BC}$인 사다리꼴 ABCD에서 $\overline{AB}$와 $\overline{DC}$의 중점을 각각 E, F라 하자. $\overline{PQ}=2$, $\overline{BC}=12$일 때, $\overline{AD}$의 길이를 구하시오.

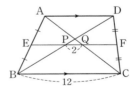

5 오른쪽 그림과 같이 $\overline{AD}\,/\!/\,\overline{BC}$인 사다리꼴 ABCD에서 $\overline{AB}$, $\overline{DC}$의 중점을 각각 M, N이라 하자. $\overline{AD}=6$, $\overline{MN}=8$일 때, $\overline{BC}$의 길이는?

① 5   ② 6   ③ 7

④ 8   ⑤ 10

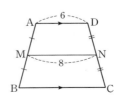

● 사다리꼴을 삼각형으로 나누어 삼각형의 두 변의 중점을 연결한 선분의 성질을 이용한다.

기초를 좀 더 다지려면~! 60쪽 ≫

14강 평행선과 선분의 길이의 비

① 평행선 사이에 있는 선분의 길이의 비

세 개의 평행선이 다른 두 직선과 만나서 생긴 선분의 길이의 비는 같다.

➡ $l /\!/ m /\!/ n$이면 $a:b=a':b'$ 또는 $a:a'=b:b'$

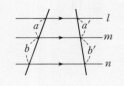

* 평행선 사이에 있는 선분의 길이의 비

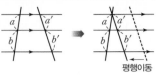

➡ $a:b=a':b'$

예제 1 다음 그림에서 $l /\!/ m /\!/ n$일 때, x의 값을 구하시오.

(1)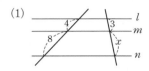

(2)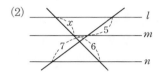

② 사다리꼴에서의 평행선과 선분의 길이의 비

$\overline{AD} /\!/ \overline{BC}$인 사다리꼴 ABCD에서 $\overline{EF} /\!/ \overline{BC}$이면

[방법 1]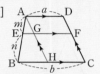

$\triangle ABH$에서 $\overline{EG}:\overline{BH}=m:(m+n)$
$\overline{GF}=\overline{HC}=\overline{AD}=a$
➡ $\overline{EF}=\overline{EG}+\overline{GF}$

[방법 2]

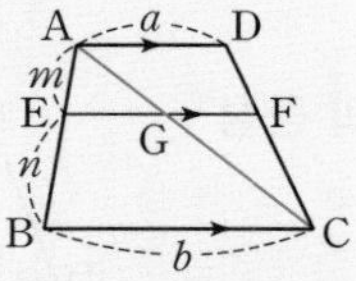

$\triangle ABC$에서 $\overline{EG}:\overline{BC}=m:(m+n)$
$\triangle ACD$에서 $\overline{GF}:\overline{AD}=n:(m+n)$
➡ $\overline{EF}=\overline{EG}+\overline{GF}$

* 사다리꼴에서의 평행선과 선분의 길이의 비
[방법 1]
❶ $\overline{DC}$와 평행하게 $\overline{AH}$를 긋는다.
❷ $\triangle ABH$에서 $\overline{EG}$, $\square AGFD$에서 $\overline{GF}$의 길이를 구한다.
❸ $\overline{EF}=\overline{EG}+\overline{GF}$

[방법 2]
❶ 대각선 AC를 긋는다.
❷ $\triangle ABC$에서 $\overline{EG}$, $\triangle ACD$에서 $\overline{GF}$의 길이를 구한다.
❸ $\overline{EF}=\overline{EG}+\overline{GF}$

예제 2 오른쪽 그림과 같이 $\overline{AD} /\!/ \overline{BC}$인 사다리꼴 ABCD에서 $\overline{EF} /\!/ \overline{BC}$, $\overline{AH} /\!/ \overline{DC}$일 때, 다음을 구하시오.

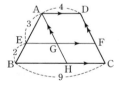

(1) $\overline{GF}$의 길이 　　(2) $\overline{EG}$의 길이

(3) $\overline{EF}$의 길이

③ 평행선과 선분의 길이의 비의 활용

$\overline{AC}$와 $\overline{BD}$의 교점을 E라 하고 $\overline{AB} /\!/ \overline{EF} /\!/ \overline{DC}$일 때

(1) $\overline{EF}=\dfrac{ab}{a+b}$

(2) $\overline{BF}:\overline{FC}=a:b$

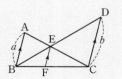

* 평행선과 선분의 길이의 비의 활용
$\overline{BE}:\overline{DE}=\overline{AB}:\overline{CD}=a:b$이므로
$\triangle BCD$에서 $\overline{BE}:\overline{BD}=\overline{EF}:\overline{DC}$
$a:(a+b)=\overline{EF}:b$
$\therefore \overline{EF}=\dfrac{ab}{a+b}$

예제 3 오른쪽 그림에서 $\overline{AB} /\!/ \overline{EF} /\!/ \overline{DC}$일 때, 다음을 구하시오.

(1) $\overline{BE}:\overline{DE}$ 　　(2) $\overline{BF}$의 길이

(3) $\overline{EF}$의 길이

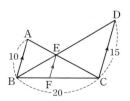

핵심 유형 익히기

1 오른쪽 그림에서 $l /\!/ m /\!/ n /\!/ k$일 때, x, y의 값을 각각 구하시오.

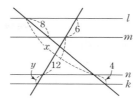

• 평행선 사이에 있는 선분의 길이의 비

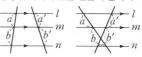

$\Rightarrow a : b = a' : b'$

2 오른쪽 그림에서 $l /\!/ m /\!/ n$이고 $\overline{\text{AE}} /\!/ \overline{\text{FH}}$일 때, x, y의 값을 각각 구하시오.

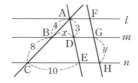

3 오른쪽 그림과 같이 $\overline{\text{AD}} /\!/ \overline{\text{BC}}$인 사다리꼴 ABCD에서 $\overline{\text{EF}} /\!/ \overline{\text{BC}}$일 때, $x+y$의 값은?

① 10   ② 11   ③ 12
④ 13   ⑤ 14

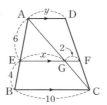

4 오른쪽 그림과 같이 $\overline{\text{AD}} /\!/ \overline{\text{BC}}$인 사다리꼴 ABCD에서 $\overline{\text{EF}} /\!/ \overline{\text{BC}}$일 때, $\overline{\text{EF}}$의 길이는?

① 7   ② $\dfrac{15}{2}$ ③ 8
④ $\dfrac{17}{2}$ ⑤ 9

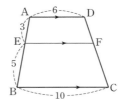

5 오른쪽 그림에서 $\overline{\text{AB}} /\!/ \overline{\text{EF}} /\!/ \overline{\text{DC}}$일 때, $x+y$의 값을 구하시오.

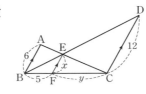

기초를 좀 더 다지려면~! 61쪽 ≫

내공 다지기

12강 삼각형에서 평행선과 선분의 길이의 비

1 다음 그림에서 $\overline{BC} /\!/ \overline{DE}$일 때, x의 값을 구하시오.

(1)
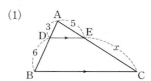

(2)
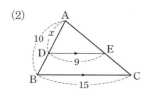

(3)
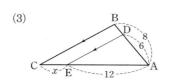

(4)
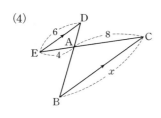

(5)
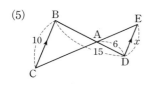

(6)
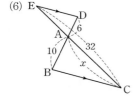

13강 삼각형의 두 변의 중점을 연결한 선분의 성질

2 다음 그림과 같은 $\triangle ABC$에서 두 점 M, N은 각각 $\overline{AB}$, $\overline{AC}$의 중점일 때, x의 값을 구하시오.

(1)
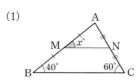

(2)
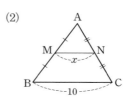

(3)
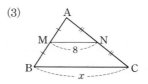

3 다음 그림과 같은 $\triangle ABC$에서 점 M은 $\overline{AB}$의 중점이고 $\overline{MN} /\!/ \overline{BC}$일 때, x의 값을 구하시오.

(1)
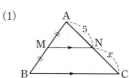

(2)
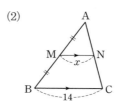

(3)
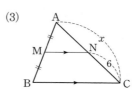

60 Ⅱ. 도형의 닮음과 피타고라스 정리

4 다음 그림과 같이 $\overline{AD} \parallel \overline{BC}$인 사다리꼴 ABCD에서 두 점 M, N은 각각 $\overline{AB}$, $\overline{DC}$의 중점일 때, x의 값을 구하시오.

(1)
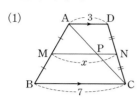

(2)
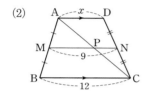

(3)
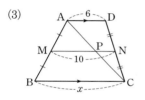

(4)
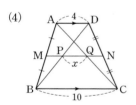

(5)
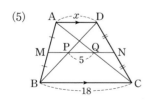

(6)
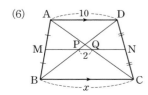

14강 평행선 사이에 있는 선분의 길이의 비

5 다음 그림에서 $l \parallel m \parallel n$일 때, x의 값을 구하시오.

(1)
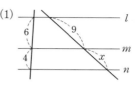

(2)
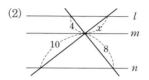

(3)
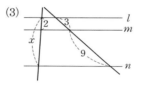

(4)
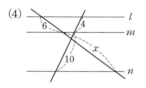

(5)
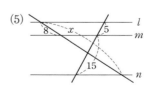

(6)
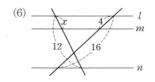

내공 쌓는 족집게 문제

1 오른쪽 그림에서 점 A는 $\overline{BE}$, $\overline{CD}$의 교점이고 $\overline{BC} /\!/ \overline{DE}$일 때, y를 x에 대한 식으로 나타내면?

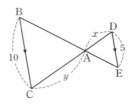

① $y = \dfrac{1}{3}x$ ② $y = \dfrac{1}{2}x$

③ $y = \dfrac{3}{2}x$ ④ $y = 2x$

⑤ $y = 3x$

2 오른쪽 그림과 같은 △ABC에서 $\overline{BC} /\!/ \overline{DE}$일 때, △ABC의 둘레의 길이를 구하시오.

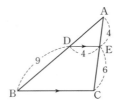

3 오른쪽 그림과 같은 △ABC에 대한 설명으로 다음 중 옳은 것을 모두 고르면? (정답 2개)

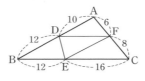

① $\overline{AB} /\!/ \overline{FE}$ ② $\overline{BC} /\!/ \overline{DF}$
③ ∠A = ∠BDE   ④ ∠B = ∠FEC
⑤ △ADF ∽ △FEC

중요 4 오른쪽 그림과 같은 △ABC에서 $\overline{AD}$가 ∠A의 외각의 이등분선이고 △ABC = 9 cm²일 때, △ACD의 넓이를 구하시오.

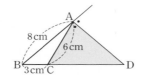

중요 5 오른쪽 그림에서 두 점 P, Q는 각각 $\overline{AB}$, $\overline{AC}$의 중점이고, 두 점 M, N은 각각 $\overline{DB}$, $\overline{DC}$의 중점이다. $\overline{PQ} = 8$ cm일 때, $\overline{MN}$의 길이를 구하시오.

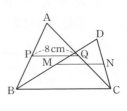

6 오른쪽 그림에서 점 E, F는 각각 $\overline{DF}$, $\overline{AC}$의 중점이고 $\overline{DC} = 9$ cm일 때, $\overline{DB}$의 길이를 구하시오.

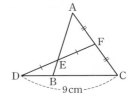

🌱 **물 다리 문제**

7 오른쪽 그림과 같은 □ABCD에서 $\overline{AD}$, $\overline{BC}$의 중점을 각각 E, F라 하고 대각선 AC, BD의 중점을 각각 P, Q라 할 때, □EQFP는 어떤 사각형인지 말하시오.

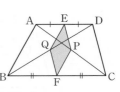

8 오른쪽 그림과 같은 □ABCD에서 네 변의 중점을 각각 P, Q, R, S라 하자. $\overline{BD} = 7$ cm, $\overline{AC} = 5$ cm일 때, □PQRS의 둘레의 길이는?

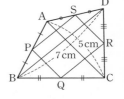

① 10 cm   ② 12 cm   ③ 14 cm
④ 16 cm   ⑤ 18 cm

전국 중학교의 기출문제와 새로운 교육과정의 문제를 종합, 분석하여 핵심 문제만을 모았습니다.

중요 9 오른쪽 그림과 같이 $\overline{AD} /\!/ \overline{BC}$인 사다리꼴 ABCD에서 $\overline{AB}$, $\overline{DC}$의 중점을 각각 M, N이라 하자. $\overline{MN}=10$, $\overline{BC}=12$일 때, $\overline{AD}$의 길이를 구하시오.

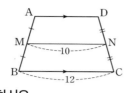

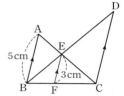

10 오른쪽 그림에서 $k /\!/ l /\!/ m /\!/ n$일 때, $x+y$의 값을 구하시오.

중요 11 오른쪽 그림에서 $l /\!/ m /\!/ n$일 때, xy의 값은?

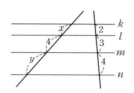

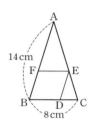

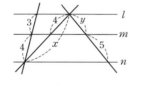

① $\dfrac{16}{3}$　② $\dfrac{35}{4}$
③ 20　④ 28
⑤ 35

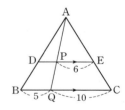

12 오른쪽 그림과 같이 $\overline{AD} /\!/ \overline{BC}$인 사다리꼴 ABCD에서 $\overline{EF}$는 두 대각선의 교점 O를 지난다. $\overline{EF} /\!/ \overline{BC}$일 때, $\overline{OF}$의 길이를 구하시오.

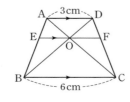

13 오른쪽 그림에서 $\overline{AB} /\!/ \overline{EF} /\!/ \overline{DC}$일 때, $\overline{DC}$의 길이를 구하시오.

Step2 자주 나오는 문제

14 오른쪽 그림과 같이 $\overline{AB}=14\,\text{cm}$, $\overline{BC}=8\,\text{cm}$인 △ABC에서 □FBDE가 마름모일 때, $\overline{ED}$의 길이를 구하시오.

15 오른쪽 그림과 같은 △ABC에서 $\overline{BC} /\!/ \overline{DE}$이고 $\overline{PE}=6$, $\overline{BQ}=5$, $\overline{QC}=10$일 때, $\overline{DP}$의 길이를 구하시오.

아차! 돌다리 문제

16 오른쪽 그림과 같은 △ABC에서 $\overline{BE}$, $\overline{CD}$는 각각 ∠B, ∠C의 이등분선이다. $\overline{AE}=3\,\text{cm}$, $\overline{BC}=4\,\text{cm}$, $\overline{EC}=2\,\text{cm}$일 때, $\overline{AD}$의 길이를 구하시오.

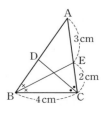

17 오른쪽 그림과 같이 $\overline{AB}=\overline{DC}$인 □ABCD에서 점 M은 $\overline{AD}$의 중점이고, $\overline{AB}\,/\!/\,\overline{PN}$, $\overline{DC}\,/\!/\,\overline{MP}$이다. $\overline{MP}=4$일 때, $\overline{PN}$의 길이는?

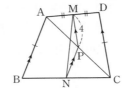

① 3　　　　② $\dfrac{7}{2}$　　　　③ 4

④ $\dfrac{9}{2}$　　　　⑤ 5

21 오른쪽 그림에서 $l\,/\!/\,m\,/\!/\,n$일 때, $x+y$의 값은?

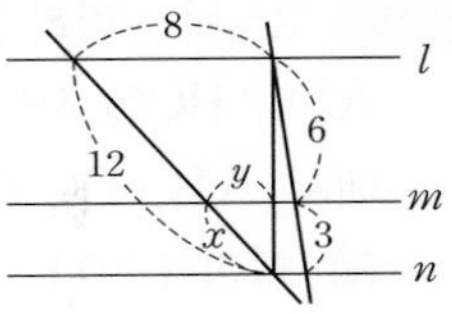

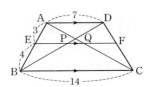

① 6　　　　② $\dfrac{20}{3}$

③ 7　　　　④ $\dfrac{22}{3}$

⑤ 8

18 오른쪽 그림과 같은 △ABC에서 점 D는 $\overline{AB}$의 중점이고, 두 점 E, F는 $\overline{AC}$의 삼등분점이다. $\overline{BP}=12$일 때, x의 값을 구하시오.

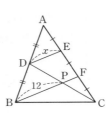

22 오른쪽 그림과 같은 사다리꼴 ABCD에서 $\overline{AD}\,/\!/\,\overline{EF}\,/\!/\,\overline{BC}$이고 $\overline{AE}=3$, $\overline{EB}=4$, $\overline{AD}=7$, $\overline{BC}=14$일 때, $\overline{PQ}$의 길이를 구하시오.

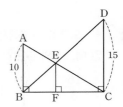

19 오른쪽 그림과 같은 △ABC에서 $\overline{AE}=\overline{EC}$, $\overline{BM}=\overline{ME}$이고 $\overline{AC}=10$, $\overline{AD}=8$, $\overline{DC}=6$일 때, $x+y$의 값을 구하시오.

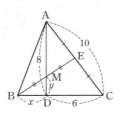

23 오른쪽 그림에서 $\overline{AC}$와 $\overline{BD}$의 교점이 E이고 $\overline{AB}$, $\overline{EF}$, $\overline{DC}$는 각각 $\overline{BC}$와 수직일 때, $\overline{EF}$의 길이를 구하시오.

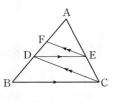

20 오른쪽 그림과 같은 △ABC에서 두 점 D, F와 두 점 E, G는 각각 $\overline{AB}$, $\overline{AC}$의 삼등분점이다. $\overline{DE}=8$일 때, $\overline{PQ}$의 길이를 구하시오.

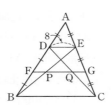

24 오른쪽 그림과 같은 △ABC에서 점 D를 지나고 $\overline{BC}$에 평행한 직선이 $\overline{AC}$와 만나는 점을 E, 점 E를 지나고 $\overline{DC}$에 평행한 직선이 $\overline{AB}$와 만나는 점을 F라 하자. $\overline{AE}:\overline{EC}=3:2$일 때, $\overline{FD}:\overline{DB}$를 가장 간단한 자연수의 비로 나타내시오.

» **114쪽** 다시 보는 핵심 문제로
자신의 실력을 확인하세요!

서술형 문제

25 오른쪽 그림과 같은
△ABC에서 $\overline{AB}=6$,
$\overline{BC}=12$, $\overline{CA}=10$이고
∠BAD=∠ACB,
∠DAE=∠CAE일 때, $\overline{DE}$의 길이는?

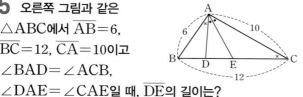

① 2　　　② 3　　　③ 4

④ 5　　　⑤ 6

26 오른쪽 그림과 같은 △ABC
에서 점 E는 $\overline{AB}$의 중점이고,
$\overline{EF} /\!/ \overline{BC}$이다. $\overline{AD}=14$,
$\overline{BD}=4$, $\overline{DC}=10$일 때, $\overline{AP}$의
길이를 구하시오.

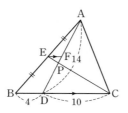

27 오른쪽 그림과 같이 $\overline{AD} /\!/ \overline{BC}$
인 사다리꼴 ABCD에서
$\overline{AP}=\overline{PR}=\overline{RT}=\overline{TB}$,
$\overline{DQ}=\overline{QS}=\overline{SU}=\overline{UC}$이고
$\overline{AD}=14$, $\overline{BC}=20$일 때, $\overline{PQ}$의
길이는?

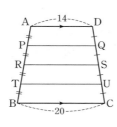

① 15　　　② $\dfrac{31}{2}$　　　③ 16

④ $\dfrac{33}{2}$　　　⑤ 17

28 오른쪽 그림과 같은
△ABC에서
$\overline{AD} : \overline{DB} = 2 : 3$이고,
$\overline{DE} /\!/ \overline{BC}$, $\overline{DF} /\!/ \overline{AC}$,
$\overline{EG} /\!/ \overline{AB}$이다. $\overline{BC}=15$ cm
일 때, $\overline{GF}$의 길이를 구하시오.

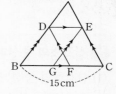

(단, 풀이 과정을 자세히 쓰시오.)

풀이 과정

답

29 오른쪽 그림과 같은 마름
모 ABCD에서 $\overline{AB}$,
$\overline{BC}$, $\overline{CD}$, $\overline{DA}$의 중점을
각각 P, Q, R, S라 하자.
$\overline{AC}=8$ cm, $\overline{BD}=10$ cm
일 때, 다음 물음에 답하시오.

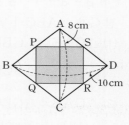

(단, 풀이 과정을 자세히 쓰시오.)

⑴ □PQRS는 어떤 사각형인지 말하시오.

⑵ □PQRS의 넓이를 구하시오.

풀이 과정

답

15강 삼각형의 무게중심

❶ 삼각형의 중선과 무게중심

(1) 삼각형의 중선: 삼각형의 한 꼭짓점과 그 대변의 중점을 연결한 선분

(2) 삼각형의 무게중심: 삼각형의 세 중선의 교점

(3) 삼각형의 무게중심은 세 중선의 길이를 각 꼭짓점으로부터 각각 2 : 1로 나눈다.

➡ $\overline{AG} : \overline{GD} = \overline{BG} : \overline{GE} = \overline{CG} : \overline{GF} = 2 : 1$

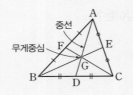

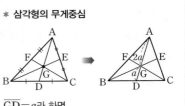
예제 1 다음 그림에서 점 G가 △ABC의 무게중심일 때, x, y의 값을 각각 구하시오.

(1)

(2)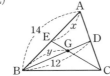

❷ 삼각형의 무게중심과 넓이

점 G가 △ABC의 무게중심일 때

(1) △GAF = △GBF = △GBD = △GCD

　　　 = △GCE = △GAE = $\dfrac{1}{6}$△ABC

(2) △GAB = △GBC = △GCA = $\dfrac{1}{3}$△ABC

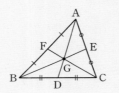

예제 2 오른쪽 그림에서 점 G가 △ABC의 무게중심이고
△ABC = 42 cm²일 때, △ABG의 넓이를 구하시오.

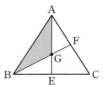

❸ 평행사변형에서 삼각형의 무게중심의 활용

평행사변형 ABCD에서 두 대각선의 교점을 O라 하고,
$\overline{BC}$, $\overline{CD}$의 중점을 각각 M, N이라 하면

(1) 두 점 P, Q는 각각 △ABC, △ACD의 무게중심

(2) $\overline{BP} : \overline{PO} = \overline{DQ} : \overline{QO} = 2 : 1$

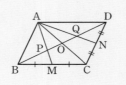

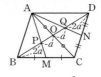
예제 3 오른쪽 그림과 같은 평행사변형 ABCD에서 점 O는 두
대각선의 교점이고, 두 점 M, N은 각각 $\overline{BC}$, $\overline{CD}$의 중
점이다. $\overline{PQ} = 8$ cm일 때, $\overline{BD}$의 길이를 구하시오.

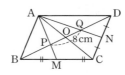

핵심 유형 익히기

1 오른쪽 그림에서 점 G와 G′은 각각 △ABC와 △GBC의 무게중심이다. $\overline{AD}=9\,cm$일 때, $\overline{GG'}$의 길이는?

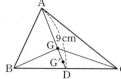

① 2 cm
② $\dfrac{5}{2}$ cm
③ $\dfrac{8}{3}$ cm
④ 3 cm
⑤ $\dfrac{13}{4}$ cm

2 오른쪽 그림과 같은 △ABC에서 두 점 M, N은 각각 $\overline{BC}$, $\overline{AM}$의 중점이다. △ABC$=32\,cm^2$일 때, △ABN의 넓이는?

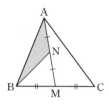

① 4 cm²
② 6 cm²
③ 8 cm²
④ 10 cm²
⑤ 12 cm²

3 오른쪽 그림에서 점 G는 △ABC의 무게중심이다. △ADG의 넓이가 $5\,cm^2$일 때, △ABC의 넓이를 구하시오.

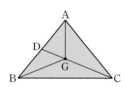

4 오른쪽 그림에서 점 G가 △ABC의 무게중심일 때, 다음 중 옳지 <u>않은</u> 것은?

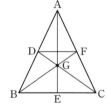

① $\overline{DF}/\!/\overline{BC}$
② $\overline{AG}:\overline{GE}=2:1$
③ 3△ABG=△ABC
④ △ADG=△BEG
⑤ △GBC:△GFD=2:1

5 오른쪽 그림과 같은 평행사변형 ABCD에서 점 O는 두 대각선의 교점이고 $\overline{BM}=\overline{CM}$이다. $\overline{BD}=12\,cm$일 때, $\overline{BP}$의 길이를 구하시오.

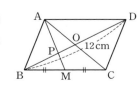

• 점 G가 △ABC의 무게중심일 때

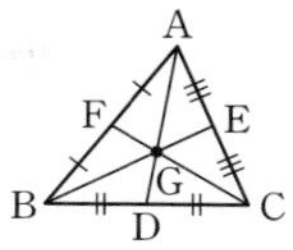

➡ $\overline{AG}:\overline{GD}=\overline{BG}:\overline{GE}$
　　　　　　$=\overline{CG}:\overline{GF}$
　　　　　　$=2:1$

기초를 좀 더 다지려면~! **68쪽** ≫

내공 다지기

1 다음 그림에서 점 G가 △ABC의 무게중심일 때, x, y의 값을 각각 구하시오.

(1)

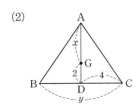

(2)

(3)

(4)

2 다음 그림에서 두 점 G, G′이 각각 △ABC, △GBC의 무게중심일 때, x, y의 값을 각각 구하시오.

(1)

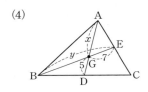

(2)

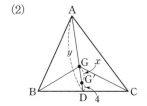

3 다음 그림에서 점 G가 △ABC의 무게중심이고 △ABC$=24\,\text{cm}^2$일 때, 색칠한 부분의 넓이를 구하시오.

(1)

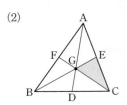

(2)

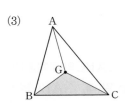

(3)

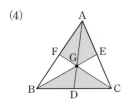

(4)

4 다음 그림과 같은 평행사변형 ABCD에서 점 O는 두 대각선의 교점이고, 두 점 M, N은 각각 $\overline{BC}$, $\overline{CD}$의 중점일 때, x의 값을 구하시오.

(1)

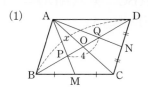

(2)

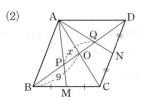

족집게 문제

Step 1 **반드시 나오는 문제**

1 오른쪽 그림에서 두 점 G, G′
은 각각 △ABC, △GBC의 무
게중심이다. $\overline{AD}=18$ cm일 때,
$\overline{AG'}$의 길이를 구하시오.

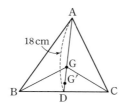

2 오른쪽 그림에서 점 G는
△ABC의 무게중심이고,
$\overline{BF}=\overline{EF}$이다. $\overline{CG}=12$ cm일
때, $\overline{DF}$의 길이를 구하시오.

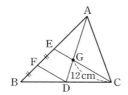

3 오른쪽 그림에서 점 G는
△ABC의 무게중심이다.
$\overline{BC} /\!/ \overline{EF}$일 때, $x+y$의 값은?

① 17 　　　② 18
③ 19 　　　④ 20
⑤ 21

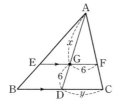

중요 **4** 오른쪽 그림에서 점 G는
△ABC의 무게중심이고
△ABC의 넓이가 42 cm²일 때,
□GDCE의 넓이는?

① 9 cm² 　　　② 12 cm²
③ 14 cm² 　　　④ 18 cm²
⑤ 21 cm²

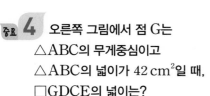

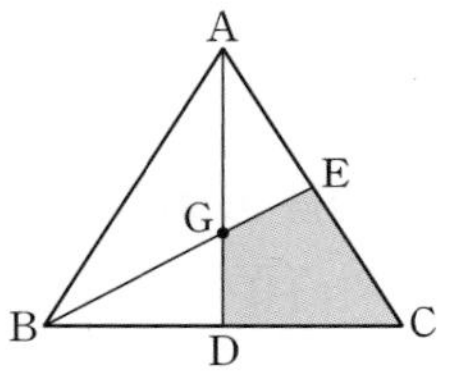

중요 **5** 오른쪽 그림에서 점 G는
△ABC의 무게중심이다.
△ABG의 넓이가 40 cm²일 때,
△DEG의 넓이는?

① 5 cm² 　　　② 10 cm²
③ 15 cm² 　　　④ 20 cm²
⑤ 25 cm²

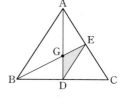

6 오른쪽 그림에서 점 G는
△ABC의 무게중심이고,
점 E는 $\overline{BG}$의 중점이다.
△BDE=4 cm²일 때, △ABC
의 넓이를 구하시오.

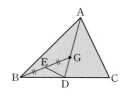

중요 **7** 오른쪽 그림과 같은 평행사변
형 ABCD에서 점 M은 $\overline{BC}$의
중점이고 $\overline{BP}=8$ cm일 때, $\overline{BD}$
의 길이를 구하시오.

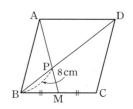

8 오른쪽 그림과 같은 평행사변
형 ABCD에서 $\overline{BC}$, $\overline{CD}$의 중
점을 각각 E, F라 하고, $\overline{BD}$와
$\overline{AE}$, $\overline{AF}$의 교점을 각각 P, Q
라 하자. $\overline{EF}=15$ cm일 때,
$\overline{PQ}$의 길이를 구하시오.

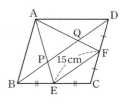

9 오른쪽 그림과 같은 평행사변형 ABCD에서 점 E는 $\overline{BC}$의 중점이고, 두 점 F, O는 각각 $\overline{BD}$와 $\overline{AE}$, $\overline{AC}$의 교점이다. □ABCD의 넓이가 60 cm²일 때, △AFO의 넓이를 구하시오.

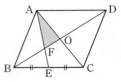

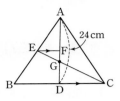

중요 13 오른쪽 그림에서 점 G는 △ABC의 무게중심이다. $\overline{EF} /\!/ \overline{BC}$이고 $\overline{AD}=24$cm일 때, $\overline{FG}$의 길이를 구하시오.

Step 2 자주 나오는 문제

10 오른쪽 그림과 같이 ∠B=90°인 직각삼각형 ABC에서 점 G는 무게중심이고 $\overline{AC}=18$ cm일 때, $\overline{GD}$의 길이는?

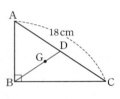

① 3 cm ② $\dfrac{7}{2}$ cm ③ 4 cm

④ $\dfrac{9}{2}$ cm ⑤ 5 cm

14 오른쪽 그림에서 점 G는 △ABC의 무게중심이고, 점 F는 $\overline{BD}$의 중점이다. △ABC=48 cm²일 때, □EFDG의 넓이를 구하시오.

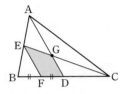

아차! 돌다리 문제

중요 15 오른쪽 그림에서 두 점 G, G′은 각각 △ABC, △GBC의 무게중심이다. △G′BD=4 cm²일 때, △ABC의 넓이를 구하시오.

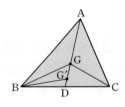

11 오른쪽 그림에서 두 점 D, E는 $\overline{AB}$의 삼등분점, 점 F는 $\overline{AC}$의 중점이고, 점 G는 △DBC의 무게중심이다. $\overline{DF}=9$ cm일 때, $\overline{EG}$의 길이를 구하시오.

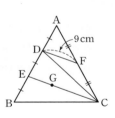

16 오른쪽 그림과 같은 평행사변형 ABCD에서 두 대각선의 교점을 O라 하고 $\overline{BC}$, $\overline{CD}$의 중점을 각각 M, N이라 할 때, 다음 중 옳지 <u>않은</u> 것은?

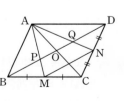

① $\overline{BP}=\overline{PQ}=\overline{QD}$ ② $\overline{PO}=\overline{QO}$

③ $\overline{PQ}:\overline{MN}=1:2$ ④ $\triangle APQ=\dfrac{1}{3}\triangle ABD$

⑤ $\triangle QND=\dfrac{1}{12}$□ABCD

12 오른쪽 그림에서 점 G는 △ABC의 무게중심이다. $\overline{BF}=\overline{FD}$일 때, $\overline{EF}:\overline{GD}$는?
① 2:1 ② 3:1
③ 3:2 ④ 4:3
⑤ 5:3

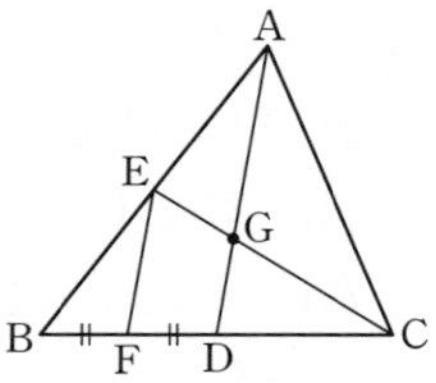

>> **117쪽** 다시 보는 핵심 문제로
자신의 실력을 확인하세요!

서술형 문제

17 오른쪽 그림에서 점 G는
△ABC의 무게중심이고,
$\overline{EF} /\!/ \overline{BC}$이다. $\overline{AD}$와 $\overline{EF}$의 교점
을 H라 할 때, $\overline{AH} : \overline{HG} : \overline{GD}$
를 가장 간단한 자연수의 비로 나
타내시오.

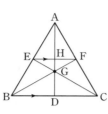

18 오른쪽 그림에서 점 G는
△ABC의 무게중심이고, 점
G′은 △DBC의 무게중심이
다. $\overline{AB}=18\,cm$,
$\overline{BC}=30\,cm$, $\overline{AC}=24\,cm$일 때, $\overline{GG'}$의 길이를 구하
시오.

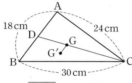

19 오른쪽 그림과 같은 평행사
변형 ABCD에서 두 점 M, N
은 각각 $\overline{AD}$, $\overline{CD}$의 중점이고,
$\overline{AC}$와 $\overline{BM}$, $\overline{BN}$이 만나는 점
을 각각 P, Q라 하자. △BQP의 넓이가 $14\,cm^2$일 때,
□ABCD의 넓이를 구하시오.

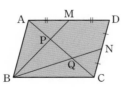

20 오른쪽 그림에서 점 D는
$\overline{BC}$의 중점이고, 두 점 G, G′
은 각각 △ABD, △ADC의
무게중심이다. $\overline{BC}=18\,cm$일
때, $\overline{GG'}$의 길이를 구하시오.
(단, 풀이 과정을 자세히 쓰시오.)

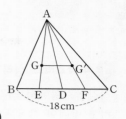

풀이 과정

답

21 오른쪽 그림에서 점 G는
△ABC의 무게중심이고,
$\overline{GE} /\!/ \overline{DC}$이다.
△ABC$=54\,cm^2$일 때,
△AGE의 넓이를 구하시오.
(단, 풀이 과정을 자세히 쓰시오.)

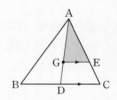

풀이 과정

답

피타고라스 정리 (1)

① 피타고라스 정리

직각삼각형에서 직각을 낀 두 변의 길이를 각각 a, b라 하고 빗변의 길이를 c라 하면

$$a^2+b^2=c^2$$

참고 a, b, c는 변의 길이이므로 항상 양수이다.

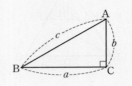

※ 피타고라스 정리
직각삼각형에서 두 변의 길이가 주어지면 피타고라스 정리를 이용하여 나머지 한 변의 길이를 구할 수 있다.
➡ $c^2=a^2+b^2$, $a^2=c^2-b^2$, $b^2=c^2-a^2$

예제 1 다음 그림과 같은 직각삼각형에서 x의 값을 구하시오.

(1)

(2)
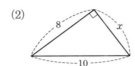

② 직각삼각형의 닮음과 피타고라스 정리

$\angle A=90°$인 직각삼각형 ABC에서 $\overline{AD}\perp\overline{BC}$이면

(1) 피타고라스 정리 ➡ $b^2+c^2=a^2$
(2) 직각삼각형의 닮음 ➡ $c^2=ax$, $b^2=ay$, $h^2=xy$
(3) 직각삼각형의 넓이 ➡ $bc=ah$

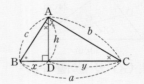

※ 직각삼각형의 닮음
① $\triangle ABC\backsim\triangle DBA$ (AA 닮음)이므로
$a:c=c:x$ ∴ $c^2=ax$
② $\triangle ABC\backsim\triangle DAC$ (AA 닮음)이므로
$a:b=b:y$ ∴ $b^2=ay$
③ $\triangle ABD\backsim\triangle CAD$ (AA 닮음)이므로
$x:h=h:y$ ∴ $h^2=xy$
④ $\triangle ABC$의 넓이에서
$\dfrac{1}{2}bc=\dfrac{1}{2}ah$ ∴ $bc=ah$

예제 2 오른쪽 그림과 같이 $\angle A=90°$인 직각삼각형 ABC에서 $\overline{AH}\perp\overline{BC}$이고 $\overline{AB}=8$, $\overline{AC}=6$일 때, $\overline{BH}$의 길이를 구하시오.

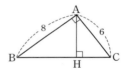

③ 피타고라스 정리의 확인 (1) – 유클리드의 방법

직각삼각형 ABC의 세 변을 각각 한 변으로 하는 정사각형을 그리면

$\triangle BAE=\triangle BCE=\triangle BFA=\triangle BFL$이므로

$\square ADEB=\square BFML$

같은 방법으로 하면 $\square ACHI=\square LMGC$이므로

$\square ADEB+\square ACHI=\square BFGC$

➡ $\overline{AB}^2+\overline{AC}^2=\overline{BC}^2$

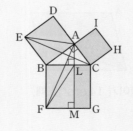

※ 유클리드의 방법 이해하기
평행선을 이용한 삼각형의 넓이와 삼각형의 합동을 이용하여 넓이가 같은 사각형을 찾는다.
(i) $\overline{BE}\,/\!/\,\overline{CD}$이므로
$\triangle BAE=\triangle BCE$
(ii) $\triangle BCE\equiv\triangle BFA$ (SAS 합동)
이므로 $\triangle BCE=\triangle BFA$
(iii) $\overline{BF}\,/\!/\,\overline{AM}$이므로
$\triangle BFA=\triangle BFL$
따라서 (i)~(iii)에 의해
$\triangle BAE=\triangle BCE$
$=\triangle BFA=\triangle BFL$
이므로 $\square ADEB=\square BFML$

예제 3 오른쪽 그림은 직각삼각형 ABC의 세 변을 각각 한 변으로 하는 정사각형을 그린 것이다. 정사각형 ACHI, 정사각형 BFGC의 넓이가 각각 $17\,\mathrm{cm}^2$, $81\,\mathrm{cm}^2$일 때, $\square ADEB$의 넓이를 구하시오.

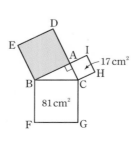

핵심 유형 익히기

1 다음 그림에서 x, y의 값을 각각 구하시오.

(1)
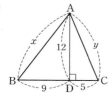

(2)
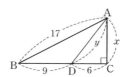

● 주어진 도형에서 직각삼각형을 찾아 피타고라스 정리를 이용한다.

2 오른쪽 그림과 같이 ∠A=90°인 직각삼각형 ABC에서 $\overline{AH}\perp\overline{BC}$이고 $\overline{AC}=15$ cm, $\overline{AH}=12$ cm일 때, $\overline{BH}$의 길이를 구하시오.

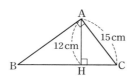

3 오른쪽 그림과 같이 ∠A=∠C=90°이고 $\overline{AB}=7$ cm, $\overline{AD}=24$ cm, $\overline{BC}=20$ cm일 때, $\overline{CD}$의 길이를 구하시오.

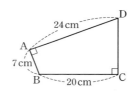

● 사각형에서 변의 길이를 구할 때는 보조선을 그어 직각삼각형을 만든 후 피타고라스 정리를 이용한다.

4 오른쪽 그림은 직각삼각형 ABC의 세 변을 각각 한 변으로 하는 정사각형을 그린 것이다.
□ADEB=144 cm², □BFGC=225 cm²일 때, $\overline{AC}$의 길이를 구하시오.

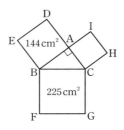

5 오른쪽 그림은 ∠A=90°인 직각삼각형 ABC의 각 변을 한 변으로 하는 세 정사각형을 그린 것이다. 다음 중 그 넓이가 나머지 넷과 <u>다른</u> 하나는?

① △ABC　　　② △AHI

③ △BCH　　　④ △GCA

⑤ △LMG

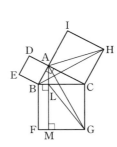

피타고라스 정리 (2)

① 피타고라스 정리의 확인 (2) – 피타고라스 방법

한 변의 길이가 $a+b$인 정사각형을 직각삼각형 ABC와 합동인 3개의 직각삼각형을 이용하여 다음의 두 가지 방법으로 나누면

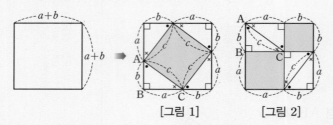

[그림 1]   [그림 2]

➡ ([그림 1]의 색칠한 부분의 넓이)＝([그림 2]의 색칠한 부분의 넓이)

$$\therefore a^2+b^2=c^2$$

＊ **피타고라스 방법 이해하기**

① [그림 1]의 색칠한 부분은 한 변의 길이가 c인 정사각형이다.

② [그림 2]의 색칠한 부분은 한 변의 길이가 각각 a, b인 정사각형이다.

③ [그림 1]과 [그림 2]의 색칠한 부분의 넓이는 각각 한 변의 길이가 $a+b$인 정사각형에서 합동인 직각삼각형 4개의 넓이를 뺀 것이므로 서로 같다.

예제 1 오른쪽 그림과 같은 정사각형 ABCD에서 $\overline{AE}=\overline{BF}=\overline{CG}=\overline{DH}$, $\overline{AH}=\overline{BE}=\overline{CF}=\overline{DG}$이고 $\overline{AE}=4\,\text{cm}$, $\overline{AH}=5\,\text{cm}$일 때, $\square EFGH$의 넓이를 구하시오.

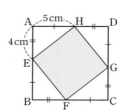

② 직각삼각형이 되기 위한 조건

세 변의 길이가 각각 a, b, c인 △ABC에서 $a^2+b^2=c^2$이면 이 삼각형은 빗변의 길이가 c인 **직각삼각형**이다.

＊ **피타고라스의 수**

피타고라스 정리 $a^2+b^2=c^2$을 만족시키는 세 자연수 a, b, c를 피타고라스의 수라 한다.

예 (3, 4, 5), (5, 12, 13), (6, 8, 10), (7, 24, 25), …

예제 2 세 변의 길이가 각각 다음과 같은 삼각형 중에서 직각삼각형인 것은?

① 3, 5, 7   ② 4, 4, 7   ③ 6, 9, 10

④ 7, 9, 12   ⑤ 9, 12, 15

③ 삼각형의 변의 길이와 각의 크기 사이의 관계

△ABC에서 $\overline{AB}=c$, $\overline{BC}=a$, $\overline{CA}=b$이고, c가 가장 긴 변의 길이일 때

(1) $c^2 < a^2+b^2$이면 $\angle C < 90°$ ➡ 예각삼각형

(2) $c^2 = a^2+b^2$이면 $\angle C = 90°$ ➡ 직각삼각형

(3) $c^2 > a^2+b^2$이면 $\angle C > 90°$ ➡ 둔각삼각형

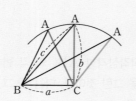

＊ **삼각형의 세 변의 길이 사이의 관계**

➡ (한 변의 길이)

  <(나머지 두 변의 길이의 합)

예제 3 세 변의 길이가 다음과 같은 삼각형은 어떤 삼각형인지 말하시오.

(1) 5 cm, 8 cm, 9 cm   (2) 6 cm, 8 cm, 13 cm

핵심 유형 익히기

1 오른쪽 그림과 같은 정사각형 ABCD에서 $x^2+y^2=169$일 때, □EFGH의 넓이를 구하시오.

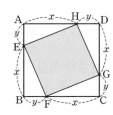

2 오른쪽 그림과 같은 정사각형 ABCD에서 $\overline{AE}=\overline{BF}=\overline{CG}=\overline{DH}=8\,\text{cm}$이고 □EFGH의 넓이가 $100\,\text{cm}^2$일 때, $\overline{EB}$의 길이를 구하시오.

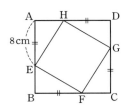

3 오른쪽 그림에서 □ABDE는 정사각형이고, 4개의 직각삼각형은 모두 합동이다. $\overline{AB}=5\,\text{cm}$, $\overline{AC}=3\,\text{cm}$일 때, □CFGH의 넓이를 구하시오.

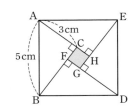

- 4개의 직각삼각형이 모두 합동이므로 $\overline{AH}=\overline{BC}=\overline{DF}=\overline{EG}$, $\overline{AC}=\overline{BF}=\overline{DG}=\overline{EH}$이다. 즉, $\overline{CF}=\overline{FG}=\overline{GH}=\overline{HC}$이므로 □CFGH는 정사각형이다.

4 세 변의 길이가 각각 12 cm, 16 cm, 20 cm인 삼각형의 넓이를 구하시오.

- 세 변의 길이가 각각 a, b, c인 삼각형에서 $a^2+b^2=c^2$이면 이 삼각형은 빗변의 길이가 c인 직각삼각형이다.

5 세 변의 길이가 각각 다음과 같은 삼각형 중에서 예각삼각형인 것은?

① 2 cm, 4 cm, 5 cm
② 6 cm, 8 cm, 10 cm
③ 7 cm, 8 cm, 11 cm
④ 8 cm, 9 cm, 12 cm
⑤ 8 cm, 15 cm, 17 cm

18강 피타고라스 정리의 성질

1 피타고라스 정리를 이용한 직각삼각형의 성질

$\angle A = 90°$인 직각삼각형 ABC에서 점 D, E가 각각
$\overline{AB}$, $\overline{AC}$ 위에 있을 때
$$\overline{DE}^2 + \overline{BC}^2 = \overline{BE}^2 + \overline{CD}^2$$

※ 피타고라스 정리를 이용한 직각삼각형의 성질의 이해

$\overline{DE}^2 + \overline{BC}^2$
$= (\overline{AD}^2 + \overline{AE}^2) + (\overline{AB}^2 + \overline{AC}^2)$
$= (\overline{AE}^2 + \overline{AB}^2) + (\overline{AD}^2 + \overline{AC}^2)$
$= \overline{BE}^2 + \overline{CD}^2$

예제 1 오른쪽 그림과 같은 직각삼각형 ABC에서 $\overline{BC}=6$, $\overline{BE}=5$, $\overline{CD}=4$일 때, $\overline{DE}^2$의 값을 구하시오.

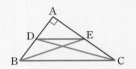

2 피타고라스 정리를 이용한 사각형의 성질

사각형 ABCD에서 두 대각선이 직교할 때
$$\overline{AB}^2 + \overline{CD}^2 = \overline{AD}^2 + \overline{BC}^2$$

참고 $\overline{AB}^2 + \overline{CD}^2 = (\overline{AO}^2 + \overline{BO}^2) + (\overline{CO}^2 + \overline{DO}^2)$
$= (\overline{AO}^2 + \overline{DO}^2) + (\overline{BO}^2 + \overline{CO}^2) = \overline{AD}^2 + \overline{BC}^2$

※ 피타고라스 정리를 이용한 직사각형의 성질
직사각형 ABCD의 내부에 한 점 P가 있을 때

$\overline{AP}^2 + \overline{CP}^2$
$= (\overline{AH}^2 + \overline{HP}^2) + (\overline{PG}^2 + \overline{GC}^2)$
$= (\overline{AH}^2 + \overline{GC}^2) + (\overline{HP}^2 + \overline{PG}^2)$
$= (\overline{BF}^2 + \overline{PF}^2) + (\overline{DG}^2 + \overline{PG}^2)$
$= \overline{BP}^2 + \overline{DP}^2$

예제 2 오른쪽 그림과 같은 ABCD에서 $\overline{AC} \perp \overline{BD}$이고
$\overline{AB}=8$, $\overline{BC}=6$, $\overline{CD}=10$일 때, x^2의 값을 구하시오.

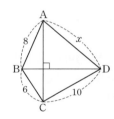

3 직각삼각형에서 세 반원 사이의 관계

직각삼각형 ABC에서 세 변을 각각 지름으로 하는 반원의 넓이를 S_1, S_2, S_3이라 할 때
$$S_1 + S_2 = S_3$$

참고 $\overline{AB}=c$, $\overline{BC}=a$, $\overline{CA}=b$라 하면
$S_1 + S_2 = \frac{1}{2} \times \pi \times \left(\frac{c}{2}\right)^2 + \frac{1}{2} \times \pi \times \left(\frac{b}{2}\right)^2 = \frac{1}{8}\pi(b^2+c^2)$,
$S_3 = \frac{1}{2} \times \pi \times \left(\frac{a}{2}\right)^2 = \frac{1}{8}\pi a^2$
직각삼각형 ABC에서 $b^2+c^2=a^2$이므로 $S_1+S_2=S_3$

※ 히포크라테스의 원의 넓이
직각삼각형 ABC의 세 변을 각각 지름으로 하는 반원을 그렸을 때

➡ (색칠한 부분의 넓이)$=\triangle ABC = \frac{1}{2}bc$

참고 $\overline{AB}$, $\overline{AC}$, $\overline{BC}$를 각각 지름으로 하는 반원의 넓이를 S_1, S_2, S_3이라 하면
(색칠한 부분의 넓이)
$= S_1 + S_2 + \triangle ABC - S_3$
$= S_3 + \triangle ABC - S_3$
$= \triangle ABC$

예제 3 다음 그림은 직각삼각형 ABC의 세 변을 각각 지름으로 하는 반원을 그린 것이다. 색칠한 부분의 넓이를 구하시오.

(1)

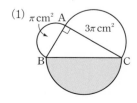

(2)

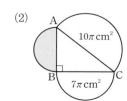

1 오른쪽 그림과 같이 $\angle C = 90°$인 직각삼각형 ABC에
서 $\overline{AC} = 9$, $\overline{AE} = 11$, $\overline{BC} = 12$일 때, $\overline{BD}^2 - \overline{DE}^2$의
값을 구하시오.

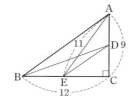

2 오른쪽 그림과 같은 사각형 ABCD에서 $\overline{AC} \perp \overline{BD}$이고
$\overline{AD} = 5$, $\overline{BC} = 15$, $\overline{CD} = 13$일 때, x의 값을 구하시오.

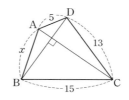

3 오른쪽 그림과 같은 직사각형 ABCD의 내부에 한 점 P
가 있다. $\overline{AP} = 5$, $\overline{BP} = 7$일 때, $\overline{CP}^2 - \overline{DP}^2$의 값을 구
하시오.

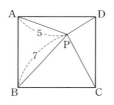

4 오른쪽 그림과 같이 직각삼각형 ABC의 각 변을 지름으로
하는 세 반원을 그렸다. $\overline{BC} = 16$ cm이고, $\overline{AB}$를 지름으
로 하는 반원의 넓이가 50π cm^{2}일 때, 색칠한 부분의 넓이
를 구하시오.

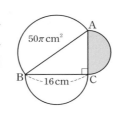

● 직각삼각형의 세 변을 각각 지름으로
하는 반원을 그리면
➡ (작은 두 반원의 넓이의 합)
$=$(큰 반원의 넓이)

5 오른쪽 그림은 직각삼각형 ABC의 세 변을 각각 지름으로
하는 반원을 그린 것이다. $\overline{AC} = 9$ cm, $\overline{BC} = 15$ cm일
때, 색칠한 부분의 넓이를 구하시오.

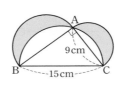

● 히포크라테스의 원의 넓이

➡ $P + Q = \triangle ABC$

족집게 문제

Step 1 반드시 나오는 문제

1 오른쪽 그림과 같이
∠A=90°인 직각삼각형
ABC에서 $\overline{AB}=5\,cm$,
$\overline{BC}=13\,cm$일 때, △ABC
의 넓이를 구하시오.

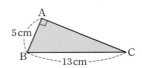

2 오른쪽 그림과 같이 넓이가 각
각 $36\,cm^2$, $4\,cm^2$인 두 정사각
형 ABCD, ECGF를 세 점 B,
C, G가 한 직선 위에 있도록 이
어 붙였을 때, $\overline{AG}$의 길이를 구
하시오.

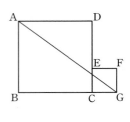

3 오른쪽 그림과 같이 밑면의 반지름
의 길이가 9 cm이고, 모선의 길이가
15 cm인 원뿔의 높이를 구하시오.

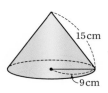

4 오른쪽 그림과 같은
△ABC에서 $\overline{AD}\perp\overline{BC}$이고
$\overline{AB}=17$, $\overline{AC}=10$,
$\overline{BD}=15$일 때, △ADC의 둘
레의 길이를 구하시오.

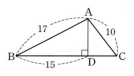

5 오른쪽 그림과 같은 사다리꼴
ABCD의 넓이는?

① $56\,cm^2$ ② $60\,cm^2$
③ $64\,cm^2$ ④ $68\,cm^2$
⑤ $72\,cm^2$

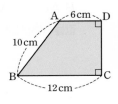

6 오른쪽 그림과 같이
$\overline{AB}=\overline{AC}=5\,cm$,
$\overline{BC}=8\,cm$인 이등변삼각형
ABC의 넓이는?

① $10\,cm^2$ ② $11\,cm^2$ ③ $12\,cm^2$
④ $13\,cm^2$ ⑤ $14\,cm^2$

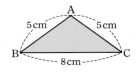

7 오른쪽 그림과 같이
∠A=90°인 직각삼각형
ABC의 꼭짓점 A에서 $\overline{BC}$에
내린 수선의 발을 D라 하자.
$\overline{AD}=4$, $\overline{BD}=2$일 때, $\overline{AC}^2+\overline{CD}^2$의 값을 구하시오.

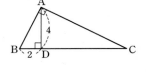

8 오른쪽 그림은 ∠A=90°인
직각삼각형 ABC의 세 변을 각
각 한 변으로 하는 정사각형을 그
린 것이다. $\overline{AC}=8\,cm$,
$\overline{BC}=17\,cm$일 때, △ABF의
넓이를 구하시오.

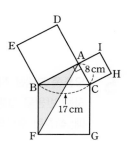

전국 중학교의 기출문제와 새로운 교육과정의 문제를 종합, 분석하여 핵심 문제만을 모았습니다.

9 오른쪽 그림에서 □PQRC는 정사각형이고 $\overline{AB}=c$, $\overline{AC}=b$, $\overline{BC}=a$일 때, 다음 중 옳지 <u>않은</u> 것은?

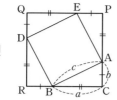

① $\overline{BD}=c$
② $\angle EDB=90°$
③ $\triangle ABC \equiv \triangle DEQ$
④ □DBAE는 정사각형이다.
⑤ □DBAE$=4\triangle ABC$

10 세 변의 길이가 각각 다음과 같은 삼각형 중에서 직각삼각형인 것을 모두 고르면? (정답 2개)

① 2 cm, 4 cm, 5 cm
② 2 cm, 6 cm, 7 cm
③ 3 cm, 4 cm, 5 cm
④ 4 cm, 7 cm, 10 cm
⑤ 5 cm, 12 cm, 13 cm

아차! 돌다리 문제

11 $\overline{AB}=3$ cm, $\overline{BC}=5$ cm, $\overline{CA}=7$ cm인 △ABC는 어떤 삼각형인가?

① $\angle A=90°$인 직각삼각형이다.
② $\angle A>90°$인 둔각삼각형이다.
③ $\angle B>90°$인 둔각삼각형이다.
④ $\angle C=90°$인 직각삼각형이다.
⑤ 예각삼각형이다.

12 오른쪽 그림과 같이 $\angle A=90°$인 직각삼각형 ABC에서 $\overline{AC}=12$, $\overline{AD}=5$, $\overline{BE}=14$일 때, $\overline{BC}^2+\overline{DE}^2$의 값을 구하시오.

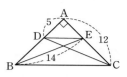

13 오른쪽 그림과 같은 사각형 ABCD에서 $\overline{AC}\perp\overline{BD}$이고 $\overline{AB}=15$, $\overline{AH}=8$, $\overline{DH}=6$일 때, y^2-x^2의 값을 구하시오.

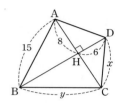

14 오른쪽 그림과 같이 직사각형 모양으로 있는 네 집 A, B, C, D 사이에 학교 O가 있다. 학교에서 세 집 A, B, C까지의 거리가 각각 5 km, 13 km, 15 km일 때, 학교에서 집 D까지의 거리를 구하시오.

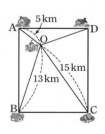

중요 **15** 오른쪽 그림은 $\angle A=90°$인 직각삼각형 ABC의 세 변을 각각 지름으로 하는 반원을 그린 것이다. $\overline{AB}=12$ cm이고 색칠한 부분의 넓이가 54 cm^{2}일 때, $\overline{BC}$의 길이를 구하시오.

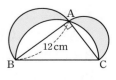

Step2 자주 나오는 문제

16 오른쪽 그림과 같은 직각삼각형 ABC에서 $\overline{BD} : \overline{DC} = 3 : 2$ 이고, $\overline{AB} = 17$, $\overline{AD} = 10$일 때 $\overline{BD}$의 길이를 구하시오.

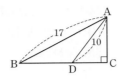

17 오른쪽 그림과 같은 등변사다리꼴 ABCD에서 $\overline{AB} = 13$ cm, $\overline{AD} = 11$ cm, $\overline{BC} = 21$ cm일 때, $\overline{AC}$의 길이를 구하시오.

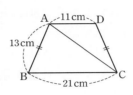

18 오른쪽 그림에서 △ABC는 $\angle A = 90°$인 직각삼각형이고 □BDEC는 $\overline{BC}$를 한 변으로 하는 정사각형이다. $\overline{AC} = 9$ cm, $\overline{BC} = 15$ cm 일 때, □BDGF의 넓이는?

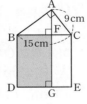

① 72 cm²   ② 81 cm²   ③ 144 cm²

④ 162 cm²   ⑤ 225 cm²

19 오른쪽 그림에서 △ABC≡△CDE이고, 세 점 B, C, D는 한 직선 위에 있다. $\overline{BC} = 3$ cm, $\overline{CD} = 6$ cm일 때, △ACE의 넓이를 구하시오.

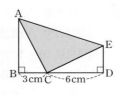

20 세 변의 길이가 각각 4 cm, 6 cm, x cm인 삼각형이 직각삼각형이 되기 위한 x^2의 값을 모두 구하시오.

21 △ABC에서 $\angle A$, $\angle B$, $\angle C$의 대변의 길이를 각각 a, b, c라 할 때, 다음 중 옳지 않은 것은?

① $c^2 < a^2 + b^2$이면 $\angle C < 90°$이다.

② $a^2 + b^2 = c^2$이면 $\angle C = 90°$이다.

③ $\angle C > 90°$이면 $a^2 + b^2 < c^2$이다.

④ $a^2 + b^2 > c^2$이면 △ABC는 예각삼각형이다.

⑤ $a^2 + b^2 < c^2$이면 △ABC는 둔각삼각형이다.

아차! 돌다리 문제

중요 22 오른쪽 그림과 같이 $\angle B = 90°$인 직각삼각형 ABC에서 $\overline{AB}$, $\overline{BC}$의 중점을 각각 D, E라 하자. $\overline{AC} = 14$, $\overline{CD} = 9$일 때, x^2의 값을 구하시오.

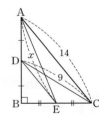

23 오른쪽 그림과 같은 직각삼각형 ABC의 세 변을 각각 지름으로 하는 반원의 넓이를 P, Q, R라 하자. $\overline{BC} = 4$ cm이고 $P : Q = 3 : 1$ 일 때, Q의 값을 구하시오.

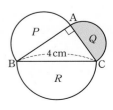

》 119쪽 다시 보는 핵심 문제로 자신의 실력을 확인하세요!

24 오른쪽 그림과 같이 ∠A=90° 인 직각이등변삼각형 ABC의 세 변을 각각 지름으로 하는 반원을 그 렸다. $\overline{BC}$=12 cm일 때, 색칠한 부분의 넓이를 구하시오.

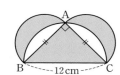

---

28 오른쪽 그림과 같이 $\overline{AB}$=12 cm, $\overline{AD}$=15 cm 인 직사각형 ABCD를 꼭짓 점 D가 $\overline{BC}$ 위의 점 E에 오 도록 접었을 때, $\overline{CF}$의 길이를 구하시오. (단, 풀이 과정을 자세히 쓰시오.)

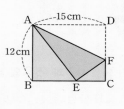

풀이 과정

답

Step 3 만점! 도전 문제

25 오른쪽 그림과 같이 ∠A=90°인 직각삼각형 ABC 에서 $\overline{BC}$의 중점을 M이라 하자. $\overline{AH}\perp\overline{BC}$이고 $\overline{AB}$=8 cm, $\overline{AC}$=6 cm일 때, $\overline{MH}$의 길이는?

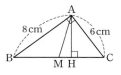

① 1 cm
② $\frac{7}{5}$ cm
③ $\frac{8}{5}$ cm
④ 2 cm
⑤ $\frac{11}{5}$ cm

---

29 세 변의 길이가 각각 9, 17, x ($x>17$)인 삼각형 에 대하여 다음을 구하시오.

(단, 풀이 과정을 자세히 쓰시오.)

(1) 예각삼각형이 되도록 하는 자연수 x의 개수
(2) 둔각삼각형이 되도록 하는 자연수 x의 개수

풀이 과정

---

26 오른쪽 그림은 가로의 길이가 6 cm, 세로의 길이가 15 cm인 직 사각형 ABCD의 각 변을 지름으 로 하는 네 반원을 그린 후, 네 점 A, B, C, D를 지나는 원을 그린 것이다. 이때 색칠한 부분의 넓이를 구하시오.

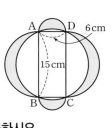

---

27 오른쪽 그림과 같은 직육면체의 꼭짓점 B에서 출발하여 겉면을 따 라 $\overline{CG}$와 $\overline{DH}$를 지나 꼭짓점 E에 이르는 최단 거리를 구하시오.

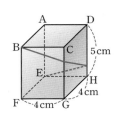

답

19강 경우의 수

❶ 사건과 경우의 수

(1) 사건: 같은 조건에서 반복할 수 있는 실험이나 관찰에서 나타나는 결과

(2) 경우의 수: 어떤 사건이 일어나는 가짓수

주의 경우의 수를 구할 때는 문제의 조건에 맞도록 중복되지 않고 빠짐없이 구해야 한다.

＊ 사건과 경우의 수
한 개의 주사위를 던질 때

사건	나오는 눈의 수가 소수이다.
경우	⚁, ⚂, ⚄
경우의 수	3

예제 1 한 개의 주사위를 던질 때, 다음 사건이 일어나는 경우의 수를 구하시오.

(1) 나오는 눈의 수가 짝수이다.

(2) 나오는 눈의 수가 3의 배수이다.

(3) 나오는 눈의 수가 5의 약수이다.

❷ 사건 A 또는 사건 B가 일어나는 경우의 수

두 사건 A, B가 동시에 일어나지 않을 때, 사건 A가 일어나는 경우의 수를 a, 사건 B가 일어나는 경우의 수를 b라 하면

(사건 A 또는 사건 B가 일어나는 경우의 수)$=a+b$ → 합의 법칙

참고 동시에 일어나지 않는 두 사건에 대하여 '또는', '~이거나'와 같은 표현이 있으면 두 사건이 일어나는 경우의 수를 더한다.

＊ 사건 A 또는 사건 B가 일어나는 경우의 수
한 개의 주사위를 던질 때 나오는 눈의 수가 3 이하 **또는** 5 이상인 경우의 수
➡ 3 ➕ 2 ＝5
　1, 2, 3　　5, 6

예제 2 세희네 학교 매점에서는 빵 5종류와 아이스크림 4종류를 판매한다고 한다. 세희가 빵 또는 아이스크림 중에서 한 개를 선택하여 사는 경우의 수를 구하시오.

❸ 사건 A와 사건 B가 동시에 일어나는 경우의 수

사건 A가 일어나는 경우의 수를 a, 그 각각에 대하여 사건 B가 일어나는 경우의 수를 b라 하면

(사건 A와 사건 B가 동시에 일어나는 경우의 수)$=a\times b$ → 곱의 법칙

참고 일반적으로 '동시에', '그리고', '~와', '~하고 나서'와 같은 표현이 있으면 두 사건이 일어나는 경우의 수를 곱한다.

＊ 사건 A와 사건 B가 동시에 일어나는 경우의 수
동전 한 개와 주사위 한 개를 동시에 던질 때, 일어나는 모든 경우의 수
➡ 2 ✕ 6 ＝12
앞, 뒤　　1, 2, 3, 4, 5, 6

보너스 서로 다른 동전 또는 주사위를 동시에 던질 때, 일어나는 모든 경우의 수
(1) m개의 동전을 던질 때 ➡ 2^m
(2) n개의 주사위를 던질 때 ➡ 6^n
(3) m개의 동전과 n개의 주사위를 던질 때
　➡ $2^m \times 6^n$

예제 3 2개의 자음 ㄱ, ㄴ과 4개의 모음 ㅏ, ㅑ, ㅓ, ㅕ가 있다. 이 중에서 자음 한 개와 모음 한 개를 짝 지어 만들 수 있는 모든 글자의 개수를 구하시오.

예제 4 다음을 구하시오.

(1) 서로 다른 동전 두 개를 동시에 던질 때, 일어나는 모든 경우의 수

(2) 서로 다른 동전 두 개와 주사위 한 개를 동시에 던질 때, 일어나는 모든 경우의 수

핵심 유형 익히기

1 오른쪽 그림과 같이 1부터 10까지의 자연수가 각각 적힌 구슬 10개가 들어 있는 상자에서 구슬 한 개를 임의로 꺼낼 때, 구슬에 적힌 수가 10의 약수인 경우의 수를 구하시오.

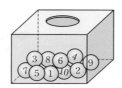

2 지민이네 집에서 도서관까지 가는 버스 노선은 4가지, 지하철 노선은 2가지가 있다. 지민이가 버스 또는 지하철을 이용하여 집에서 도서관까지 가는 모든 경우의 수를 구하시오.

● 버스와 지하철을 동시에 타고 갈 수 없다. 즉, 두 사건은 동시에 일어나지 않는다.

3 100원짜리 동전과 50원짜리 동전이 각각 4개씩 있다. 300원을 지불하는 경우의 수를 a, 500원을 지불하는 경우의 수를 b라 할 때, $a+b$의 값을 구하시오.

● 돈을 지불하는 경우의 수
① 표를 이용하여 각 동전의 개수를 구한다.
② 액수가 큰 동전의 개수부터 정한 후 지불하는 돈에 맞게 나머지 동전의 개수를 정한다.

4 서로 다른 두 개의 주사위를 동시에 던질 때, 나오는 두 눈의 수의 합이 5 또는 9가 되는 경우의 수를 구하시오.

● 서로 다른 두 개의 주사위를 동시에 던질 때 나올 수 있는 두 눈의 수를 순서쌍을 이용하여 나타낸다.

5 다음 그림과 같이 집에서 학교까지 가는 길은 3가지이고, 학교에서 공원까지 가는 길은 4가지일 때, 집에서 학교를 거쳐 공원까지 가는 모든 경우의 수를 구하시오.
(단, 같은 곳을 두 번 이상 지나지 않는다.)

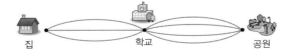

6 1부터 15까지의 자연수가 각각 적힌 15장의 카드가 있다. 민재와 은교가 카드를 한 장씩 동시에 뽑을 때, 민재가 뽑은 카드는 4의 배수가 나오고 은교가 뽑은 카드는 5의 배수가 나오는 경우의 수를 구하시오.

20강 여러 가지 경우의 수

❶ 한 줄로 세우는 경우의 수

(1) 한 줄로 세우는 경우의 수
  ① n명을 한 줄로 세우는 경우의 수
    ➡ $n \times (n-1) \times (n-2) \times \cdots \times 2 \times 1$
  ② n명 중에서 2명을 뽑아 한 줄로 세우는 경우의 수
    ➡ $n \times (n-1)$

(2) 한 줄로 세울 때 이웃하여 서는 경우의 수
  ➡ $\begin{pmatrix} \text{이웃하는 것을 하나로 묶어} \\ \text{한 줄로 세우는 경우의 수} \end{pmatrix} \times \begin{pmatrix} \text{묶음 안에서 자리를} \\ \text{바꾸는 경우의 수} \end{pmatrix}$

* 한 줄로 세우기
A, B, C, D 4명이 있을 때
(1) 4명을 모두 한 줄로 세우는 경우의 수
  ➡ $4 \times 3 \times 2 \times 1 = 24$
(2) 4명 중에서 2명을 뽑아 한 줄로 세우는
  경우의 수 ➡ $4 \times 3 = 12$
(3) A와 B를 이웃하여 세우는 경우의 수
  ❶ A, B 2명을 하나로 묶어 한 줄로 세
    운다.
  ❷ 묶음 안에서 A, B가 자리를 바꾸는
    경우의 수를 구한다.
  ➡ $\underset{❶}{(3 \times 2 \times 1)} \times \underset{❷}{2} = 12$

예제 1 A, B, C, D, E 5명이 한 줄로 설 때, A가 맨 앞에 서는 경우의 수를 구하시오.

❷ 자연수를 만드는 경우의 수

서로 다른 한 자리의 숫자가 각각 적힌 카드 n장 중에서 2장을 동시에 뽑아 만들 수 있는 두 자리의 자연수의 개수
  ➡ $\begin{pmatrix} \text{십의 자리에 올 수 있는} \\ \text{숫자를 뽑는 경우의 수} \end{pmatrix} \times \begin{pmatrix} \text{일의 자리에 올 수 있는} \\ \text{숫자를 뽑는 경우의 수} \end{pmatrix}$

(1) 0을 포함하지 않는 경우 ➡ $n \times (n-1)$(개)
(2) 0을 포함하는 경우 ➡ $(n-1) \times (n-1)$(개)
  0을 제외한다. ←┘   └→ 십의 자리의 숫자를 제외하고 0을 포함한다.

* 자연수 만들기
(1) 4장의 카드 1 , 2 , 3 , 4 중에서 2장
  을 동시에 뽑아 만들 수 있는 두 자리의
  자연수의 개수
  ➡ $4 \times 3 = 12$(개)
(2) 4장의 카드 0 , 1 , 2 , 3 중에서 2장
  을 동시에 뽑아 만들 수 있는 두 자리의
  자연수의 개수
  ➡ $3 \times 3 = 9$(개)
      ↑
  십의 자리에는 0이 올 수 없다.

예제 2 0, 1, 2, 3, 4의 숫자가 각각 적힌 5장의 카드 중에서 2장을 동시에 뽑아 만들 수 있는 두 자리의 자연수의 개수를 구하시오.

❸ 대표를 뽑는 경우의 수

(1) n명 중에서 자격이 다른 2명의 대표를 뽑는 경우의 수
  ➡ $n \times (n-1)$
(2) n명 중에서 자격이 같은 2명의 대표를 뽑는 경우의 수
  ➡ $\dfrac{n \times (n-1)}{2}$
      ↑ 중복되는 경우의 수로 나누어 준다.

* 대표 뽑기
A, B, C, D 4명 중에서
(1) 회장 1명, 부회장 1명을 뽑는 경우의 수
  └→ 자격이 다르다.
  ➡ $4 \times 3 = 12$
(2) 대표 2명을 뽑는 경우의 수
  └→ 자격이 같다.
  ➡ $\dfrac{4 \times 3}{2} = 6$
      ↑
  (A, B), (B, A)는 같은 경우이므로 2로 나눈다.

예제 3 다섯 명의 후보자 중에서 다음과 같은 학급 위원을 뽑는 경우의 수를 구하시오.
  (1) 회장 1명, 부회장 1명
  (2) 대표 3명

발전 n명 중에서 자격이 같은 3명의 대표를
뽑는 경우의 수
  ➡ $\dfrac{n \times (n-1) \times (n-2)}{3 \times 2 \times 1}$

핵심 유형 익히기

1 남학생 4명, 여학생 2명을 한 줄로 세울 때, 여학생 2명이 서로 이웃하여 서는 경우의 수는?

① 80   ② 120   ③ 160   ④ 200   ⑤ 240

● 한 줄로 세울 때 이웃하여 서는 경우의 수
❶ 이웃하는 것을 하나로 묶어 한 줄로 세우는 경우의 수를 구한다.
❷ 묶음 안에서 자리를 바꾸는 경우의 수를 구한다.
❸ ❶과 ❷의 경우의 수를 곱한다.

2 부모님과 은주, 여동생으로 이루어진 4명의 가족이 공원 벤치에 나란히 앉는다고 할 때, 부모님이 가장자리에 앉고 은주와 여동생이 가운데에 앉는 경우의 수를 구하시오.

3 5장의 카드 1, 2, 3, 4, 5 중에서 3장을 동시에 뽑아 만들 수 있는 세 자리의 자연수의 개수를 구하시오.

4 0, 1, 2, 3, 4의 숫자가 각각 적힌 5장의 카드 중에서 2장을 동시에 뽑아 두 자리의 자연수를 만들 때, 만들 수 있는 짝수의 개수는?

① 10개   ② 12개   ③ 14개   ④ 16개   ⑤ 20개

● 2장을 동시에 뽑아 만들 수 있는 두 자리의 자연수 중에서 짝수 또는 홀수
(1) 짝수: 일의 자리의 숫자가 0 또는 짝수
(2) 홀수: 일의 자리의 숫자가 홀수

5 남학생 3명과 여학생 3명 중에서 회장 1명, 부회장 1명, 총무 1명을 뽑는 경우의 수를 구하시오.

● n명 중에서 자격이 다른 3명의 대표를 뽑는 경우의 수
➡ $n \times (n-1) \times (n-2)$

6 초등학교 동창회에서 만난 친구 10명이 한 사람도 빠짐없이 서로 한 번씩 악수를 할 때, 악수는 총 몇 번을 하는가?

① 30번   ② 35번   ③ 40번   ④ 45번   ⑤ 50번

족집게 문제

Step 1 반드시 나오는 문제

1 서로 다른 두 개의 주사위를 동시에 던질 때, 나오는 두 눈의 수의 합이 6이 되는 경우의 수는?

① 3   ② 4   ③ 5
④ 6   ⑤ 7

중요 2 은수가 친구에게 선물을 하려고 꽃가게에 갔다. 장미 6종류, 국화 4종류, 튤립 2종류가 있을 때, 이 꽃가게에서 꽃 한 송이를 사는 경우의 수를 구하시오.

3 100원짜리, 50원짜리, 10원짜리 동전이 각각 3개, 5개, 5개가 있을 때, 250원짜리 물건의 값을 거스름돈 없이 지불하는 경우의 수는?

① 4   ② 6   ③ 8
④ 10   ⑤ 12

4 1부터 20까지의 자연수가 각각 적힌 20장의 카드 중에서 한 장을 뽑을 때, 그 카드에 적힌 수가 3의 배수 또는 5의 배수인 경우의 수를 구하시오.

5 예원이가 어느 분식점에서 다음과 같은 메뉴판을 보고 식사와 음료를 각각 한 가지씩 주문하려고 한다. 이때 예원이가 주문할 수 있는 모든 경우의 수를 구하시오.

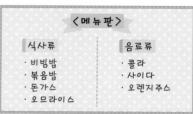

〈메뉴판〉

식사류	음료류
· 비빔밥	· 콜라
· 볶음밥	· 사이다
· 돈가스	· 오렌지 주스
· 오므라이스	

6 오른쪽 그림은 어느 공연장의 평면도이다. 입구에는 2개의 출입문이 있고 공연장에는 3개의 출입문이 있을 때, 입구에서 로비를 거쳐 공연장으로 들어가는 방법의 수를 구하시오.

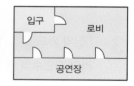

중요 7 어떤 산의 등산로는 5가지가 있고, 모두 산의 정상을 거친다고 한다. 올라가는 길과 내려오는 길을 다르게 하여 이 산의 정상에 다녀오는 경우의 수는?

① 15   ② 18   ③ 20
④ 21   ⑤ 24

8 세 사람이 동시에 가위바위보를 할 때, 일어날 수 있는 모든 경우의 수는?

① 3   ② 6   ③ 9
④ 18   ⑤ 27

전국 중학교의 기출문제와 새로운 교육과정의 문제를
종합, 분석하여 핵심 문제만을 모았습니다.

9 서로 다른 동전 두 개와 서로 다른 주사위 두 개를 동시에 던질 때, 일어나는 모든 경우의 수는?

① 30 ② 60 ③ 72
④ 140 ⑤ 144

10 A, B, C, D 4명을 한 줄로 세울 때, A가 맨 앞 또는 맨 뒤에 서는 경우의 수를 구하시오.

아차! 돌다리 문제

중요 **11** 서로 다른 잡지책 2권과 국어, 영어, 수학 교과서 한 권씩을 책꽂이에 나란히 꽂을 때, 잡지책 2권을 서로 이웃하게 꽂는 경우의 수는?

① 12 ② 20 ③ 24
④ 48 ⑤ 56

12 1, 2, 3, 4의 숫자가 각각 적힌 4장의 카드 중에서 2장을 동시에 뽑아 만들 수 있는 30 이상의 두 자리의 자연수의 개수는?

① 3개 ② 5개 ③ 6개
④ 9개 ⑤ 10개

중요 **13** 0, 1, 2, 3, 4의 숫자가 각각 적힌 5장의 카드 중에서 3장을 동시에 뽑아 만들 수 있는 세 자리의 자연수의 개수는?

① 12개 ② 30개 ③ 36개
④ 48개 ⑤ 60개

중요 **14** 5명의 학생 중에서 체육대회에 참가할 대표 선수를 뽑으려고 한다. 농구, 축구, 야구 선수를 각각 1명씩 뽑는 경우의 수를 구하시오.

15 길거리 농구 대회에 모두 여섯 팀이 참가하였다. 팀끼리 서로 한 번씩 시합을 하려고 할 때, 모두 몇 번의 시합을 해야 하는가?

① 5번 ② 10번 ③ 12번
④ 15번 ⑤ 18번

16 a, b, c, d, e 5개의 문자 중에서 3개를 동시에 뽑을 때, c가 반드시 뽑히는 경우의 수는?

① 6 ② 9 ③ 12
④ 15 ⑤ 18

Step 2 자주 나오는 문제

17 다음 그림은 어느 해 3월의 달력이다. 이 달력에서 한 날짜를 임의로 선택할 때, 목요일 또는 일요일을 선택하는 경우의 수를 구하시오.

3월						
일	월	화	수	목	금	토
			1	2	3	4	5
6	7	8	9	10	11	12
13	14	15	16	17	18	19
20	21	22	23	24	25	26
27	28	29	30	31		

18 서로 다른 두 개의 주사위를 동시에 던져서 나온 눈의 수를 각각 a, b라 할 때, 점 (a, b)가 직선 $3x-y=6$ 위에 있는 경우의 수를 구하시오.

19 오른쪽 그림과 같은 경로를 따라 A 지점에서 C 지점까지 가는 경우의 수는?

(단, 같은 지점을 두 번 이상 지나지 않는다.)

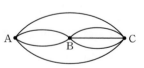

① 4   ② 6   ③ 8
④ 10   ⑤ 12

중요 20 오른쪽 그림과 같은 모양의 도로가 있다. 이 도로 위의 A 지점에서 P 지점을 거쳐서 B 지점까지 최단 거리로 가는 경우의 수는?

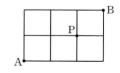

① 4   ② 6   ③ 8
④ 12   ⑤ 24

21 A, B, C, D 4명의 학생이 한 조를 이루어 이어달리기를 할 때, A가 B에게 배턴을 넘기는 경우의 수는?

① 6   ② 9   ③ 12
④ 18   ⑤ 24

22 남학생 2명과 여학생 3명이 한 줄로 설 때, 남학생과 여학생이 교대로 서는 경우의 수는?

① 5   ② 6   ③ 9
④ 10   ⑤ 12

23 오른쪽 그림과 같이 한 원 위에 있는 5개의 점 A, B, C, D, E 중에서 세 점을 연결하여 만들 수 있는 삼각형의 개수를 구하시오.

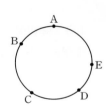

중요 24 빨간색, 파란색, 초록색, 보라색 색연필을 사용하여 오른쪽 그림과 같은 도형을 칠하려고 한다. A, B, C, D 네 부분에 같은 색을 여러 번 사용해도 좋으나 이웃하는 부분은 서로 다른 색을 칠하는 경우의 수를 구하시오.

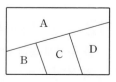

>> **122쪽** 다시 보는 핵심 문제로 자신의 실력을 확인하세요!

Step3 만점! 도전 문제

25 다음 그림과 같이 수직선 위의 원점에 위치한 점 P를 동전 한 개를 던져서 앞면이 나오면 양의 방향으로 1만큼, 뒷면이 나오면 음의 방향으로 1만큼 이동시킨다. 동전을 4번 던질 때, 점 P에 대응하는 수가 2인 경우의 수를 구하시오.

26 오른쪽 그림과 같이 A 지점에 있는 꿀벌이 B 지점을 지나 C 지점으로 길을 따라 가려고 할 때, 최단 거리로 가는 경우의 수를 구하시오.

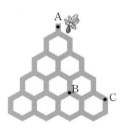

27 1, 2, 3, 4의 숫자가 각각 적힌 4장의 카드가 있다. 이 중에서 카드 3장을 동시에 뽑아 세 자리의 자연수를 만들 때, 작은 수부터 크기 순으로 19번째인 수를 구하시오.

28 동아리 행사에 참여한 학생들끼리 서로 한 번씩 악수를 한다면 모두 21번의 악수를 하게 된다. 이 행사에 참여한 민정이가 지금까지 3번의 악수를 하였다면 앞으로 몇 번의 악수를 더 해야 하는지 구하시오.

서술형 문제

29 1, 2, 3, 4의 숫자가 각 면에 하나씩 적힌 정사면체 모양의 주사위를 두 번 던져서 처음 바닥에 닿는 면에 적힌 눈의 수를 a, 나중에 바닥에 닿는 면에 적힌 눈의 수를 b라 할 때, 방정식 $ax = b$의 해가 자연수가 되는 경우의 수를 구하시오. (단, 풀이 과정을 자세히 쓰시오.)

풀이 과정

답

30 상자 속에 0, 1, 2, 3, 4의 숫자가 각각 적힌 5장의 카드가 들어 있다. 이 상자에서 카드 3장을 동시에 뽑아 세 자리의 자연수를 만들 때, 만들 수 있는 홀수의 개수를 구하시오. (단, 풀이 과정을 자세히 쓰시오.)

풀이 과정

답

21강 확률의 뜻과 성질

① 확률의 뜻

(1) 동일한 조건 아래에서 같은 실험이나 관찰을 여러 번 반복할 때, 어떤 사건
이 일어나는 상대도수가 일정한 값에 가까워지면 이 일정한 값을 그 사건이
일어날 확률이라 한다.

(2) 사건 A가 일어날 확률
어떤 실험이나 관찰에서 각 경우가 일어날 가능성이 같을 때, 일어날 수 있
는 모든 경우의 수를 n, 사건 A가 일어나는 경우의 수를 a라 하면 사건 A
가 일어날 확률 p는

$$p = \frac{(\text{사건 } A \text{가 일어나는 경우의 수})}{(\text{모든 경우의 수})} = \frac{a}{n}$$

> * 사건 A가 일어날 확률
> 주사위 한 개를 던질 때, 나오는 눈의 수가
> 홀수일 확률
> $\Rightarrow \dfrac{(\text{나오는 눈의 수가 홀수인 경우의 수})}{(\text{모든 경우의 수})}$
> $= \dfrac{3}{6} = \dfrac{1}{2}$

예제 1 1부터 12까지의 자연수가 각 면에 하나씩 적힌 정십이면체 모양의 주사위를 한
번 던질 때, 바닥에 닿는 면에 적힌 눈의 수가 소수일 확률을 구하시오.

② 확률의 성질

(1) 어떤 사건 A가 일어날 확률을 p라 하면 $0 \le p \le 1$이다.
(2) 반드시 일어나는 사건의 확률은 1이다.
(3) 절대로 일어나지 않는 사건의 확률은 0이다.

> * 확률의 성질
> 주사위 한 개를 던질 때, 나오는 눈의 수가
> (1) 짝수일 확률 $\Rightarrow \dfrac{3}{6} = \dfrac{1}{2}$
> (2) 6 이하일 확률 $\Rightarrow \dfrac{6}{6} = 1$
> (3) 7일 확률 $\Rightarrow \dfrac{0}{6} = 0$

예제 2 주머니 속에 모양과 크기가 같은 흰 공이 3개, 검은 공이 4개가 들어 있다. 이 주머
니에서 공 한 개를 임의로 꺼낼 때, 다음을 구하시오.

(1) 흰 공이 나올 확률
(2) 빨간 공이 나올 확률
(3) 흰 공 또는 검은 공이 나올 확률

③ 어떤 사건이 일어나지 않을 확률

사건 A가 일어날 확률을 p라 하면
(사건 A가 일어나지 않을 확률)$= 1 - p$

참고 '적어도 ~일', '~가 아닐', '~을 못할'과 같은 표현이 나오면 어떤 사건이 일어나지 않을 확률을 이용한다.

> * 어떤 사건이 일어나지 않을 확률
> 서로 다른 두 개의 동전을 동시에 던질 때,
> 적어도 한 개가 앞면이 나올 확률
> $\Rightarrow 1 - (\text{모두 뒷면이 나올 확률})$
> $= 1 - \dfrac{1}{4} = \dfrac{3}{4}$

예제 3 일기예보에서 내일 서울 지역에 비가 올 확률이 $\dfrac{5}{8}$라 한다. 내일 서울 지역에 비가 오
지 않을 확률을 구하시오.

1 서로 다른 두 개의 주사위를 동시에 던질 때, 나오는 두 눈의 수의 합이 5가 될 확률을 구하시오.

2 두 개의 주사위 A, B를 동시에 던져서 A 주사위에서 나온 눈의 수를 x, B 주사위에서 나온 눈의 수를 y라 할 때, $2x+y=9$일 확률을 구하시오.

● 주어진 식을 만족시키는 경우의 수를 구한다. 이때 순서쌍을 이용하면 편리한다.

3 상자 안에 1부터 10까지의 자연수가 각각 적힌 구슬 10개가 들어 있다. 이 상자에서 구슬 한 개를 임의로 꺼낼 때, 다음 중 옳은 것은?

① 0이 적힌 구슬이 나올 확률은 0이다.

② 1이 적힌 구슬이 나올 확률은 1이다.

③ 9가 적힌 구슬이 나올 확률은 $\dfrac{9}{10}$이다.

④ 10 이하의 자연수가 적힌 구슬이 나올 확률은 $\dfrac{1}{10}$이다.

⑤ 10 이상의 자연수가 적힌 구슬이 나올 확률은 0이다.

● 어떤 사건 A가 일어날 확률을 p라 하면
(1) $0 \leq p \leq 1$
(2) 반드시 일어나는 사건의 확률은 1이다.
(3) 절대로 일어나지 않는 사건의 확률은 0이다.

4 1, 2, 3, 4의 숫자가 각각 적힌 4장의 카드 중에서 2장을 동시에 뽑아 두 자리의 자연수를 만들 때, 만들어지는 자연수가 50 이하일 확률을 구하시오.

5 어느 회사의 제품 500개 중에는 불량품 15개가 들어 있다고 한다. 이 제품 500개 중에서 제품 한 개를 임의로 고를 때, 불량품이 아닐 확률을 구하시오.

6 서로 다른 3개의 동전을 동시에 던질 때, 적어도 한 개는 앞면이 나올 확률을 구하시오.

● (적어도 하나는 ～일 확률)
➡ 1－(모두 ～가 아닐 확률)

22강 확률의 계산

① 사건 A 또는 사건 B가 일어날 확률

두 사건 A, B가 동시에 일어나지 않을 때,

사건 A가 일어날 확률을 p, 사건 B가 일어날 확률을 q라 하면

$$(\text{사건 } A \text{ 또는 사건 } B \text{가 일어날 확률})=p+q \rightarrow \text{확률의 덧셈}$$

참고 동시에 일어나지 않는 두 사건에 대하여 '또는', '~이거나'와 같은 표현이 있으면 두 사건이 일어날 확률을 더한다.

> * 사건 A 또는 사건 B가 일어날 확률
> 한 개의 주사위를 던질 때, 나오는 눈의 수가 2의 배수 또는 5의 약수일 확률은
> $\Rightarrow \dfrac{3}{6}+\dfrac{2}{6}=\dfrac{5}{6}$

예제 1 1부터 15까지의 자연수가 각각 적힌 15장의 카드 중에서 한 장을 임의로 뽑을 때, 그 카드에 적힌 수가 5의 배수 또는 7의 배수일 확률을 구하시오.

② 사건 A와 사건 B가 동시에 일어날 확률

두 사건 A, B가 서로 영향을 끼치지 않을 때,

사건 A가 일어날 확률을 p, 사건 B가 일어날 확률을 q라 하면

$$(\text{사건 } A \text{와 사건 } B \text{가 동시에 일어날 확률})=p \times q \rightarrow \text{확률의 곱셈}$$

참고 서로 영향을 끼치지 않는 두 사건에 대하여 '동시에', '그리고', '~와', '~하고 나서'와 같은 표현이 있으면 두 사건이 일어날 확률을 곱한다.

> * 사건 A와 사건 B가 동시에 일어날 확률
> 동전 한 개와 주사위 한 개를 동시에 던질 때, 동전은 뒷면이 나오고 주사위는 소수의 눈이 나올 확률은
> $\Rightarrow \dfrac{1}{2} \times \dfrac{3}{6}=\dfrac{1}{4}$

예제 2 어느 농구 선수의 자유투 성공률은 80 %이다. 이 선수가 자유투를 두 번 던질 때, 두 번 모두 성공할 확률을 구하시오.

③ 연속하여 꺼내는 경우의 확률

(1) 꺼낸 것을 다시 넣고 연속하여 꺼내는 경우

처음에 꺼낸 것을 다시 꺼낼 수 있으므로 처음에 일어난 사건이 나중에 일어난 사건에 영향을 주지 않는다.

➡ 처음 조건과 나중 조건이 같다.

(2) 꺼낸 것을 다시 넣지 않고 연속하여 꺼내는 경우의 확률

처음에 꺼낸 것을 다시 꺼낼 수 없으므로 처음에 일어난 사건이 나중에 일어난 사건에 영향을 준다.

➡ 처음 조건과 나중 조건이 다르다.

> * 연속하여 꺼내는 경우의 확률
> 모양과 크기가 같은 흰 공 3개, 검은 공 2개가 들어 있는 주머니에서 공을 연속하여 두 번 꺼낼 때, 두 개 모두 흰 공일 확률은
> (1) 꺼낸 공을 다시 넣는 경우
> $\Rightarrow \dfrac{3}{5} \times \dfrac{3}{5}=\dfrac{9}{25}$
> (2) 꺼낸 공을 다시 넣지 않는 경우
> $\Rightarrow \dfrac{3}{5} \times \dfrac{2}{4}=\dfrac{3}{10}$

예제 3 당첨 제비 2개를 포함하여 10개의 제비가 들어 있는 상자에서 A, B 두 사람이 차례로 제비를 한 개씩 임의로 뽑을 때, A, B 두 사람 모두 당첨될 확률을 다음의 경우에 따라 구하시오.

　(1) 뽑은 제비를 다시 넣는 경우

　(2) 뽑은 제비를 다시 넣지 않는 경우

1 다음 표는 어느 중학교 2학년 학생들의 혈액형을 조사하여 나타낸 것이다. 이 학생들 중에서 한 학생을 임의로 선택할 때, 혈액형이 B형 또는 AB형일 확률을 구하시오.

혈액형	A	B	O	AB
학생 수(명)	52	68	44	36

2 1부터 8까지의 자연수가 각 면에 하나씩 적힌 정팔면체 모양의 주사위를 두 번 던질 때, 바닥에 닿는 면에 적힌 두 눈의 수의 차가 4 또는 6이 될 확률을 구하시오.

3 한 개의 주사위를 두 번 던질 때, 첫 번째 나오는 눈의 수는 4 이상이고, 두 번째 나오는 눈의 수는 3의 배수일 확률을 구하시오.

4 A, B 두 사람이 시험에 합격할 확률이 각각 $\frac{3}{4}$, $\frac{2}{3}$일 때, A와 B 중 적어도 한 사람은 합격할 확률을 구하시오.

● (적어도 하나는 ~일 확률)
➡ 1-(모두 ~가 아닐 확률)

5 주머니 속에 모양과 크기가 같은 노란 구슬 7개와 빨간 구슬 3개가 들어 있다. 이 주머니에서 구슬 한 개를 임의로 꺼내 색을 확인하고 주머니에 넣은 후, 다시 구슬 한 개를 임의로 꺼낼 때, 두 구슬이 모두 빨간 구슬일 확률을 구하시오.

● 꺼낸 것을 다시 넣고 연속하여 꺼낼 때
$\left(\begin{array}{c} \text{처음 꺼낼 때} \\ \text{전체 개수} \end{array} \right) = \left(\begin{array}{c} \text{나중에 꺼낼 때} \\ \text{전체 개수} \end{array} \right)$

6 상자 안에 1부터 9까지의 숫자가 각각 적힌 9장의 카드가 들어 있다. 이 상자에서 카드를 한 장씩 연속하여 두 번 꺼낼 때, 두 장의 카드에 적힌 숫자가 모두 3의 배수일 확률을 구하시오. (단, 꺼낸 카드는 다시 넣지 않는다.)

● 꺼낸 것을 다시 넣지 않고 연속하여 꺼낼 때
$\left(\begin{array}{c} \text{처음 꺼낼 때} \\ \text{전체 개수} \end{array} \right) \neq \left(\begin{array}{c} \text{나중에 꺼낼 때} \\ \text{전체 개수} \end{array} \right)$

족집게 문제

Step 1 반드시 나오는 문제

1 100원짜리, 50원짜리, 10원짜리 동전 한 개씩을 동시에 던질 때, 한 개만 앞면이 나올 확률을 구하시오.

2 서로 다른 두 개의 주사위를 동시에 던질 때, 나오는 두 눈의 수의 차가 3이 될 확률은?

① $\dfrac{1}{9}$ ② $\dfrac{1}{6}$ ③ $\dfrac{2}{9}$

④ $\dfrac{5}{18}$ ⑤ $\dfrac{1}{3}$

3 오른쪽 그림과 같은 과녁에 화살을 쏘아서 맞힌 부분에 적힌 숫자를 점수로 얻는다고 할 때, 화살을 한 번 쏘아서 1점을 얻을 확률을 구하시오. (단, 화살이 경계선에 맞거나 과녁을 벗어나는 경우는 생각하지 않는다.)

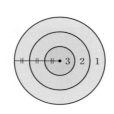

4 0, 1, 2, 3의 숫자가 각각 적힌 4장의 카드 중에서 2장을 동시에 뽑아 두 자리의 자연수를 만들 때, 20 이상일 확률은?

① $\dfrac{1}{4}$ ② $\dfrac{1}{3}$ ③ $\dfrac{2}{5}$

④ $\dfrac{1}{2}$ ⑤ $\dfrac{2}{3}$

5 A, B, C, D, E 5명의 후보 중에서 대표 2명을 뽑을 때, A가 대표로 뽑힐 확률은?

① $\dfrac{3}{4}$ ② $\dfrac{2}{3}$ ③ $\dfrac{1}{2}$

④ $\dfrac{2}{5}$ ⑤ $\dfrac{1}{5}$

6 어떤 사건 A가 일어날 확률을 p, 일어나지 않을 확률을 q라 할 때, 다음 중 옳은 것을 모두 고르면? (정답 2개)

① $0 \le p \le 1$
② $p + q = 0$
③ $p = 1 - q$
④ $p = 0$이면 사건 A는 반드시 일어난다.
⑤ $q = 0$이면 사건 A는 절대로 일어나지 않는다.

7 상자 안에 모양과 크기가 같은 빨간 모자 5개와 노란 모자 3개가 들어 있다. 이 상자에서 모자 한 개를 임의로 꺼낼 때, 꺼낸 모자가 흰 모자일 확률은?

① 0 ② $\dfrac{1}{5}$ ③ $\dfrac{1}{3}$

④ $\dfrac{3}{8}$ ⑤ $\dfrac{5}{8}$

8 A, B, C, D 4명의 학생이 한 줄로 설 때, C가 맨 뒤에 서지 않을 확률을 구하시오.

9 A, B 두 사람이 가위바위보를 할 때, 한 번에 승부가 결정될 확률은?

① $\dfrac{1}{9}$ ② $\dfrac{2}{9}$ ③ $\dfrac{1}{3}$

④ $\dfrac{2}{3}$ ⑤ 1

중요 10 집에서 학교까지 가는 지하철과 버스 노선이 다음 그림과 같다. 경민이가 집에서 도서관을 거쳐서 학교까지 지하철이나 버스를 타고 가려고 할 때, 적어도 한 번은 지하철을 타고 갈 확률을 구하시오.

(단, 지하철과 버스 노선은 모두 다르다.)

11 서로 다른 두 개의 주사위를 동시에 던질 때, 나오는 두 눈의 수의 합이 4 이하이거나 11 이상일 확률을 구하시오.

12 일기예보에서 이번 주 토요일에 비가 올 확률이 20 %, 일요일에 비가 올 확률이 60 %라 한다. 이번 주 토요일과 일요일 이틀 연속 비가 올 확률은?

① 2 %   ② 4 %   ③ 12 %

④ 18 %   ⑤ 20 %

13 어떤 양궁 선수가 과녁의 10점을 맞힐 확률은 $\dfrac{3}{5}$이다. 이 선수가 활을 2번 쏘아 10점을 한 번도 맞히지 못할 확률을 구하시오.

중요 14 혜정이가 4개의 ○, × 문제를 푸는데 답을 잘 몰라서 임의로 답을 쓸 때, 적어도 한 문제를 맞힐 확률은?

① 0   ② $\dfrac{1}{16}$ ③ $\dfrac{3}{4}$

④ $\dfrac{15}{16}$ ⑤ 1

중요 15 상자 안에 들어 있는 15개의 제품 중에는 불량품이 5개 섞여 있다. 이 상자에서 제품을 한 개씩 연속하여 두 번 꺼낼 때, 두 제품 모두 불량품일 확률은?

(단, 꺼낸 제품은 다시 넣지 않는다.)

① $\dfrac{2}{3}$ ② $\dfrac{1}{3}$ ③ $\dfrac{1}{9}$

④ $\dfrac{2}{21}$ ⑤ $\dfrac{1}{21}$

Step 2 자주 나오는 문제

16 주머니 속에 모양과 크기가 같은 흰 공 2개, 노란 공 3개, 파란 공 x개가 들어 있다. 이 주머니에서 공 한 개를 꺼낼 때, 흰 공일 확률이 $\dfrac{1}{5}$이라 한다. 이때 x의 값을 구하시오.

17 두 개의 주사위 A, B를 동시에 던져서 나오는 두 눈의 수를 각각 a, b라 할 때, $\dfrac{a}{b}$의 값이 자연수일 확률을 구하시오. (단, 풀이 과정을 자세히 쓰시오.)

18 어느 모임에서 공동 대표 2명을 선출하는데 후보자로 남학생 3명, 여학생 4명이 출마하였다. 대표 2명 중에서 적어도 한 명은 여학생이 뽑힐 확률은?

① $\dfrac{1}{7}$ ② $\dfrac{3}{7}$ ③ $\dfrac{4}{7}$

④ $\dfrac{5}{7}$ ⑤ $\dfrac{6}{7}$

19 다음 그림과 같이 5등분한 서로 다른 원판 두 개에 1부터 5까지의 자연수가 각각 적혀 있다. 두 원판이 각각 돌다가 멈출 때, 두 원판의 각 바늘이 가리킨 수의 합이 5 또는 8이 될 확률을 구하시오.

(단, 바늘이 경계선을 가리키는 경우는 생각하지 않는다.)

중요 20 오른쪽 그림과 같이 한 변의 길이가 1인 정오각형 ABCDE의 꼭짓점 A에 점 P가 있다. 주사위 한 개를 두 번 던져서 나오는 두 눈의 수의 합만큼 정오각형의 변을 따라 화살표 방향으로 점 P를 이동시키려고 한다. 이때 점 P가 꼭짓점 D에 위치할 확률을 구하시오.

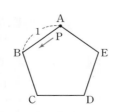

21 다음 그림과 같은 전기 회로에서 두 스위치 A, B가 닫힐 확률이 각각 $\dfrac{3}{4}$, $\dfrac{2}{5}$일 때, 전구에 불이 들어오지 않을 확률을 구하시오. (단, 스위치가 모두 닫힐 때 전류가 흐른다.)

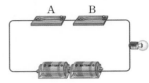

중요 22 명중률이 각각 $\dfrac{2}{3}$, $\dfrac{1}{4}$인 두 사격 선수가 목표물을 향해 동시에 총을 쏘았다. 이때 목표물이 총에 맞을 확률을 구하시오.

23 1부터 7까지의 숫자가 각각 적힌 7장의 카드가 있다. 이 중에서 한 장을 임의로 뽑아 숫자를 확인하고 카드를 다시 넣어 섞은 후, 또 한 장을 임의로 뽑을 때, 나오는 두 수의 곱이 홀수일 확률은?

① $\dfrac{4}{7}$ ② $\dfrac{3}{7}$ ③ $\dfrac{16}{49}$

④ $\dfrac{12}{49}$ ⑤ $\dfrac{6}{49}$

아차! **돌다리** 문제

중요 24 상자 안에 들어 있는 10개의 제비 중 당첨 제비가 4개 있다. 이 상자에서 A와 B 두 사람이 차례로 제비를 한 개씩 임의로 뽑을 때, A는 당첨되고, B는 당첨되지 않을 확률은? (단, 뽑은 제비는 다시 넣지 않는다.)

① $\dfrac{1}{15}$ ② $\dfrac{2}{15}$ ③ $\dfrac{4}{15}$

④ $\dfrac{4}{25}$ ⑤ $\dfrac{6}{25}$

Step 3 만점! 도전 문제

25 길이가 각각 1 cm, 2 cm, 3 cm, 4 cm, 5 cm인 막대 5개 중에서 3개를 임의로 선택하여 삼각형을 만들 때, 삼각형이 만들어질 확률을 구하시오.

26 상자 안에 1부터 4까지의 숫자가 각각 적힌 구슬 4개가 들어 있다. 이 상자에서 구슬 한 개를 임의로 꺼내 숫자를 확인하고 상자에 넣은 후, 다시 구슬 한 개를 임의로 꺼낼 때 처음 꺼낸 구슬에 적힌 숫자를 x, 나중에 꺼낸 구슬에 적힌 숫자를 y라 하자. 이때 $2x > 8 - y$일 확률을 구하시오.

27 여름 휴가철을 맞이하여 현정이네 가족은 7월 28일부터 7월 31일까지의 기간 중 1박 2일 동안 여행을 갈 예정이고, 영오네 가족은 7월 26일부터 7월 31일까지의 기간 중 3박 4일 동안 여행을 갈 예정이다. 두 가족이 모두 여행을 가는 날을 임의로 정한다고 할 때, 두 가족의 여행 날짜가 하루 이상 겹치게 될 확률을 구하시오.

28 A 주머니에는 모양과 크기가 같은 흰 공 3개, 검은 공 2개가 들어 있고, B 주머니에는 모양과 크기가 같은 흰 공 1개, 검은 공 2개가 들어 있다. 동전 한 개를 던져서 앞면이 나오면 A 주머니, 뒷면이 나오면 B 주머니에서 한 개의 공을 꺼낼 때, 꺼낸 공이 검은 공일 확률을 구하시오.

29 50부터 69까지의 자연수가 각각 적힌 20장의 카드 중에서 한 장을 임의로 뽑을 때, 일의 자리의 숫자가 십의 자리의 숫자의 약수일 확률을 구하시오.

풀이 과정

답

30 모양과 크기가 같은 빨간 구슬 3개, 파란 구슬 4개가 들어 있는 상자 A와 빨간 구슬 4개, 파란 구슬 2개가 들어 있는 상자 B가 있다. 두 상자에서 각각 구슬 한 개씩을 임의로 꺼낼 때, 꺼낸 두 구슬의 색이 같을 확률을 구하시오. (단, 풀이 과정을 자세히 쓰시오.)

풀이 과정

답

다시 보는

핵심 문제

1 오른쪽 그림과 같이 $\overline{AB}=\overline{AC}$인 이등변삼각형 ABC에서 $\angle ABD=\angle DBC$이고 $\angle A=40°$일 때, $\angle BDC$의 크기를 구하시오.

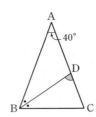

2 오른쪽 그림은 $\overline{AB}=\overline{AC}$인 이등변삼각형 모양의 종이 ABC를 $\overline{DE}$를 접는 선으로 하여 꼭짓점 A가 꼭짓점 B와 겹치도록 접은 것이다. $\angle EBC=30°$일 때, $\angle A$의 크기를 구하시오.

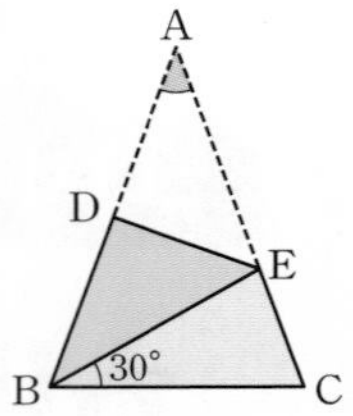

3 오른쪽 그림과 같은 △ABC에서 $\overline{BC}$ 위의 한 점 M에 대하여 $\overline{AM}=\overline{BM}=\overline{CM}$일 때, $\angle A$의 크기를 구하시오.

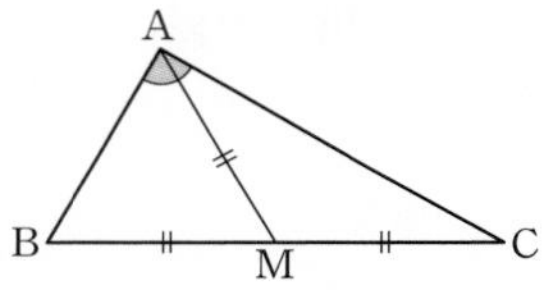

4 다음 그림과 같은 △ABC에서 $\overline{BE}=\overline{ED}=\overline{DA}=\overline{AC}$이고 $\angle B=25°$일 때, $\angle DAC$의 크기는?

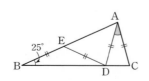

① 25°   ② 30°   ③ 35°
④ 40°   ⑤ 45°

5 오른쪽 그림에서 △ABC와 △BCD는 각각 $\overline{AB}=\overline{AC}$, $\overline{BC}=\overline{CD}$인 이등변삼각형이다. $\angle ACD=\angle DCE$이고 $\angle A=44°$일 때, $\angle x$의 크기를 구하시오.

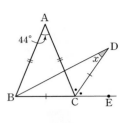

6 오른쪽 그림과 같이 $\overline{AB}=\overline{AC}$인 이등변삼각형 ABC에서 $\overline{AD}$는 $\angle A$의 이등분선이고 $\angle BAD=25°$일 때, $\angle C$의 크기는?

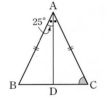

① 45°   ② 50°
③ 55°   ④ 60°
⑤ 65°

7 오른쪽 그림과 같이 $\overline{AB}=\overline{AC}$인 이등변삼각형 ABC에서 $\angle A$의 이등분선과 $\overline{BC}$가 만나는 점을 D라 하자. $\overline{BD}=4\,cm$, $\overline{PC}=5\,cm$일 때, $\overline{PB}$의 길이를 구하시오.

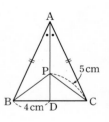

8 오른쪽 그림과 같이 $\overline{AB}=\overline{AC}$인 이등변삼각형 ABC에서 $\angle B$의 이등분선과 $\overline{AC}$의 교점을 D라 하자. $\angle A=36°$일 때, $\overline{AD}$의 길이를 구하시오.

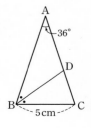

9 오른쪽 그림은 직사각형
모양의 종이 테이프를 $\overline{EF}$를
접는 선으로 하여 접은 것이
다. $\overline{EF}=5\,cm$, $\overline{EG}=8\,cm$
일 때, $\triangle GEF$의 둘레의 길이를 구하시오.

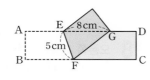

10 다음 보기의 직각삼각형 중에서 서로 합동인 것끼리 바
르게 짝 지은 것은?

• 보기 •

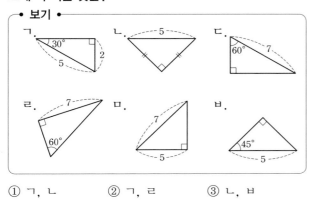

① ㄱ, ㄴ   ② ㄱ, ㄹ   ③ ㄴ, ㅂ
④ ㄷ, ㅁ   ⑤ ㄹ, ㅂ

11 다음 중 오른쪽 그림과 같이
$\angle C=\angle F=90°$인 두 직각삼
각형 ABC와 DEF가 서로 합
동이 되는 조건이 <u>아닌</u> 것은?

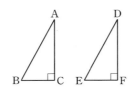

① $\overline{AB}=\overline{DE}$, $\overline{AC}=\overline{DF}$
② $\overline{AB}=\overline{DE}$, $\angle A=\angle D$
③ $\overline{AC}=\overline{DF}$, $\overline{BC}=\overline{EF}$
④ $\angle B=\angle E$, $\overline{BC}=\overline{EF}$
⑤ $\angle A=\angle D$, $\angle B=\angle E$

12 오른쪽 그림과 같이 $\overline{AB}=\overline{AC}$인
이등변삼각형 ABC의 두 꼭짓점 B,
C에서 $\overline{AC}$, $\overline{AB}$에 내린 수선의 발을
각각 D, E라 할 때, 다음 중 옳지 <u>않은</u>
것은?

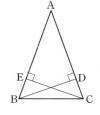

① $\overline{BD}=\overline{CE}$
② $\overline{BE}=\overline{CD}$
③ $\angle BAD=\angle ABD$
④ $\angle ABC=\angle ACB$
⑤ $\triangle BEC\equiv\triangle CDB$

13 다음 그림과 같이 $\overline{AB}=\overline{AC}$인 직각이등변삼각형
ABC에서 꼭짓점 A를 지나는 직선 l을 긋고, 두 꼭짓점
B, C에서 직선 l에 내린 수선의 발을 각각 D, E라 하자.
$\overline{BD}=4\,cm$, $\overline{DE}=7\,cm$일 때, $\overline{CE}$의 길이는?

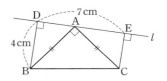

① $1.5\,cm$ ② $2\,cm$ ③ $2.5\,cm$
④ $3\,cm$ ⑤ $3.5\,cm$

14 오른쪽 그림과 같이
$\angle B=90°$인 직각삼각형
ABC의 $\overline{BC}$ 위의 한 점 D에
서 $\overline{AC}$에 내린 수선의 발을
E라 하자. $\overline{BD}=\overline{DE}$, $\overline{AE}=\overline{EC}$이고 $\angle BAD=30°$일
때, $\angle C$의 크기를 구하시오.

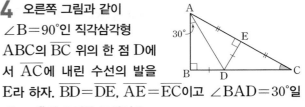

15 오른쪽 그림과 같이 $\angle AOB$의
이등분선 위의 한 점 P에서 두 변
OA, OB에 내린 수선의 발을 각각
Q, R라 하자. $\overline{OR}=8\,cm$,
$\overline{QP}=5\,cm$일 때, 사각형 QORP
의 둘레의 길이를 구하시오.

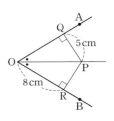

16 다음 그림과 같은 △ABC에서 $\overline{BD}=\overline{BE}$, $\overline{CA}=\overline{CE}$이고 ∠B=30°, ∠C=70°일 때, ∠AED 의 크기를 구하시오. (단, 풀이 과정을 자세히 쓰시오.)

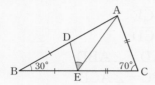

풀이 과정 |

답 |

17 오른쪽 그림과 같이 $\overline{AB}=\overline{AC}$ 인 이등변삼각형 ABC에서 $\overline{BE}=\overline{CF}$, $\overline{BD}=\overline{CE}$이고 ∠EDF=54°일 때, ∠A의 크기 를 구하시오. (단, 풀이 과정을 자세히 쓰시오.)

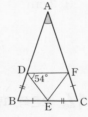

풀이 과정 |

답 |

18 오른쪽 그림과 같은 △ABC에서 $\overline{BC}$의 중점을 D라 하고, 점 D에서 $\overline{AB}$, $\overline{AC}$에 내린 수선의 발을 각각 E, F라 하자. $\overline{DE}=\overline{DF}$이고 ∠A=68°일 때, ∠BDE의 크기를 구하시오. (단, 풀이 과정을 자세히 쓰시오.)

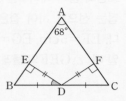

풀이 과정 |

답 |

19 오른쪽 그림과 같이 ∠B=90°인 직각이등변삼각형 ABC에서 ∠A의 이등분선이 $\overline{BC}$와 만나는 점을 D라 하고, 점 D에서 $\overline{AC}$에 내린 수선의 발을 E라 하자. $\overline{BD}=4\,cm$일 때, △EDC의 넓이를 구하 시오. (단, 풀이 과정을 자세히 쓰시오.)

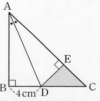

풀이 과정 |

답 |

1 오른쪽 그림과 같은 △ABC
의 외심 O에서 세 변에 내린 수선
의 발을 각각 D, E, F라 하자.
$\overline{AD}=4$ cm, $\overline{BE}=5$ cm,
$\overline{CF}=6$ cm일 때, △ABC의
둘레의 길이를 구하시오.

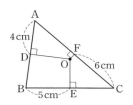

2 오른쪽 그림에서 점 O는
△ABC의 외심이고 $\overline{AC}=8$ cm
이다. △AOC의 둘레의 길이가
18 cm일 때, △ABC의 외접원의
반지름의 길이는?

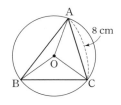

① 5 cm   ② 6 cm   ③ 7 cm
④ 8 cm   ⑤ 9 cm

3 다음 그림과 같이 ∠A=90°인 직각삼각형 ABC에서
점 M은 $\overline{BC}$의 중점이고 ∠B=25°일 때, ∠AMC의
크기를 구하시오.

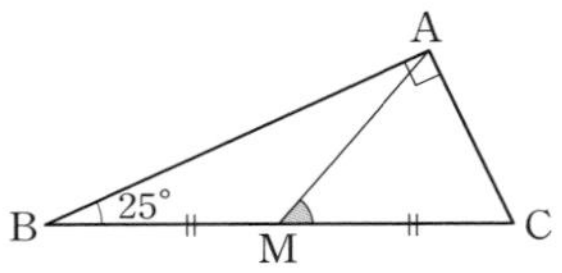

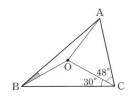

4 오른쪽 그림에서 점 O는
△ABC의 외심이고
∠OAC=48°, ∠OCB=30°
일 때, ∠OBA의 크기를 구하시
오.

5 오른쪽 그림에서 점 O는
△ABC의 외심이다.
∠AOB : ∠BOC : ∠COA
=7 : 5 : 6일 때, ∠ACB의 크기
를 구하시오.

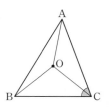

6 오른쪽 그림에서 점 O는
△ABC의 외심이다.
∠BAC=70°, ∠AOB=136°
일 때, ∠ABC의 크기를 구하시
오.

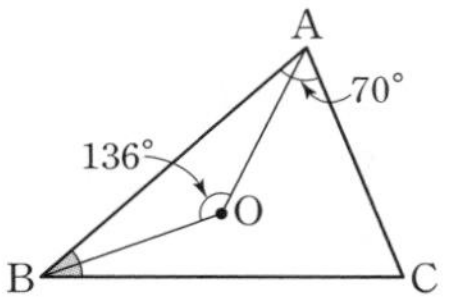

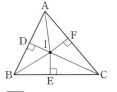

7 오른쪽 그림에서 점 I가
△ABC의 내심일 때, 다음 중 옳
지 않은 것을 모두 고르면?

(정답 2개)

① ∠IBD=∠IBE   ② $\overline{IA}=\overline{IC}$
③ ∠ICE=∠ICF   ④ $\overline{BE}=\overline{CE}$
⑤ △IAD≡△IAF

8 오른쪽 그림에서 점 I는
△ABC의 내심이다.
∠IBC=35°, ∠ICA=23°
일 때, ∠A의 크기를 구하시오.

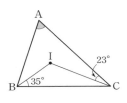

9 오른쪽 그림에서 점 I는 △ABC의 내심이다. ∠IBC=36° 일 때, ∠AIC의 크기는?

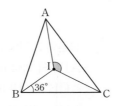

① 122°　　② 126°
③ 128°　　④ 132°
⑤ 130°

10 오른쪽 그림에서 점 I는 △ABC의 내심이다. ∠AEB=70°, ∠ADB=80° 일 때, ∠AIB의 크기를 구하시오.

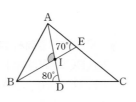

11 오른쪽 그림에서 점 I는 △ABC의 내심이다. $\overline{AB}$=5 cm, $\overline{BC}$=6 cm, $\overline{CA}$=4 cm일 때, △ABC와 △IBC의 넓이의 비는?

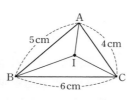

① 2:1　　② 3:1　　③ 3:2
④ 5:2　　⑤ 4:3

12 다음 그림에서 점 I는 △ABC의 내심이고 세 점 D, E, F는 각각 내접원과 $\overline{AB}$, $\overline{BC}$, $\overline{CA}$의 접점일 때, $\overline{AD}$ 의 길이를 구하시오.

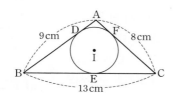

13 오른쪽 그림에서 점 I는 △ABC의 내심이다. 점 I를 지나고 $\overline{BC}$에 평행한 직선이 $\overline{AB}$, $\overline{AC}$와 만나는 점을 각각 D, E라 할 때, 다음 중 옳지 <u>않은</u> 것은?

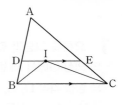

① $\overline{BI}=\overline{EI}$　　　　② $\overline{DE}=\overline{DB}+\overline{EC}$
③ ∠ABI=∠IBC　　④ ∠EIC=∠ECI
⑤ △DBI와 △ECI는 이등변삼각형이다.

14 다음 중 옳지 <u>않은</u> 것은?

① 삼각형의 외심에서 세 꼭짓점에 이르는 거리는 같다.
② 직각삼각형의 외접원의 지름은 빗변의 길이와 같다.
③ 삼각형의 내심은 세 내각의 이등분선의 교점이다.
④ 삼각형의 외심은 삼각형의 외부에 존재할 수도 있다.
⑤ 삼각형의 세 변의 수직이등분선의 교점은 삼각형의 내접원의 중심이다.

15 오른쪽 그림에서 점 O와 점 I는 각각 △ABC의 외심과 내심이다. ∠BOC=100°일 때, ∠BIC의 크기를 구하시오.

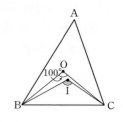

16 오른쪽 그림에서 점 O, I는 각각 ∠C=90°인 직각삼각형 ABC의 외심, 내심이다. $\overline{AB}$=10 cm, $\overline{BC}$=6 cm, $\overline{AC}$=8 cm일 때, △ABC의 외접원과 내접원의 둘레의 길이의 차를 구하시오.

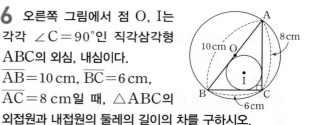

서술형 문제

17 오른쪽 그림에서 점 O는 △ABC의 외심이다. ∠ABO=25°, ∠ACO=35°일 때, ∠x − ∠y의 크기를 구하시오.

(단, 풀이 과정을 자세히 쓰시오.)

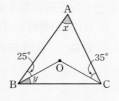

풀이 과정 |

답 |

18 오른쪽 그림에서 점 O는 △ABC의 외심이다. ∠BAC=32°, ∠CAO=28°일 때, ∠ABC의 크기를 구하시오.

(단, 풀이 과정을 자세히 쓰시오.)

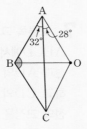

풀이 과정 |

답 |

19 오른쪽 그림에서 원 I는 ∠C=90°인 직각삼각형 ABC의 내접원이다. $\overline{AB}$=5 cm, $\overline{BC}$=4 cm, $\overline{CA}$=3 cm일 때, △IAB의 넓이를 구하시오. (단, 풀이 과정을 자세히 쓰시오.)

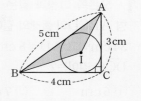

풀이 과정 |

답 |

20 오른쪽 그림에서 점 I 는 △ABC의 내심이고, 세 점 D, E, F는 각각 내접원과 $\overline{AB}$, $\overline{BC}$, $\overline{CA}$의 접점이다. 내접원 I의 반지름의 길이가 3 cm일 때, △ABC의 넓이를 구하시오.

(단, 풀이 과정을 자세히 쓰시오.)

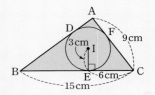

풀이 과정 |

답 |

1 오른쪽 그림과 같은 평행사변형 ABCD의 둘레의 길이가 34 cm이고 $\overline{AD}=8$ cm일 때, $\overline{DC}$의 길이는?

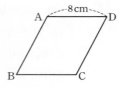

① 6 cm   ② 7 cm   ③ 8 cm
④ 9 cm   ⑤ 10 cm

2 오른쪽 그림과 같은 평행사변형 ABCD에서 $x+y$의 값을 구하시오.

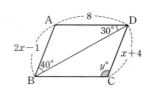

3 오른쪽 그림과 같은 평행사변형 ABCD에서 ∠A의 이등분선이 $\overline{BC}$와 만나는 점을 E라 하자. $\overline{AB}=7$ cm, $\overline{EC}=3$ cm일 때, $\overline{AD}$의 길이를 구하시오.

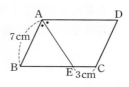

4 오른쪽 그림과 같이 $\overline{AB}=\overline{AC}$인 이등변삼각형 ABC에서 $\overline{AQ} /\!/ \overline{RP}$, $\overline{QP} /\!/ \overline{AR}$일 때, $\overline{PQ}+\overline{PR}$의 길이를 구하시오.

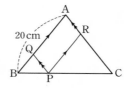

5 오른쪽 그림과 같은 평행사변형 ABCD에서 ∠B : ∠C=2 : 3일 때, ∠A의 크기는?

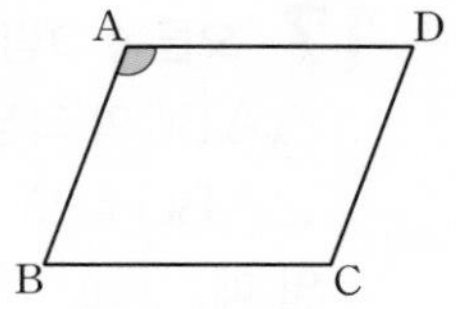

① 102°   ② 104°
③ 106°   ④ 108°
⑤ 110°

6 오른쪽 그림과 같은 평행사변형 ABCD에서 ∠A와 ∠B의 이등분선이 만나는 점을 P라 할 때, ∠APB의 크기를 구하시오.

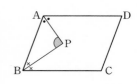

7 오른쪽 그림과 같은 평행사변형 ABCD에서 ∠B, ∠C의 이등분선과 $\overline{AD}$의 교점을 각각 E, F라 하고, $\overline{CD}$의 연장선과 $\overline{BE}$의 연장선의 교점을 G, $\overline{CF}$와 $\overline{BG}$의 교점을 H라 하자. ∠DGE=40°일 때, ∠EFH의 크기를 구하시오.

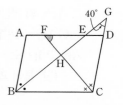

8 다음 중 □ABCD가 평행사변형이 되는 것은?
(단, 점 O는 두 대각선의 교점이다.)

① ∠A=100°, ∠B=80°, ∠C=100°
② $\overline{AB} /\!/ \overline{DC}$, $\overline{AB}=5$ cm, $\overline{AD}=5$ cm
③ $\overline{AO}=5$ cm, $\overline{BO}=5$ cm, $\overline{CO}=6$ cm, $\overline{DO}=6$ cm
④ $\overline{AB}=4$ cm, $\overline{DC}=4$ cm, $\overline{AD} /\!/ \overline{BC}$
⑤ ∠B=∠C, $\overline{AB}=6$ cm, $\overline{BC}=6$ cm

9 오른쪽 그림과 같은 □ABCD가 평행사변형이 되도록 하는 x, y의 값을 각각 구하시오.

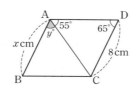

서술형 문제

13 오른쪽 그림과 같은 평행사변형 ABCD에서 ∠A의 이등분선이 $\overline{DC}$의 연장선과 만나는 점을 E라 하자. $\overline{AB}=9\,cm$, $\overline{AD}=12\,cm$ 일 때, $\overline{CE}$의 길이를 구하시오.

(단, 풀이 과정을 자세히 쓰시오.)

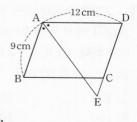

풀이 과정 |

답 |

10 오른쪽 그림과 같은 평행사변형 ABCD에서 $\overline{AE}=\overline{CF}$일 때, 다음 중 □EBFD가 평행사변형이 되는 조건으로 가장 알맞은 것은?

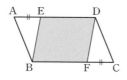

① $\overline{AB}=\overline{DC}$, $\overline{AB}\,/\!/\,\overline{DC}$
② $\overline{EB}=\overline{DF}$, $\overline{ED}\,/\!/\,\overline{BF}$
③ $\overline{EB}=\overline{ED}$, $\overline{ED}\,/\!/\,\overline{BF}$
④ $\overline{ED}=\overline{BF}$, $\overline{EB}\,/\!/\,\overline{DF}$
⑤ $\overline{ED}=\overline{BF}$, $\overline{ED}\,/\!/\,\overline{BF}$

11 오른쪽 그림과 같은 평행사변형 ABCD에서 $\overline{BC}$와 $\overline{DC}$의 연장선 위에 각각 $\overline{BC}=\overline{CE}$, $\overline{DC}=\overline{CF}$가 되도록 두 점 E, F를 잡았다. △AOB의 넓이가 $4\,cm^2$일 때, □BFED의 넓이를 구하시오. (단, 점 O는 두 대각선의 교점이다.)

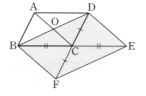

14 오른쪽 그림과 같이 넓이가 $60\,cm^2$인 평행사변형 ABCD에서 두 대각선의 교점 O를 지나는 직선과 $\overline{AB}$, $\overline{CD}$의 교점을 각각 E, F라 할 때, 색칠한 부분의 넓이를 구하시오. (단, 풀이 과정을 자세히 쓰시오.)

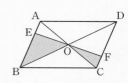

풀이 과정 |

답 |

12 오른쪽 그림과 같은 평행사변형 ABCD의 내부의 한 점 P에 대하여 △PDA=$15\,cm^2$, □ABCD=$60\,cm^2$일 때, △PBC의 넓이는?

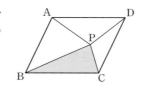

① $15\,cm^2$　　② $20\,cm^2$　　③ $24\,cm^2$
④ $26\,cm^2$　　⑤ $30\,cm^2$

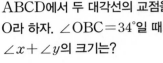

1 오른쪽 그림과 같은 직사각형 ABCD에서 두 대각선의 교점을 O라 하자. ∠OBC=34°일 때, ∠x+∠y의 크기는?

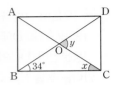

① 100° ② 102° ③ 104°
④ 106° ⑤ 108°

2 다음 중 오른쪽 그림과 같은 평행사변형 ABCD가 직사각형이 되기 위한 조건으로 옳지 <u>않은</u> 것은? (단, 점 O는 두 대각선의 교점이다.)

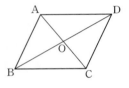

① ∠A=∠B ② $\overline{AC}=\overline{BD}$ ③ $\overline{AO}=\overline{BO}$
④ $\overline{AC}\perp\overline{BD}$ ⑤ ∠C=90°

3 오른쪽 그림과 같이 마름모 ABCD의 꼭짓점 A에서 $\overline{BC}$, $\overline{CD}$에 내린 수선의 발을 각각 P, Q라 하자. ∠B=80°일 때, ∠AQP의 크기를 구하시오.

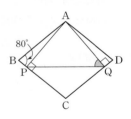

4 오른쪽 그림과 같은 평행사변형 ABCD에서 $\overline{AB}=\overline{BC}$이고 ∠DBC=30°일 때, ∠OCD의 크기를 구하시오.

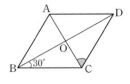

5 오른쪽 그림과 같은 정사각형 ABCD에서 $\overline{AD}=\overline{AE}$이고 ∠ABE=40°일 때, ∠EAD의 크기는?

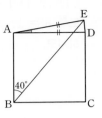

① 6° ② 8°
③ 10° ④ 12°
⑤ 15°

6 오른쪽 그림과 같이 한 변의 길이가 4 cm인 정사각형 ABCD의 $\overline{DC}$ 위의 한 점 F에서 $\overline{BD}$에 내린 수선의 발을 E라 하자. $\overline{BC}=\overline{BE}$일 때, $\overline{DE}+\overline{DF}$의 길이를 구하시오.

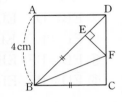

7 오른쪽 그림과 같이 $\overline{AD}$ // $\overline{BC}$인 등변사다리꼴 ABCD에서 $\overline{AD}=\overline{DC}$이고 ∠BAC=75°일 때, ∠x의 크기를 구하시오.

8 오른쪽 그림과 같은 정사각형 ABCD의 각 변 위에 $\overline{EB}=\overline{FC}=\overline{GD}=\overline{HA}$가 되도록 네 점 E, F, G, H를 잡을 때, ∠EHF의 크기를 구하시오.

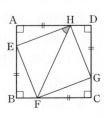

9 아래 그림은 여러 가지 사각형 사이의 관계를 나타낸 것이다. 다음 중 ㉠, ㉡에 들어갈 조건으로 알맞은 것은?

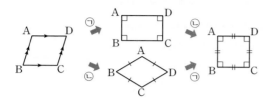

① ㉠ $\overline{AB}=\overline{AD}$, ㉡ $\angle B=90°$
② ㉠ $\overline{AB}=\overline{BC}$, ㉡ $\overline{AC}\perp\overline{BD}$
③ ㉠ $\overline{AC}\perp\overline{BD}$, ㉡ $\overline{AC}=\overline{BD}$
④ ㉠ $\angle A=90°$, ㉡ $\overline{AB}=\overline{BC}$
⑤ ㉠ $\angle A=90°$, ㉡ $\overline{AC}=\overline{BD}$

10 다음 중 정사각형이 될 수 <u>없는</u> 것은?

① 두 대각선이 서로 수직인 직사각형
② 네 변의 길이가 같고, 두 대각선의 길이가 같은 사각형
③ 이웃하는 두 변의 길이가 같은 평행사변형
④ 이웃하는 두 내각의 크기가 같은 마름모
⑤ 두 대각선의 길이가 같고, 서로 다른 것을 수직이등분하는 사각형

11 다음 보기에서 두 대각선의 길이가 같은 사각형을 모두 고르시오.

┌─ 보기 ────────────────────┐
ㄱ. 평행사변형   ㄴ. 직사각형   ㄷ. 마름모
ㄹ. 정사각형   ㅁ. 사다리꼴   ㅂ. 등변사다리꼴
└───────────────────────────┘

12 오른쪽 그림과 같은 직사각형 ABCD에서 각 변의 중점을 E, F, G, H라 할 때, □EFGH는 어떤 사각형인가?

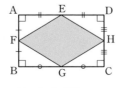

① 마름모   ② 직사각형   ③ 사다리꼴
④ 정사각형   ⑤ 등변사다리꼴

13 오른쪽 그림과 같이 □ABCD의 꼭짓점 D에서 $\overline{AC}$에 평행한 직선을 그어 $\overline{BC}$의 연장선과 만나는 점을 E라 하고, $\overline{AE}$와 $\overline{DC}$의 교점을 F라 할 때, 다음 중 옳지 <u>않은</u> 것은?

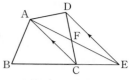

① $\triangle ACD=\triangle ACE$ ② $\triangle AFD=\triangle CEF$
③ $\square ABCD=\triangle ABE$ ④ $\triangle AED=\triangle CED$
⑤ $\triangle ACF=\triangle DEF$

14 오른쪽 그림과 같은 □ABCD의 꼭짓점 D에서 $\overline{AC}$와 평행한 직선을 그어 $\overline{BC}$의 연장선과 만나는 점을 E라 하자. $\triangle ACE=12 \text{ cm}^2$이고 $\overline{BC}:\overline{CE}=5:4$일 때, □ABCD의 넓이를 구하시오.

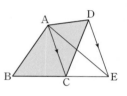

15 오른쪽 그림과 같이 $\overline{AD}/\!/\overline{BC}$인 사다리꼴 ABCD에서 $\triangle ABC=24 \text{ cm}^2$이고 $\triangle OBC=15 \text{ cm}^2$일 때, $\triangle DOC$의 넓이를 구하시오.

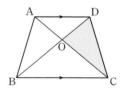

16 오른쪽 그림과 같은 평행사변형 ABCD에서 $\triangle ABF=20 \text{ cm}^2$, $\triangle BCE=16 \text{ cm}^2$일 때, $\triangle DFE$의 넓이를 구하시오.

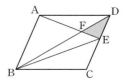

17 오른쪽 그림과 같은 직사 각형 ABCD에서 $\overline{BE}$, $\overline{DF}$는 각각 ∠ABD, ∠BDC의 이 등분선이다. □EBFD가 마 름모일 때, ∠BED의 크기를 구하시오.

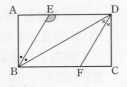

(단, 풀이 과정을 자세히 쓰시오.)

풀이 과정 |

답 |

18 오른쪽 그림과 같이 $\overline{AD} /\!/ \overline{BC}$인 등변사다리꼴 ABCD에서 $\overline{AB}=8\,cm$, $\overline{AD}=5\,cm$이고 ∠B=60° 일 때, □ABCD의 둘레의 길이를 구하시오.

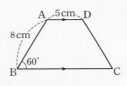

(단, 풀이 과정을 자세히 쓰시오.)

풀이 과정 |

답 |

19 오른쪽 그림과 같은 평행 사변형 ABCD에서 네 내각 의 이등분선의 교점을 각각 E, F, G, H라 할 때, □EFGH는 어떤 사각형인지 말하시오.

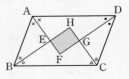

(단, 풀이 과정을 자세히 쓰시오.)

풀이 과정 |

답 |

20 오른쪽 그림과 같은 △ABC에서 $\overline{BD}:\overline{CD}=3:2$이고, $\overline{AP}=\overline{PQ}=\overline{QD}$이다. △ABC$=45\,cm^2$일 때, △PBQ의 넓이를 구하시오.

(단, 풀이 과정을 자세히 쓰시오.)

풀이 과정 |

답 |

1 아래 그림에서 △ABC∽△DFE일 때, 다음 중 옳지 <u>않은</u> 것은?

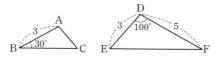

① ∠A=100° ② ∠E=50°
③ ∠F=30°   ④ $\overline{AC}$=2
⑤ $\overline{BC}$: $\overline{FE}$=3 : 5

2 오른쪽 그림과 같은 직사각형 ABCD에서 두 점 E, F는 각각 $\overline{AD}$, $\overline{BC}$ 위의 점이고, □ABCD∽□DEFC이다. $\overline{AD}$=12 cm, $\overline{DC}$=8 cm 일 때, $\overline{AE}$의 길이를 구하시오.

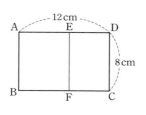

3 다음 그림에서 두 원기둥이 서로 닮은 도형일 때, 큰 원기둥의 밑면의 둘레의 길이는?

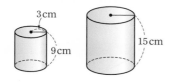

① 8π cm ② 10π cm ③ 11π cm
④ 12π cm ⑤ 13π cm

4 오른쪽 그림에서
△ABC∽△ADE이고
$\overline{AB}$=6 cm, $\overline{AD}$=15 cm이다.
△ABC의 넓이가 12 cm²일 때,
△ADE의 넓이를 구하시오.

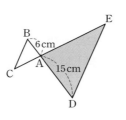

5 다음 그림에서 두 원뿔 A, B는 닮은 도형이다. 원뿔 A의 부피가 27π cm³일 때, 원뿔 B의 부피를 구하시오.

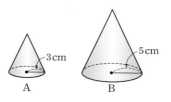

6 오른쪽 그림과 같은 원뿔 모양의 그릇에 물 16 mL를 부었더니 그릇 높이의 $\frac{2}{3}$가 되었다. 그릇에 물을 가득 채우려면 물을 얼마나 더 부어야 하는지 구하시오.
(단, 그릇의 두께는 생각하지 않는다.)

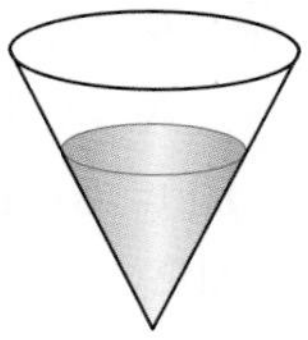

7 다음 중 오른쪽 그림의 △ABC와 △DEF가 서로 닮은 도형이 되는 조건이 <u>아닌</u> 것은?

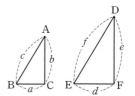

① ∠A=∠D, ∠B=∠E
② ∠A=∠D, ∠C=∠F
③ $\frac{a}{d}=\frac{b}{e}=\frac{c}{f}$
④ $\frac{a}{d}=\frac{b}{e}$, ∠B=∠E
⑤ $\frac{a}{d}=\frac{c}{f}$, ∠B=∠E

8 오른쪽 그림과 같은 △ABC 에서 $\overline{AC}$의 길이는?

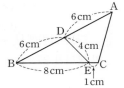

① $\dfrac{24}{5}$ cm ② 5 cm

③ $\dfrac{27}{5}$ cm ④ 6 cm

⑤ $\dfrac{13}{2}$ cm

12 오른쪽 그림과 같이 ∠B=90°인 직각삼각형 ABC 에서 $\overline{AC}$ 위의 점 D를 지나고 $\overline{AC}$와 수직인 직선이 $\overline{AB}$와 만나는 점을 E, $\overline{BC}$의 연장선과 만나는 점을 F라 할 때, 다음 보기에서 옳은 것을 모두 고르시오.

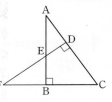

┌─ 보기 ─
ㄱ. △ABC와 닮은 삼각형은 모두 2개이다.
ㄴ. △ABC∽△ADE
ㄷ. △ABC∽△FDC
ㄹ. △ADE∽△FBE
└─

9 오른쪽 그림과 같은 △ABC에서 ∠A=∠BCD이고 $\overline{AD}$=9 cm, $\overline{BD}$=3 cm일 때, $\overline{BC}$의 길이를 구하시오.

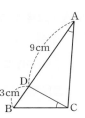

13 오른쪽 그림과 같이 ∠A=90°인 직각삼각형 ABC에서 점 G는 $\overline{BC}$의 중점이고, $\overline{AD}⊥\overline{BC}$, $\overline{AG}⊥\overline{DH}$이다. $\overline{BD}$=4 cm, $\overline{DC}$=16 cm일 때, $\overline{AH}$의 길이를 구하시오.

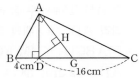

10 오른쪽 그림과 같은 평행사변형 ABCD에서 $\overline{AO}$=6 cm, $\overline{CO}$=8 cm, $\overline{BC}$=12 cm 일 때, $\overline{ED}$의 길이를 구하시오.

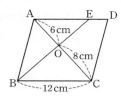

14 다음 그림은 강의 폭을 구하기 위해 필요한 거리를 잰 것이다. $\overline{AD}$와 $\overline{BE}$의 교점 C에 대하여 $\overline{BC}$=24 m, $\overline{CE}$=6 m, $\overline{DE}$=3 m일 때, 강의 폭인 $\overline{AB}$의 거리를 구하시오.

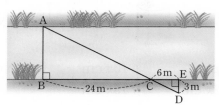

11 오른쪽 그림과 같이 ∠A=90°인 직각삼각형 ABC에서 점 M은 $\overline{BC}$의 중점이고 $\overline{DM}⊥\overline{BC}$일 때, $\overline{AC}$의 길이를 구하시오.

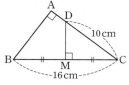

15 오른쪽 그림은 직사각형 모양의 종이를 $\overline{CF}$를 접는 선으로 하여 점 B가 $\overline{AD}$ 위의 점 E에 오도록 접은 것이다. $\overline{AF}$=6 cm, $\overline{AE}$=8 cm, $\overline{CD}$=16 cm일 때, $\overline{CE}$의 길이를 구하시오.

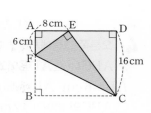

서술형 문제

16 다음 그림에서 △ABC∽△DEF이고 △ABC와 △DEF의 닮음비가 3 : 2일 때, △ABC의 둘레의 길이를 구하시오.

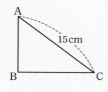
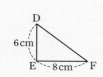

풀이 과정 │

답 │

17 반지름의 길이가 9 cm인 구 모양의 쇠구슬 한 개를 녹여서 반지름의 길이가 3 cm인 구 모양의 쇠구슬을 최대 몇 개까지 만들 수 있는지 구하시오.

(단, 풀이 과정을 자세히 쓰시오.)

풀이 과정 │

답 │

18 오른쪽 그림과 같은 △ABC에서 ∠A=∠DEC이고 $\overline{AD}$=1 cm, $\overline{CD}$=5 cm, $\overline{CE}$=4 cm일 때, $\overline{BE}$의 길이를 구하시오. (단, 풀이 과정을 자세히 쓰시오.)

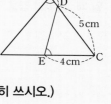

풀이 과정 │

답 │

19 오른쪽 그림과 같은 직사각형 ABCD에서 $\overline{AH}\perp\overline{BD}$이고 $\overline{BH}$=9 cm, $\overline{DH}$=16 cm일 때, □ABCD의 넓이를 구하시오. (단, 풀이 과정을 자세히 쓰시오.)

풀이 과정 │

답 │

1 오른쪽 그림에서 $\overline{BC} \parallel \overline{DE}$
일 때, x, y의 값을 각각 구하시오.

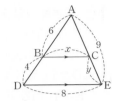

2 오른쪽 그림과 같은 평행사
변형 ABCD에서 점 M은 $\overline{BC}$
의 중점이고 $\overline{BD}=18$일 때,
$\overline{BP}$의 길이를 구하시오.

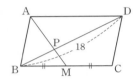

3 오른쪽 그림에서
$\overline{BC} \parallel \overline{DE}$, $\overline{CE} \parallel \overline{PQ}$이고
$\overline{BQ}=12$, $\overline{QC}=8$, $\overline{EA}=6$,
$\overline{ED}=8$일 때, $\overline{PQ}$의 길이를 구하
시오.

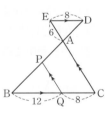

4 오른쪽 그림과 같은 △ABC에
서 $\overline{BC} \parallel \overline{DE}$, $\overline{DC} \parallel \overline{FE}$이고
$\overline{AD}=9\,\text{cm}$, $\overline{BD}=6\,\text{cm}$일 때,
$\overline{AF}$의 길이를 구하시오.

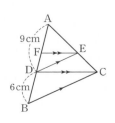

5 다음 중에서 $\overline{BC} \parallel \overline{DE}$가 <u>아닌</u> 것을 모두 고르면?
(정답 2개)

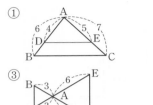

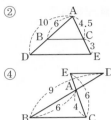

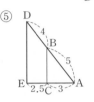

6 오른쪽 그림과 같은 △ABC
에서 $\overline{AD}$는 ∠A의 이등분선이
다. $\overline{AB}=5\,\text{cm}$, $\overline{AC}=8\,\text{cm}$
이고 △ABD$=10\,\text{cm}^2$일 때,
△ADC의 넓이를 구하시오.

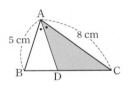

7 오른쪽 그림과 같은
△ABC에서 ∠A의 외각의
이등분선이 $\overline{BC}$의 연장선과 만
나는 점을 D라 하자.
$\overline{AB}=10$, $\overline{AC}=6$, $\overline{CD}=12$일 때, x의 값을 구하시오.

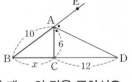

8 오른쪽 그림에서 두 점 M,
N은 각각 $\overline{BD}$, $\overline{CD}$의 중점이고,
$\overline{AD} \parallel \overline{BC}$이다. $\overline{AD}=6$,
$\overline{BC}=12$일 때, $\overline{MP}$의 길이를
구하시오.

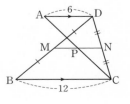

9 오른쪽 그림에서 점 C는 $\overline{BG}$의 중점이고, $\overline{DC} /\!/ \overline{EG}$이다. $\overline{DC}=6$, $\overline{EF}=4$일 때, $\overline{FG}$의 길이는?

① 4   ② 5
③ 6   ④ 7
⑤ 8

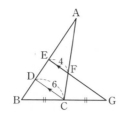

10 오른쪽 그림과 같은 △ABC에서 두 점 E, F는 각각 $\overline{AB}$의 삼등분점이고, $\overline{AP}=\overline{PD}$이다. $\overline{EP}=3$일 때, x의 값은?

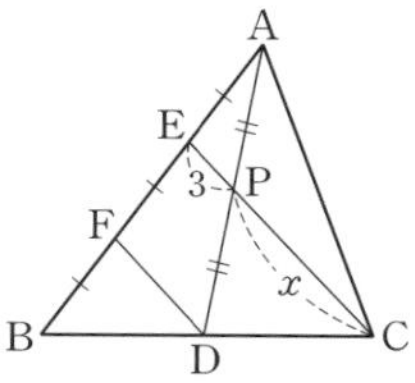

① 6   ② 8
③ 9   ④ 12
⑤ 15

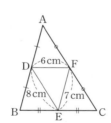

11 오른쪽 그림과 같이 △ABC에서 세 변의 중점을 각각 D, E, F라 하자. $\overline{DE}=8\,cm$, $\overline{EF}=7\,cm$, $\overline{FD}=6\,cm$일 때, △ABC의 둘레의 길이를 구하시오.

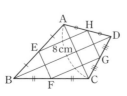

12 오른쪽 그림과 같은 □ABCD에서 $\overline{AB}$, $\overline{BC}$, $\overline{CD}$, $\overline{DA}$의 중점을 각각 E, F, G, H라 하자. □EFGH의 둘레의 길이가 $22\,cm$이고 $\overline{AC}=8\,cm$일 때, $\overline{BD}$의 길이를 구하시오.

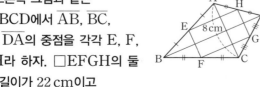

13 오른쪽 그림에서 $l /\!/ m /\!/ n$일 때, xy의 값은?

① 11   ② 12
③ 13   ④ 14
⑤ 15

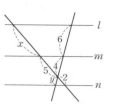

14 오른쪽 그림과 같은 사다리꼴 ABCD에서 $\overline{AD} /\!/ \overline{EF} /\!/ \overline{BC}$이고 점 P는 $\overline{AC}$와 $\overline{EF}$의 교점일 때, x, y의 값을 각각 구하시오.

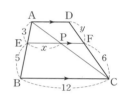

15 오른쪽 그림과 같이 $\overline{AD} /\!/ \overline{BC}$인 사다리꼴 ABCD에서 점 O는 두 대각선의 교점이고, $\overline{PQ}$는 점 O를 지난다. $\overline{PQ} /\!/ \overline{BC}$일 때, $\overline{PO}$의 길이를 구하시오.

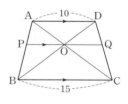

16 오른쪽 그림에서 $\overline{AB} /\!/ \overline{EF} /\!/ \overline{DC}$이고 $\overline{AB}=6$, $\overline{DC}=9$, $\overline{BC}=10$일 때, $\overline{BF}$의 길이를 구하시오.

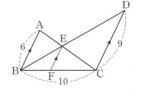

서술형 문제

17 다음 그림과 같은 △ABC에서 $\overline{AD}$는 ∠A의 이 등분선이고 $\overline{AE}$는 ∠A의 외각의 이등분선일 때, $\overline{DE}$ 의 길이를 구하시오. (단, 풀이 과정을 자세히 쓰시오.)

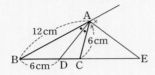

풀이 과정 |

답 |

18 오른쪽 그림에서 $\overline{DA}=\overline{AB}$, $\overline{AG}=\overline{GC}$이고 $\overline{EC}=8$일 때, $\overline{BE}$의 길이를 구하시오. (단, 풀이 과정을 자 세히 쓰시오.)

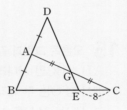

풀이 과정 |

답 |

19 오른쪽 그림과 같이 $\overline{AD}$∥$\overline{BC}$인 사다리꼴 ABCD 에서 $\overline{AB}$, $\overline{DC}$의 중점을 각각 M, N이라 하고, $\overline{BD}$, $\overline{AC}$가 $\overline{MN}$과 만나는 점을 각각 P, Q 라 하자. $\overline{AD}=8$, $\overline{PQ}=3$일 때, $\overline{BC}$의 길이를 구하시 오. (단, 풀이 과정을 자세히 쓰시오.)

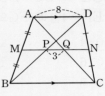

풀이 과정 |

답 |

20 오른쪽 그림과 같이 $\overline{AD}$∥$\overline{BC}$인 사다리꼴 ABCD에서 $\overline{PQ}$∥$\overline{BC}$이고 $\overline{AP}:\overline{PB}=2:1$일 때, $\overline{PQ}$의 길이를 구하시오.

(단, 풀이 과정을 자세히 쓰시오.)

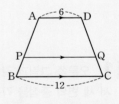

풀이 과정 |

답 |

1 오른쪽 그림과 같이 $\angle C = 90°$인 직각삼각형 ABC에서 점 D는 $\overline{AB}$의 중점이고, 점 G는 $\triangle ABC$의 무게중심이다. $\overline{AB} = 14 \, cm$일 때, $\overline{CG}$의 길이를 구하시오.

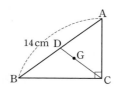

2 오른쪽 그림에서 두 점 G, G'은 각각 $\triangle ABC$, $\triangle GBC$의 무게중심이다. $\overline{AG} = 12 \, cm$일 때, $\overline{GG'}$의 길이를 구하시오.

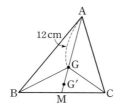

3 오른쪽 그림에서 점 G는 $\triangle ABC$의 무게중심이고, 점 E는 $\overline{DC}$의 중점이다. $\overline{FE} = 6 \, cm$일 때, $\overline{GD}$의 길이는?

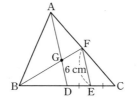

① $3 \, cm$ ② $\dfrac{7}{2} \, cm$

③ $4 \, cm$ ④ $\dfrac{9}{2} \, cm$

⑤ $5 \, cm$

4 오른쪽 그림에서 점 G는 $\triangle ABC$의 무게중심이고 $\overline{MN} /\!/ \overline{BC}$일 때, $\overline{MG}$의 길이를 구하시오.

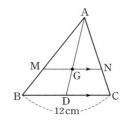

5 오른쪽 그림에서 점 G는 $\triangle ABC$의 무게중심이다. $\overline{EF} /\!/ \overline{BC}$이고, $\overline{AD} = 18 \, cm$일 때, $\overline{FG}$의 길이를 구하시오.

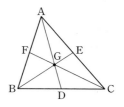

6 오른쪽 그림과 같이 $\triangle ABC$의 세 중선의 교점을 G라 할 때, 다음 중 옳지 <u>않은</u> 것은?

① $\overline{AG} : \overline{GD} = 2 : 1$

② $\overline{AG} = \overline{BG} = \overline{CG}$

③ $\triangle ABD = \triangle ADC$

④ $\triangle ABG = \dfrac{1}{3} \triangle ABC$

⑤ $\triangle ABC = 6 \triangle GBD$

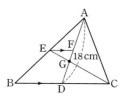

7 오른쪽 그림과 같은 $\triangle ABC$에서 두 점 D, E는 각각 $\overline{AB}$, $\overline{AC}$의 중점이고 $\triangle ABC = 72 \, cm^2$일 때, $\triangle DFE$의 넓이는?

① $6 \, cm^2$ ② $8 \, cm^2$

③ $12 \, cm^2$ ④ $18 \, cm^2$

⑤ $24 \, cm^2$

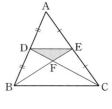

8 오른쪽 그림과 같은 $\triangle ABC$에서 점 D는 $\overline{BC}$의 중점이고, 두 점 E, F는 각각 $\overline{AC}$의 삼등분점이다. $\triangle ABC = 45 \, cm^2$일 때, $\triangle PBD$의 넓이를 구하시오.

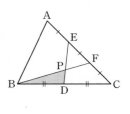

9 오른쪽 그림에서 점 G는 △ABC의 무게중심이다. △BDG=4 cm²일 때, △EDC의 넓이를 구하시오.

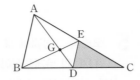

10 오른쪽 그림에서 두 점 G, G′은 각각 △ABC, △GBC의 무게중심이다. △ABC=54 cm²일 때, △GBG′의 넓이를 구하시오.

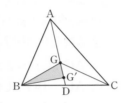

11 오른쪽 그림과 같은 평행사변형 ABCD에서 세 점 E, F, G는 각각 $\overline{BC}$, $\overline{CD}$, $\overline{DA}$의 중점이다. $\overline{BD}=12$ cm일 때, $\overline{PQ}$의 길이를 구하시오.

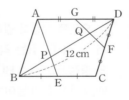

12 오른쪽 그림과 같은 직사각형 ABCD에서 두 점 E, F는 각각 $\overline{AD}$, $\overline{DC}$의 중점이다. $\overline{BE}$, $\overline{BF}$와 대각선 AC의 교점을 각각 G, H라 할 때, △AGE의 넓이를 구하시오.

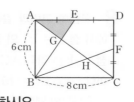

13 오른쪽 그림에서 점 G는 △ABC의 무게중심이다. $\overline{BD}=\overline{DG}$, $\overline{GE}=\overline{EC}$이고 △ABC의 넓이가 30 cm²일 때, 색칠한 부분의 넓이를 구하시오.

(단, 풀이 과정을 자세히 쓰시오.)

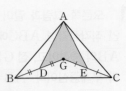

풀이 과정 |

답 |

14 오른쪽 그림과 같은 평행사변형 ABCD에서 $\overline{BC}$, $\overline{CD}$의 중점을 각각 M, N이라 하자. □ABCD의 넓이가 36 cm²일 때, 색칠한 부분의 넓이를 구하시오.

(단, 풀이 과정을 자세히 쓰시오.)

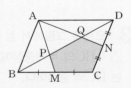

풀이 과정 |

답 |

1 오른쪽 그림과 같은 직각삼각형 ABC에서 $\overline{BC}=12\,cm$이고 △ABC의 넓이가 $30\,cm^2$일 때, $\overline{AB}$의 길이를 구하시오.

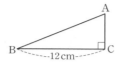

2 오른쪽 그림과 같이 $\angle A=90°$이고 $\overline{AB}=3\,cm$, $\overline{AC}=4\,cm$인 직각삼각형 ABC에서 $\overline{BC}$를 지름으로 하는 반원을 그렸을 때, 색칠한 부분의 넓이를 구하시오.

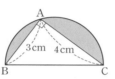

3 오른쪽 그림과 같은 직각삼각형 ABC에서 $x+y$의 값을 구하시오.

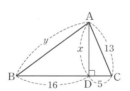

4 오른쪽 그림과 같이 $\angle A=90°$인 직각삼각형 ABC에서 $\overline{AD}\perp\overline{BC}$일 때, $y-x$의 값을 구하시오.

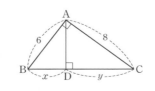

5 오른쪽 그림과 같은 □ABCD에서 $\overline{AD}=9$, $\overline{BC}=15$, $\overline{CD}=10$일 때, 대각선 AC의 길이를 구하시오.

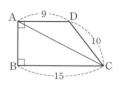

6 오른쪽 그림은 직각삼각형 ABC의 세 변을 각각 한 변으로 하는 정사각형을 그린 것이다. 점 A에서 $\overline{BC}$, $\overline{DE}$에 내린 수선의 발을 각각 J, K라 할 때, 다음 중 옳지 <u>않은</u> 것은?

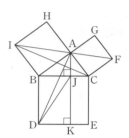

① △IBA=△IBC

② △ABD=△JBD

③ △ACF=△ABC

④ □AHIB=□BDKJ

⑤ △ACF=$\frac{1}{2}$□JKEC

7 오른쪽 그림과 같은 정사각형 ABCD에서 $\overline{AE}=\overline{BF}=\overline{CG}=\overline{DH}=5\,cm$, □EFGH$=169\,cm^2$일 때, □ABCD의 넓이를 구하시오.

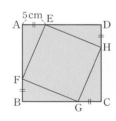

8 오른쪽 그림에서 □ABCD는 정사각형이고, 4개의 직각삼각형은 모두 합동이다. □ABCD$=29\,\text{cm}^2$, $\overline{\text{AH}}=2\,\text{cm}$일 때, □EFGH의 넓이를 구하시오.

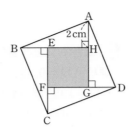

9 세 변의 길이가 각각 3, 5, x인 삼각형이 직각삼각형이 되도록 하는 x^2의 값을 모두 고르면? (정답 2개)

① 12　　② 16　　③ 20
④ 28　　⑤ 34

10 다음 중 세 변의 길이와 삼각형의 종류를 짝 지은 것으로 옳지 <u>않은</u> 것은?

① 2, 3, 4 – 둔각삼각형
② 4, 5, 6 – 둔각삼각형
③ 6, 8, 10 – 직각삼각형
④ 8, 11, 12 – 예각삼각형
⑤ 9, 12, 15 – 직각삼각형

11 오른쪽 그림과 같이 ∠B$=90°$인 직각삼각형 ABC에서 $\overline{\text{AE}}=6$, $\overline{\text{CD}}=8$, $\overline{\text{DE}}=4$일 때, x^2의 값을 구하시오.

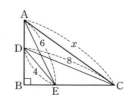

12 오른쪽 그림과 같은 ABCD에서 점 O는 $\overline{\text{AC}}$와 $\overline{\text{BD}}$의 교점이고 $\overline{\text{AC}}\perp\overline{\text{BD}}$일 때, x^2+y^2의 값을 구하시오.

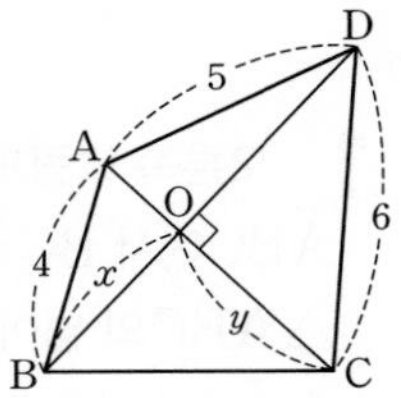

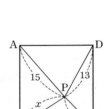

13 오른쪽 그림과 같이 직사각형 ABCD의 내부에 한 점 P가 있다. $\overline{\text{AP}}=15$, $\overline{\text{CP}}=9$, $\overline{\text{DP}}=13$일 때, x^2의 값을 구하시오.

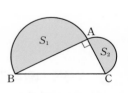

14 오른쪽 그림과 같이 ∠A$=90°$인 직각삼각형 ABC에서 $\overline{\text{AB}}$, $\overline{\text{AC}}$를 각각 지름으로 하는 반원의 넓이를 S_1, S_2라 하자. $S_1=10\pi\,\text{cm}^2$, $S_2=\dfrac{5}{2}\pi\,\text{cm}^2$일 때, $\overline{\text{BC}}$의 길이를 구하시오.

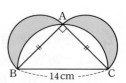

15 오른쪽 그림과 같이 ∠A$=90°$인 직각삼각형 ABC의 세 변을 각각 지름으로 하는 반원을 그렸다. $\overline{\text{BC}}=14\,\text{cm}$일 때, 색칠한 부분의 넓이를 구하시오.

서술형 문제

16 다음 그림과 같이 넓이가 각각 $144\,\text{cm}^2$, $9\,\text{cm}^2$, $1\,\text{cm}^2$인 세 정사각형 ABCD, CFGE, FIJH를 네 점 B, C, F, I가 한 직선 위에 있도록 이어 붙였을 때, $\overline{\text{AI}}$의 길이를 구하시오. (단, 풀이 과정을 자세히 쓰시오.)

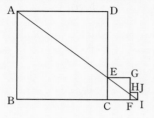

풀이 과정 |

답 |

17 오른쪽 그림에서 세 점 B, C, D는 한 직선 위에 있고 $\triangle \text{ABC} \equiv \triangle \text{CDE}$ 이다. $\overline{\text{AB}}=8\,\text{cm}$, $\triangle \text{ACE}=50\,\text{cm}^2$일 때, $\overline{\text{BD}}$의 길이를 구하시오. (단, 풀이 과정을 자세히 쓰시오.)

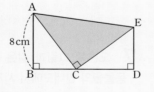

풀이 과정 |

답 |

18 오른쪽 그림에서 $\triangle \text{ABC}$는 $\angle \text{A}=90°$인 직각삼각형이고, $\square \text{BDEC}$는 정사각형이다. $\overline{\text{AB}}=8\,\text{cm}$, $\overline{\text{AC}}=6\,\text{cm}$일 때, 색칠한 부분의 넓이를 구하시오. (단, 풀이 과정을 자세히 쓰시오.)

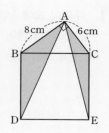

풀이 과정 |

답 |

19 오른쪽 그림과 같이 $\angle \text{A}=90°$인 직각삼각형 ABC에서 $\overline{\text{AD}}=3$, $\overline{\text{AE}}=3$, $\overline{\text{EC}}=2$일 때, $\overline{\text{BC}}^2 - \overline{\text{BE}}^2$의 값을 구하시오.

(단, 풀이 과정을 자세히 쓰시오.)

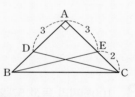

풀이 과정 |

답 |

다시 보는 핵심 문제

1 주머니 속에 1부터 20까지의 자연수가 각각 적혀 있는 구슬 20개가 들어 있다. 이 중에서 한 개를 임의로 꺼낼 때, 공에 적혀 있는 수가 8의 약수인 경우의 수는?

① 4   ② 5   ③ 6
④ 7   ⑤ 8

2 서로 다른 종류의 국어책 5권, 수학책 3권, 영어책 4권이 있다. 이 중에서 한 권을 선택하는 경우의 수는?

① 5   ② 7   ③ 10
④ 12   ⑤ 15

3 100원짜리 동전 5개와 50원짜리 동전 5개가 있을 때, 거스름돈 없이 450원짜리 물건의 값을 지불하는 경우의 수는?

① 2   ② 3   ③ 4
④ 5   ⑤ 6

4 서로 다른 두 개의 주사위를 동시에 던질 때, 나오는 두 눈의 수의 합이 8 또는 12가 되는 경우의 수는?

① 4   ② 6   ③ 7
④ 9   ⑤ 12

5 서로 다른 상자가 4개, 서로 다른 포장지가 5장이 있다. 어떤 선물을 상자에 담아 포장지로 포장할 수 있는 모든 경우의 수는?

① 9   ② 10   ③ 12
④ 15   ⑤ 20

6 1부터 20까지의 자연수가 각각 적힌 정이십면체 모양의 주사위를 두 번 던질 때, 바닥에 닿는 면에 적힌 눈의 수가 처음에는 3의 배수이고, 나중에는 5의 배수인 경우의 수를 구하시오.

7 오른쪽 그림과 같은 어느 동물원의 안내도에서 사자 우리에서 코끼리 우리까지 갈 수 있는 모든 방법의 수를 구하시오. (단, 같은 곳을 두 번 이상 지나지 않는다.)

8 7개의 전시관으로 구성된 박물관에서 3개의 전시관을 선택하여 관람 순서를 정하는 경우의 수를 구하시오.

9 a, b, c, d 4개의 문자를 사전식으로 $abcd$부터 $dcba$까지 배열할 때, $cbad$는 몇 번째에 있는지 구하시오.

10 부모님과 두 딸로 이루어진 4명의 가족이 나란히 서서 사진을 찍으려고 한다. 부모님이 서로 이웃하여 사진을 찍게 되는 경우의 수는?

① 12   ② 24   ③ 36

④ 48   ⑤ 60

11 1부터 6까지의 자연수를 이용하여 세 자리의 자연수를 만들려고 한다. 같은 숫자를 여러 번 사용해도 된다고 할 때, 만들 수 있는 세 자리의 자연수의 개수를 구하시오.

12 0, 1, 2, 3, 4, 5의 숫자가 각각 적힌 6장의 카드 중에서 3장을 동시에 뽑아 만들 수 있는 세 자리의 자연수 중 5의 배수의 개수를 구하시오.

13 네 개의 야구팀이 각각 서로 한 번씩 시합을 하려고 할 때, 모두 몇 번의 시합을 해야 하는가?

① 6번   ② 8번   ③ 10번

④ 12번   ⑤ 16번

14 남학생 2명과 여학생 4명 중에서 회장 1명, 부회장 2명을 뽑는 경우의 수는?

① 24   ② 30   ③ 36

④ 54   ⑤ 60

15 오른쪽 그림과 같이 한 원 위에 6개의 점이 있다. 이 중에서 세 점을 연결하여 만들 수 있는 삼각형의 개수는?

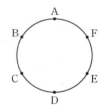

① 6개   ② 8개

③ 16개   ④ 18개

⑤ 20개

16 빨간색, 파란색, 노란색, 초록색 물감을 사용하여 오른쪽 그림과 같은 도형을 칠하려고 한다. A, B, C 영역에 모두 다른 색을 칠하는 경우의 수는?

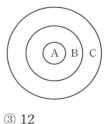

① 6   ② 9   ③ 12

④ 18   ⑤ 24

17 서로 다른 두 개의 주사위를 동시에 던질 때, 나오는 두 눈의 수의 차가 2 또는 5가 되는 경우의 수를 구하시오. (단, 풀이 과정을 자세히 쓰시오.)

풀이 과정 |

답 |

18 오른쪽 그림과 같은 모양의 도로가 있다. A 지점에서 P 지점을 거쳐 B 지점까지 최단 거리로 가는 모든 경우의 수를 구하시오. (단, 풀이 과정을 자세히 쓰시오.)

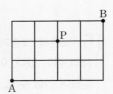

풀이 과정 |

답 |

19 M, A, G, I, C 5개의 문자를 일렬로 나열할 때, A 또는 C가 맨 앞에 오는 경우의 수를 구하시오. (단, 풀이 과정을 자세히 쓰시오.)

풀이 과정 |

답 |

20 A, B, C, D, E 5명의 학생 중에서 회장 1명과 대의원 2명을 뽑으려고 한다. 이때 B 또는 D가 회장으로 뽑히는 경우의 수를 구하시오. (단, 풀이 과정을 자세히 쓰시오.)

풀이 과정 |

답 |

1 1부터 10까지의 자연수가 각각 적힌 10장의 카드 중에서 한 장을 임의로 뽑을 때, 카드에 적힌 수가 4의 배수일 확률은?

① $\dfrac{1}{5}$ ② $\dfrac{1}{4}$ ③ $\dfrac{2}{5}$

④ $\dfrac{1}{2}$ ⑤ $\dfrac{3}{4}$

2 남학생 3명, 여학생 4명 중에서 대표 2명을 뽑을 때, 둘 다 여학생이 뽑힐 확률은?

① $\dfrac{2}{7}$ ② $\dfrac{3}{7}$ ③ $\dfrac{4}{7}$

④ $\dfrac{16}{21}$ ⑤ $\dfrac{19}{21}$

3 A, B, C, D, E 5명을 한 줄로 세울 때, A가 맨 앞에 서고, B, C가 이웃하여 서게 될 확률을 구하시오.

4 두 개의 주사위 A, B를 동시에 던질 때, 주사위 A에서 나오는 눈의 수를 x, 주사위 B에서 나오는 눈의 수를 y라 하자. 이때 $x+2y=7$일 확률을 구하시오.

5 다음 그림과 같이 수직선 위의 원점에 있는 점 P를 동전 한 개를 던져서 앞면이 나오면 양의 방향으로 2만큼, 뒷면이 나오면 음의 방향으로 1만큼 이동시킨다. 동전을 4번 던졌을 때, 점 P의 위치가 −1에 있을 확률을 구하시오.

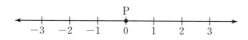

6 다음 중 옳지 않은 것은?

① 어떤 사건이 일어날 확률을 p라 하면 $0 \leq p \leq 1$이다.
② 어떤 사건이 일어날 확률이 p일 때, 그 사건이 일어나지 않을 확률은 $1-p$이다.
③ 동전 한 개를 던질 때, 앞면 또는 뒷면이 나올 확률은 1이다.
④ 한 개의 주사위를 던져서 나오는 눈의 수가 3보다 작은 소수일 확률은 0이다.
⑤ 10개의 제비 중 한 개를 임의로 뽑아 당첨될 확률이 1이면 당첨 제비는 10개가 들어 있는 것이다.

7 A, B 두 사람이 가위바위보를 할 때, A가 지지 않을 확률을 구하시오.

8 주머니 속에 모양과 크기가 같은 흰 구슬 5개, 검은 구슬 3개가 들어 있다. 이 주머니에서 2개의 구슬을 동시에 꺼낼 때, 적어도 한 개는 검은 구슬이 나올 확률을 구하시오.

다시 보는 핵심 문제

9 1부터 12까지의 자연수가 각각 적힌 정십이면체 모양의 주사위를 한 번 던질 때, 바닥에 닿는 면에 적힌 눈의 수가 3의 배수 또는 5의 배수일 확률은?

① $\dfrac{1}{2}$ ② $\dfrac{1}{3}$ ③ $\dfrac{1}{4}$

④ $\dfrac{1}{6}$ ⑤ $\dfrac{5}{6}$

10 동전 한 개와 주사위 한 개를 동시에 던질 때, 동전은 앞면이 나오고, 주사위는 5의 약수의 눈이 나올 확률은?

① $\dfrac{1}{2}$ ② $\dfrac{1}{3}$ ③ $\dfrac{1}{4}$

④ $\dfrac{1}{5}$ ⑤ $\dfrac{1}{6}$

11 오른쪽 그림은 반 대항 야구대회의 대진표이다. C반이 준결승에 진출한 상황에서 C반과 D반이 결승에서 만날 확률을 구하시오.
(단, 각 반이 이길 확률은 모두 같고, 기권은 없다.)

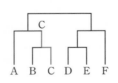

12 올림픽에 참가한 양궁 대표팀이 금메달을 딸 확률은 $\dfrac{1}{2}$, 사격 대표팀이 금메달을 딸 확률은 $\dfrac{1}{3}$이다. 양궁과 사격 대표팀 중 어느 팀도 금메달은 따지 못할 확률은?

① $\dfrac{1}{12}$ ② $\dfrac{1}{6}$ ③ $\dfrac{1}{4}$

④ $\dfrac{1}{3}$ ⑤ $\dfrac{1}{2}$

13 어떤 문제를 A가 맞힐 확률은 $\dfrac{1}{3}$, B가 맞힐 확률은 $\dfrac{2}{5}$일 때, A, B 두 사람 중 적어도 한 명은 이 문제를 맞힐 확률은?

① $\dfrac{1}{5}$ ② $\dfrac{1}{3}$ ③ $\dfrac{3}{5}$

④ $\dfrac{2}{3}$ ⑤ $\dfrac{4}{5}$

14 A 주머니에는 모양과 크기가 같은 흰 공 3개, 검은 공 2개가 들어 있고, B 주머니에는 모양과 크기가 같은 흰 공 4개, 검은 공 2개가 들어 있다. A, B 두 주머니에서 공을 각각 한 개씩 임의로 꺼낼 때, 두 공이 서로 다른 색의 공일 확률을 구하시오.

15 어느 시험에서 승훈이가 합격할 확률은 $\dfrac{2}{3}$, 동화가 합격할 확률은 $\dfrac{3}{4}$이다. 두 사람 중에서 한 사람만 합격할 확률을 구하시오.

16 상자 안에 당첨 제비 2개를 포함하여 제비 8개가 들어 있다. A가 제비 한 개를 임의로 뽑아 확인하고 상자에 넣은 후, 다시 B가 한 개를 임의로 뽑을 때, A, B 두 사람 모두 당첨될 확률은?

① $\dfrac{1}{2}$ ② $\dfrac{1}{4}$ ③ $\dfrac{1}{8}$

④ $\dfrac{1}{16}$ ⑤ $\dfrac{1}{20}$

17 0, 1, 2, 3, 4의 숫자가 각각 적힌 5장의 카드 중에서 2장을 뽑아 두 자리의 자연수를 만들 때, 그 수가 홀수일 확률을 구하시오. (단, 풀이 과정을 자세히 쓰시오.)

풀이 과정 |

답 |

18 주머니 속에 모양과 크기가 같은 파란 구슬이 4개, 빨간 구슬이 x개, 노란 구슬이 y개가 들어 있다. 이 중에서 한 개의 구슬을 임의로 꺼낼 때, 파란 구슬이 나올 확률은 $\frac{1}{6}$, 빨간 구슬이 나올 확률은 $\frac{3}{4}$이다. 이때 x, y의 값을 각각 구하시오. (단, 풀이 과정을 자세히 쓰시오.)

풀이 과정 |

답 |

19 어느 도시의 이번 주 일기예보에 따르면 수요일에 비가 올 확률이 $\frac{1}{3}$, 목요일에 비가 올 확률이 $\frac{3}{4}$, 금요일에 비가 올 확률이 $\frac{1}{5}$이라 한다. 수요일부터 금요일까지 이틀만 연속으로 비가 올 확률을 구하시오.
(단, 풀이 과정을 자세히 쓰시오.)

풀이 과정 |

답 |

20 주머니 속에 모양과 크기가 같은 빨간 공 5개, 파란 공 4개가 들어 있다. 꺼낸 공을 다시 넣지 않고 연속하여 3개의 공을 꺼낼 때, 모두 빨간 공을 꺼낼 확률을 구하시오. (단, 풀이 과정을 자세히 쓰시오.)

풀이 과정 |

답 |

핵심만 빠르게~ 단기간에
내신 공부의 힘을 키운다

정답과 해설

중등 **수학**
2·2

 책 속의 가접 별책 (특허 제 0557442호)

'정답과 해설'은 본책에서 쉽게 분리할 수 있도록 제작되었으므로
유통 과정에서 분리될 수 있으나 파본이 아닌 정상제품입니다.

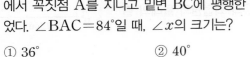

중간고사 대비 실전 모의고사 제1회

이름　　　점수

/100점

객관식 각 4점 | 주관식 각 5점 | 서술형 각 6, 7점

1 오른쪽 그림과 같이 $\overline{AB}=\overline{AC}$인 이등변삼각형 ABC에서 꼭짓점 A를 지나고 밑변 BC에 평행한 $\overrightarrow{AD}$를 그었다. ∠BAC=84°일 때, ∠x의 크기는?

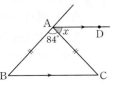

① 36° ② 40°
③ 44° ④ 48°
⑤ 52°

2 오른쪽 그림의 △ABC에서 $\overline{BD}=\overline{AD}=\overline{AC}$이고 ∠ABC=38°일 때, ∠$x$의 크기는?

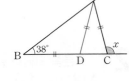

① 100° ② 102°
③ 104° ④ 106°
⑤ 108°

3 오른쪽 그림과 같이 $\overline{AB}=\overline{AC}$인 이등변삼각형 ABC에서 ∠A의 이등분선과 $\overline{BC}$의 교점을 D라 하고 $\overline{AD}$ 위에 임의의 한 점 P를 잡을 때, 다음 중 옳지 않은 것은?

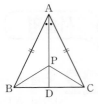

① $\overline{BD}=\overline{CD}$ ② $\overline{BP}=\overline{CP}$
③ ∠ABP=∠PBD ④ ∠PDB=90°
⑤ △BPD≡△CPD

4 오른쪽 그림과 같이 ∠B=90°인 직각삼각형 ABC에서 ∠A의 이등분선이 $\overline{BC}$와 만나는 점을 D라 하자. $\overline{AC}\perp\overline{DE}$이고 $\overline{AB}=7\,\text{cm}$, $\overline{AC}=10\,\text{cm}$일 때, $\overline{CE}$의 길이는?

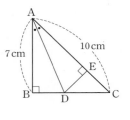

① 2 cm ② $\frac{2}{5}$ cm
③ 3 cm ④ $\frac{7}{2}$ cm
⑤ 4 cm

5 오른쪽 그림에서 점 O는 △ABC의 외심이고 ∠A=72°일 때, ∠OBC의 크기는?

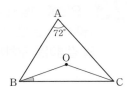

① 15° ② 18°
③ 20° ④ 22°
⑤ 25°

6 오른쪽 그림에서 점 I는 △ABC의 내심이고 ∠A=28°일 때, ∠BIC의 크기는?

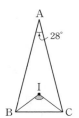

① 96° ② 104° ③ 112°
④ 118° ⑤ 124°

7 오른쪽 그림에서 점 I는 △ABC의 내심이고 세 점 D, E, F는 각각 내접원과 $\overline{AB}$, $\overline{BC}$, $\overline{CA}$의 접점이다. $\overline{AB}=9\,\text{cm}$, $\overline{BC}=8\,\text{cm}$, $\overline{AC}=7\,\text{cm}$일 때, $\overline{BD}$의 길이는?

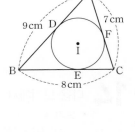

① 4 cm ② $\frac{9}{2}$ cm
③ 5 cm ④ $\frac{11}{2}$ cm
⑤ 6 cm

8 오른쪽 그림에서 점 I는 △ABC의 내심이고 $\overline{DE}\,/\!/\,\overline{BC}$이다. $\overline{AB}=10\,\text{cm}$, $\overline{AC}=9\,\text{cm}$일 때, △ADE의 둘레의 길이는?

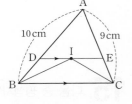

① 17 cm ② 18 cm
③ 19 cm ④ 20 cm
⑤ 21 cm

9 오른쪽 그림과 같은 평행사변형 ABCD에서 $\overline{AD}$의 중점을 E라 하고, $\overline{BE}$의 연장선이 $\overline{CD}$의 연장선과 만나는 점을 F라 하자. $\overline{AB}=8\,\text{cm}$, $\overline{BC}=14\,\text{cm}$일 때, $\overline{CF}$의 길이는?

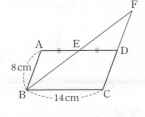

① 12 cm ② 14 cm
③ 16 cm ④ 18 cm
⑤ 20 cm

10 다음 중 □ABCD가 평행사변형이 되지 않는 것을 모두 고르면? (정답 2개)

① ∠A=110°, ∠B=70°, ∠C=110°
② $\overline{AB}=\overline{BC}$, $\overline{CD}=\overline{DA}$
③ $\overline{AB}=\overline{CD}=5\,\text{cm}$, $\overline{AB}\,/\!/\,\overline{CD}$
④ $\overline{AB}=\overline{BC}=\overline{CD}=\overline{DA}$
⑤ $\overline{AO}=\overline{BO}$, $\overline{CO}=\overline{DO}$ (단, 점 O는 두 대각선의 교점이다.)

11 오른쪽 그림과 같은 평행사변형 ABCD의 두 꼭짓점 A, C에서 대각선 BD에 내린 수선의 발을 각각 P, Q라 할 때, 다음 중 옳지 않은 것은?

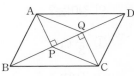

① $\overline{AP}=\overline{CQ}$ ② $\overline{BP}=\overline{PQ}=\overline{QD}$
③ △ABP∽△PBC ④ △ABP≡△CDQ
⑤ □APCQ는 평행사변형이다.

12 오른쪽 그림의 평행사변형 ABCD에서 ∠DAC=55°, ∠DBC=35°일 때, ∠BDC의 크기는? (단, 점 O는 두 대각선의 교점이다.)

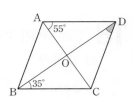

① 15° ② 20° ③ 25°
④ 30° ⑤ 35°

13 오른쪽 그림의 정사각형 ABCD에서 $\overline{BD}$는 대각선이고 $\angle DAF = 25°$일 때, $\angle BEC$의 크기는?

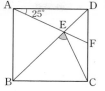

① 45°   ② 50°   ③ 60°
④ 65°   ⑤ 70°

14 다음 보기에서 두 대각선의 길이가 같은 사각형을 모두 고른 것은?

• 보기 •
ㄱ. 등변사다리꼴   ㄴ. 평행사변형   ㄷ. 마름모
ㄹ. 직사각형   ㅁ. 정사각형

① ㄱ, ㄷ   ② ㄴ, ㄹ   ③ ㄷ, ㅁ
④ ㄱ, ㄹ, ㅁ   ⑤ ㄴ, ㄷ, ㄹ, ㅁ

15 다음 중 평행사변형 ABCD에 대한 설명으로 옳지 <u>않은</u> 것은?

① $\overline{AD} = \overline{BC}$이면 마름모이다.
② $\angle B = 90°$이면 직사각형이다.
③ $\overline{AC} \perp \overline{BD}$이면 마름모이다.
④ $\overline{AC} = \overline{BD}$이면 직사각형이다.
⑤ $\angle A = 90°$이고 $\overline{AB} = \overline{BC}$이면 정사각형이다.

16 다음 중 오른쪽 그림의 △ABC와 △DFE가 서로 닮은 도형이 될 수 있는 조건인 것은?

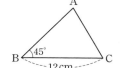

① $\overline{AB} = 10 \text{ cm}$, $\overline{DE} = 6 \text{ cm}$
② $\overline{AC} = 10 \text{ cm}$, $\overline{DE} = 8 \text{ cm}$
③ $\angle A = 60°$, $\overline{DE} = 6 \text{ cm}$
④ $\angle A = 60°$, $\angle D = 60°$
⑤ $\angle C = 60°$, $\angle D = 75°$

17 오른쪽 그림의 △ABC에서 $\angle DBC = \angle ACD$이고 $\overline{AD} = 2 \text{ cm}$, $\overline{AC} = 3 \text{ cm}$, $\overline{BC} = 4 \text{ cm}$일 때, $\overline{DC}$의 길이는?

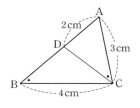

① $\dfrac{7}{3}$ cm   ② $\dfrac{8}{3}$ cm
③ 3 cm   ④ $\dfrac{10}{3}$ cm
⑤ $\dfrac{11}{3}$ cm

18 실제 거리가 400 m인 거리를 축척이 $\dfrac{1}{5000}$인 지도에 나타낼 때, 지도에서의 길이는?

① 2 cm   ② 4 cm   ③ 5 cm
④ 6 cm   ⑤ 8 cm

주관식

19 오른쪽 그림과 같이 $\angle B = 90°$인 직각삼각형 ABC에서 $\overline{AB} = 5 \text{ cm}$, $\overline{BC} = 12 \text{ cm}$, $\overline{AC} = 13 \text{ cm}$일 때, △ABC의 외접원의 둘레의 길이를 구하시오.

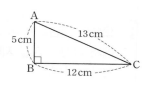

20 오른쪽 그림과 같은 평행사변형 ABCD의 내부의 한 점 P에 대하여 △ABP $= 21 \text{ cm}^2$, △CDP $= 27 \text{ cm}^2$, △ADP $= 25 \text{ cm}^2$일 때, △BCP의 넓이를 구하시오.

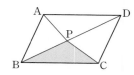

21 오른쪽 그림과 같이 $\angle A = 90°$인 직각삼각형 ABC에서 $\overline{AD} \perp \overline{BC}$이고 $\overline{AB} = 10$, $\overline{BD} = 8$일 때, $x + y$의 값을 구하시오.

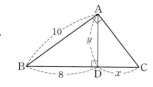

서술형

22 오른쪽 그림과 같이 $\angle A = 90°$인 직각이등변삼각형 ABC의 두 꼭짓점 B, C에서 꼭짓점 A를 지나는 직선 l에 내린 수선의 발을 각각 D, E라 하자. $\overline{DB} = 3 \text{ cm}$, $\overline{EC} = 2 \text{ cm}$일 때, $\overline{DE}$의 길이를 구하시오. (단, 풀이 과정을 자세히 쓰시오.) [7점]

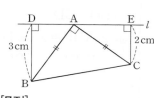

풀이 과정 |

답 |

23 오른쪽 그림의 두 원기둥은 닮음비가 2 : 3인 닮은 도형이다. 작은 원기둥의 겉넓이가 80 cm²일 때, 큰 원기둥의 겉넓이를 구하시오. (단, 풀이 과정을 자세히 쓰시오.)
[6점]

풀이 과정 |

답 |

중간고사 대비 실전 모의고사 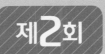 제2회

이름	점수
	/100점

객관식 각 4점 | 주관식 각 5점 | 서술형 각 6, 7점

1 오른쪽 그림에서 $\overline{AB}=\overline{BC}$일 때, ∠$x$의 크기는?

① 50°   ② 55°
③ 60°   ④ 65°
⑤ 70°

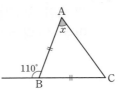

2 오른쪽 그림과 같이 $\overline{AB}=\overline{AC}$인 이등변삼각형 ABC에서 점 D는 ∠B의 이등분선과 변 AC의 교점이다. ∠A=36°일 때, ∠BDC의 크기는?

① 65°   ② 68°   ③ 70°
④ 72°   ⑤ 78°

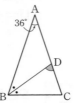

3 오른쪽 그림의 △ABC에서 $\overline{BD}=\overline{DE}=\overline{EA}=\overline{AC}$이고 ∠EAC=30°일 때, ∠B의 크기는?

① 15°   ② 20°
③ 22.5°   ④ 25°
⑤ 30°

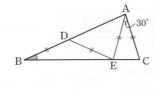

4 오른쪽 그림과 같이 ∠C=90°인 직각삼각형 ABC에서 $\overline{AM}=\overline{BM}=\overline{AC}$, $\overline{AB}\perp\overline{DM}$일 때, ∠B의 크기는?

① 20°   ② 25°   ③ 30°
④ 35°   ⑤ 40°

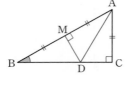

5 오른쪽 그림에서 점 O가 △ABC의 외심일 때, 다음 중 옳은 것을 모두 고르면? (정답 2개)

① $\overline{AD}=\overline{BD}$
② $\overline{AF}=\overline{BE}$
③ $\overline{OA}=\overline{OB}=\overline{OC}$
④ ∠OBD=∠BOD
⑤ △OCE≡△OCF

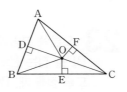

6 오른쪽 그림과 같이 ∠C=90°인 직각삼각형 ABC에서 점 M은 $\overline{AB}$의 중점일 때, ∠x의 크기는?

① 45°   ② 50°   ③ 55°
④ 60°   ⑤ 65°

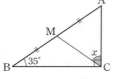

7 오른쪽 그림에서 점 I는 △ABC의 내심이고 ∠ACI=35°, ∠CBI=25°일 때, ∠AIB의 크기는?

① 110°   ② 115°   ③ 120°
④ 125°   ⑤ 130°

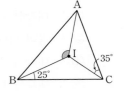

8 오른쪽 그림에서 점 I는 △ABC의 내심이고 ∠C=90°이다. $\overline{AB}=10$ cm, $\overline{BC}=8$ cm, $\overline{CA}=6$ cm일 때, △ABC의 내접원의 넓이는?

① $\frac{1}{4}\pi$ cm²   ② π cm²
③ $\frac{9}{4}\pi$ cm²   ④ 4π cm²
⑤ 9π cm²

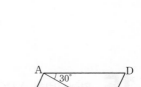

9 오른쪽 그림의 평행사변형 ABCD에서 ∠DAE=30°, ∠BCE=115°일 때, ∠AED의 크기는?

① 80°   ② 85°   ③ 90°
④ 95°   ⑤ 100°

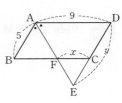

10 오른쪽 그림과 같은 평행사변형 ABCD에서 ∠A의 이등분선이 $\overline{DC}$의 연장선과 만나는 점을 E, $\overline{BC}$와 만나는 점을 F라 하자. $\overline{AB}=5$, $\overline{AD}=9$일 때, $x+y$의 값은?

① 8   ② 9
③ 10   ④ 12
⑤ 13

11 다음 사각형 중에서 평행사변형이 아닌 것은?

12 오른쪽 그림에서 □ABCD와 □BEFD는 모두 평행사변형이다. △ABC=7 cm²일 때, □BEFD의 넓이는?

① 21 cm²   ② 28 cm²
③ 30 cm²   ④ 35 cm²
⑤ 42 cm²

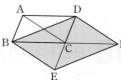

13 오른쪽 그림과 같은 평행사변형 ABCD의 네 내각의 이등분선의 교점으로 만들어지는 □EFGH에 대한 다음 설명 중 옳지 <u>않은</u> 것은?

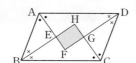

① 두 대각선의 길이가 같다.
② 두 대각선이 서로 수직이다.
③ 두 쌍의 대변의 길이가 각각 같다.
④ 두 대각의 크기의 합이 180°이다.
⑤ 두 대각선이 서로 다른 것을 이등분한다.

14 오른쪽 그림과 같이 $\overline{AD} \parallel \overline{BC}$이고 $\overline{AB}=\overline{DC}$인 등변사다리꼴 ABCD에서 $\overline{AD}=6\,cm$, $\overline{BC}=14\,cm$이고 $\angle A=120°$일 때, $\overline{AB}$의 길이는?

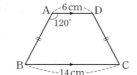

① 6 cm   ② 7 cm
③ 8 cm   ④ 9 cm
⑤ 10 cm

15 평행사변형 ABCD가 $\angle B=90°$, $\overline{AC} \perp \overline{BD}$이면 □ABCD는 어떤 사각형이 되는가?

① 마름모   ② 직사각형   ③ 정사각형
④ 사다리꼴   ⑤ 등변사다리꼴

16 아래 그림에서 □ABCD∽□EFGH일 때, 다음 중 옳지 <u>않은</u> 것은?

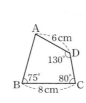 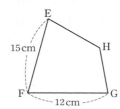

① $\angle G=80°$ ② $\angle E=75°$ ③ $\overline{AB}=12\,cm$
④ $\overline{EH}=9\,cm$ ⑤ 닮음비는 2 : 3이다.

17 오른쪽 그림과 같은 원뿔 모양의 그릇에 전체 높이의 $\frac{2}{3}$까지 물을 넣었다. 그릇의 부피가 270 mL일 때, 물의 부피는?

① 80 mL   ② 120 mL
③ 135 mL   ④ 150 mL
⑤ 180 mL

18 오른쪽 그림의 △ABC에서 x의 값은?

① 7   ② 8
③ 9   ④ 10
⑤ 12

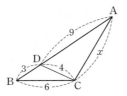

---

19 오른쪽 그림과 같이 폭이 일정한 직사각형 모양의 종이 테이프를 접었더니 $\angle ABC=52°$이었다. 이때 $\angle x$의 크기를 구하시오.

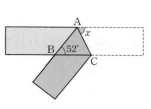

20 오른쪽 그림과 같은 □ABCD에서 점 D를 지나고 $\overline{AC}$에 평행한 직선을 그어 $\overline{BC}$의 연장선과 만나는 점을 E라 하자. $\overline{BC}=6\,cm$, $\overline{CE}=3\,cm$, $\overline{AH}=4\,cm$일 때, □ABCD의 넓이를 구하시오.

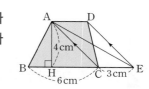

21 오른쪽 그림과 같이 $\angle A=90°$인 직각삼각형 ABC에서 $\overline{AD} \perp \overline{BC}$이고 $\overline{AB}=8$, $\overline{AC}=6$, $\overline{BC}=10$일 때, $x+y$의 값을 구하시오.

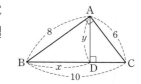

서술형

22 오른쪽 그림에서 점 O는 △ABC의 외심이고, 점 I는 △ABC의 내심이다. $\angle A=42°$일 때, $\angle BIC-\angle BOC$의 크기를 구하시오. (단, 풀이 과정을 자세히 쓰시오.) [6점]

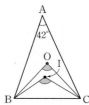

풀이 과정 |

답 |

23 오른쪽 그림과 같이 직사각형 모양의 종이 ABCD를 $\overline{BF}$를 접는 선으로 하여 꼭짓점 C가 $\overline{AD}$ 위의 C′에 오도록 접을 때, $\overline{BC'}$의 길이를 구하시오.
(단, 풀이 과정을 자세히 쓰시오.) [7점]

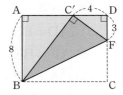

풀이 과정 |

답 |

기말고사 대비 실전 모의고사  제1회

이름	점수
	/100점

객관식 각 4점 | 주관식 각 5점 | 서술형 각 6, 7점

1 오른쪽 그림의 △ABC에서 $\overline{BC} \parallel \overline{DE}$이고 $\overline{BQ}=5\,cm$, $\overline{PE}=8\,cm$, $\overline{QC}=10\,cm$일 때, $\overline{DP}$의 길이는?

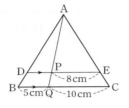

① 2 cm
② $\dfrac{5}{2}$ cm
③ 3 cm
④ $\dfrac{7}{2}$ cm
⑤ 4 cm

2 오른쪽 그림에서 $l \parallel m \parallel n$일 때, x의 값은?

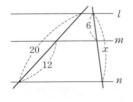

① 12
② 13
③ 14
④ 15
⑤ 16

3 오른쪽 그림과 같은 사다리꼴 ABCD에서 $\overline{AE} : \overline{EB}=2 : 1$이고 $\overline{AD} \parallel \overline{EF} \parallel \overline{BC}$이다. $\overline{AD}=9\,cm$, $\overline{EF}=13\,cm$일 때, $\overline{BC}$의 길이는?

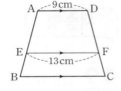

① 13 cm
② 14 cm
③ 15 cm
④ 16 cm
⑤ 17 cm

4 오른쪽 그림에서 $\overline{AB}$, $\overline{PH}$, $\overline{DC}$는 모두 $\overline{BC}$와 수직이고 $\overline{AB}=8\,cm$, $\overline{DC}=12\,cm$일 때, $\overline{PH}$의 길이는?

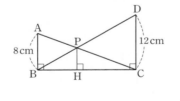

① 4 cm
② $\dfrac{22}{5}$ cm
③ $\dfrac{24}{5}$ cm
④ 5 cm
⑤ $\dfrac{26}{5}$ cm

5 오른쪽 그림에서 점 G는 △ABC의 무게중심이고 $\overline{FD} \parallel \overline{AC}$이다. $\overline{BE}=24\,cm$일 때, $\overline{GF}$의 길이는?

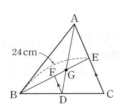

① 3 cm
② 4 cm
③ 5 cm
④ 6 cm
⑤ 7 cm

6 오른쪽 그림의 △ABC에서 두 점 D, E는 각각 변 AB, AC의 중점이다. △DGE=3 cm²일 때, △ABC의 넓이는?

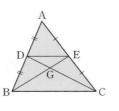

① 48 cm²
② 36 cm²
③ 24 cm²
④ 18 cm²
⑤ 12 cm²

7 오른쪽 그림과 같은 평행사변형 ABCD에서 $\overline{BC}$의 중점을 E, $\overline{AE}$와 $\overline{BD}$의 교점을 F라 하자. $\overline{BD}=18\,cm$일 때, $\overline{FO}$의 길이는?
(단, 점 O는 두 대각선의 교점이다.)

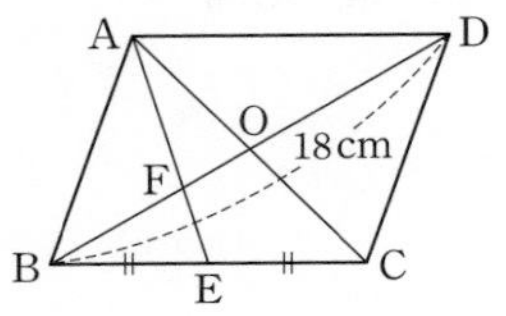

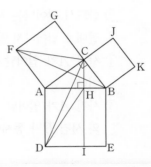

① 3 cm
② 4 cm
③ 5 cm
④ 6 cm
⑤ 7 cm

8 세 변의 길이가 각각 5 cm, 5 cm, 6 cm인 이등변삼각형의 넓이는?

① 12 cm²
② 15 cm²
③ 25 cm²
④ 30 cm²
⑤ 50 cm²

9 오른쪽 그림은 ∠C=90°인 직각삼각형 ABC의 세 변을 각각 한 변으로 하는 정사각형 ACGF, CBKJ, ADEB를 그린 것이다. 다음 삼각형 중 넓이가 나머지 넷과 다른 하나는?

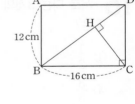

① △FAB
② △FAC
③ △DIH
④ △CBF
⑤ △CAD

10 오른쪽 그림과 같이 직사각형 ABCD의 꼭짓점 C에서 대각선 BD에 내린 수선의 발을 H라 하자. $\overline{AB}=12\,cm$, $\overline{BC}=16\,cm$일 때, $\overline{CH}$의 길이는?

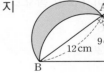

① 8 cm
② $\dfrac{42}{5}$ cm
③ 9 cm
④ $\dfrac{46}{5}$ cm
⑤ $\dfrac{48}{5}$ cm

11 오른쪽 그림은 직각삼각형 ABC의 세 변을 각각 지름으로 하는 반원을 그린 것이다. $\overline{AB}=12\,cm$, $\overline{AC}=9\,cm$일 때, 색칠한 부분의 넓이는?

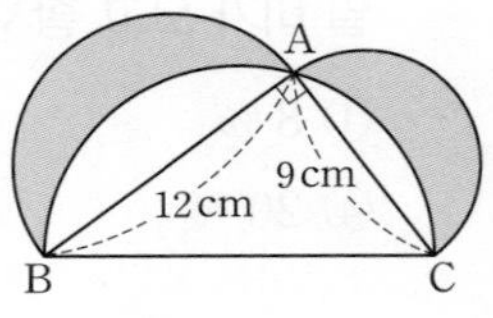

① 30 cm²
② 46 cm²
③ 54 cm²
④ 62 cm²
⑤ 74 cm²

12 서로 다른 동전 3개와 주사위 1개를 동시에 던질 때, 일어나는 모든 경우의 수는?

① 10
② 12
③ 24
④ 36
⑤ 48

13 0, 1, 2, 3의 숫자가 각각 적혀 있는 카드 4장 중에서 2장을 동시에 뽑아 만들 수 있는 두 자리의 자연수는 모두 몇 개인가?

① 6개   ② 9개   ③ 12개
④ 16개   ⑤ 20개

14 A, B, C, D, E 다섯 명을 한 줄로 세울 때, B와 D가 서로 이웃하여 서는 경우의 수는?

① 120   ② 60   ③ 48
④ 30   ⑤ 24

15 다음 중 옳지 <u>않은</u> 것은?

① 어떤 사건이 일어날 확률을 p라 하면 $0 \leq p \leq 1$이다.
② 반드시 일어나는 사건의 확률은 1이다.
③ 절대로 일어나지 않는 사건의 확률은 0이다.
④ 사건 A가 일어날 확률이 p일 때, 사건 A가 일어나지 않을 확률은 $1-p$이다.
⑤ 사건 A가 일어날 확률을 p, 사건 B가 일어날 확률을 q라 할 때, 사건 A와 사건 B가 동시에 일어날 확률은 $p+q$이다.

16 서로 다른 3개의 동전을 동시에 던질 때, 앞면이 적어도 한 개 이상 나올 확률은?

① $\dfrac{1}{2}$ ② $\dfrac{2}{3}$ ③ $\dfrac{1}{4}$
④ $\dfrac{3}{5}$ ⑤ $\dfrac{7}{8}$

17 일기예보에서 내일 비가 올 확률이 60 %, 황사가 올 확률이 20 %라 한다. 내일 비가 오고 황사도 올 확률은?

① 8 %   ② 12 %   ③ 15 %
④ 20 %   ⑤ 30 %

18 상자 안에 들어 있는 8개의 제비 중 당첨 제비가 3개 있다. 이 제비를 A와 B가 차례로 한 개씩 임의로 뽑을 때, A는 당첨되고 B는 당첨되지 않을 확률은? (단, 뽑은 제비는 다시 넣지 않는다.)

① $\dfrac{1}{2}$ ② $\dfrac{5}{14}$ ③ $\dfrac{3}{28}$
④ $\dfrac{15}{56}$ ⑤ $\dfrac{15}{64}$

주관식

19 오른쪽 그림에서 점 G와 점 G′은 각각 △ABC와 △GBC의 무게중심이다. $\overline{GG'}=4$ cm일 때, $\overline{AG}$의 길이를 구하시오.

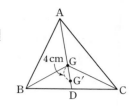

20 오른쪽 그림과 같은 직사각형 ABCD의 내부의 한 점 P에 대하여 $\overline{CP}=6$, $\overline{DP}=4$일 때, $\overline{BP}^2-\overline{AP}^2$의 값을 구하시오.

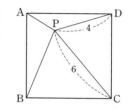

21 5명의 후보 중에서 회장 1명, 부회장 1명을 뽑는 경우의 수를 x, 대표 2명을 뽑는 경우의 수를 y라 할 때, $x+y$의 값을 구하시오.

서술형

22 오른쪽 그림과 같은 △ABC에서 점 D는 $\overline{AB}$의 중점이고, 점 M은 $\overline{DE}$의 중점이다. $\overline{BC}=8$ cm일 때, $\overline{BE}$의 길이를 구하시오.
(단, 풀이 과정을 자세히 쓰시오.) [6점]

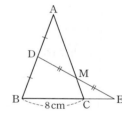

풀이 과정 |

답 |

23 어느 시험에서 현수가 합격할 확률은 $\dfrac{1}{2}$, 민서가 합격할 확률은 $\dfrac{3}{5}$이다. 두 사람 중에서 한 사람만 합격할 확률을 구하시오. (단, 풀이 과정을 자세히 쓰시오.) [7점]

풀이 과정 |

답 |

기말고사 대비 실전 모의고사 제2회

객관식 각 4점 | 주관식 각 5점 | 서술형 각 6, 7점

1 오른쪽 그림의 △ABC에서 $\overline{AD}$가 ∠A의 이등분선이고 $\overline{AB}=10\,cm$, $\overline{BD}=5\,cm$, $\overline{CA}=8\,cm$일 때, x의 값은?

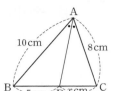

① 2.5 　　② 3
③ 3.5 　　④ 4
⑤ 4.5

2 오른쪽 그림과 같이 $\overline{AD}/\!/\overline{BC}$인 사다리꼴 ABCD에서 두 점 M, N은 각각 $\overline{AB}$, $\overline{DC}$의 중점이다. $\overline{MN}$이 $\overline{DB}$, $\overline{AC}$와 만나는 점을 각각 E, F라 할 때, $\overline{EF}$의 길이는?

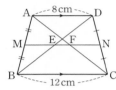

① 1 cm 　　② 2 cm 　　③ 3 cm
④ 4 cm 　　⑤ 5 cm

3 오른쪽 그림의 △ABC에서 세 점 D, E, F는 각각 세 변 AB, BC, CA의 중점이다. $\overline{AB}=14\,cm$, $\overline{BC}=16\,cm$, $\overline{CA}=12\,cm$일 때, △DEF의 둘레의 길이는?

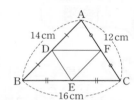

① 20 cm 　　② 21 cm
③ 22 cm 　　④ 23 cm
⑤ 24 cm

4 오른쪽 그림에서 $\overline{AD}/\!/\overline{EF}/\!/\overline{BC}$이고 $\overline{AE}=4$, $\overline{EB}=6$, $\overline{BC}=12$일 때, $\overline{AD}$의 길이는?

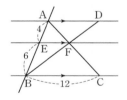

① 6 　　② 7
③ 8 　　④ 9
⑤ 10

5 오른쪽 그림에서 점 G는 △ABC의 무게중심이고 점 E는 $\overline{DC}$의 중점이다. $\overline{GD}=6\,cm$일 때, $\overline{EF}$의 길이는?

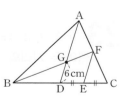

① 8 cm 　　② 9 cm
③ 10 cm 　　④ 12 cm
⑤ 15 cm

6 오른쪽 그림에서 점 G는 △ABC의 무게중심이고 △ABC=24 cm²일 때, DGE의 넓이는?

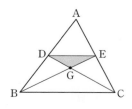

① 2 cm² 　　② 4 cm²
③ 6 cm² 　　④ 8 cm²
⑤ 10 cm²

7 오른쪽 그림과 같은 평행사변형 ABCD에서 $\overline{BC}$, $\overline{CD}$의 중점을 각각 E, F라 하고 대각선 BD와 $\overline{AE}$, $\overline{AF}$가 만나는 점을 각각 P, Q라 하자. △APQ=12 cm²일 때, □PEFQ의 넓이는?

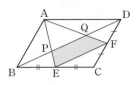

① 14 cm² 　　② 15 cm² 　　③ 18 cm²
④ 20 cm² 　　⑤ 24 cm²

8 오른쪽 그림과 같이 ∠B=90°인 직각삼각형 ABD에서 $\overline{AB}=12\,cm$, $\overline{AC}=15\,cm$, $\overline{CD}=7\,cm$일 때, $\overline{AD}$의 길이는?

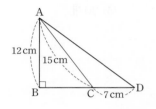

① 18 cm 　　② 20 cm
③ 22 cm 　　④ 24 cm
⑤ 26 cm

9 오른쪽 그림은 ∠A=90°인 직각삼각형 ABC의 세 변을 각각 한 변으로 하는 정사각형을 그린 것이다. $\overline{AC}=6\,cm$, $\overline{BC}=10\,cm$일 때, □BFML의 넓이는?

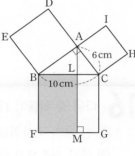

① 16 cm² 　　② 32 cm²
③ 40 cm² 　　④ 64 cm²
⑤ 100 cm²

10 삼각형의 세 변의 길이가 다음과 같을 때, 직각삼각형인 것을 모두 고르면?

(정답 2개)

① 5 cm, 12 cm, 13 cm 　　② 6 cm, 8 cm, 9 cm
③ 6 cm, 8 cm, 10 cm 　　④ 9 cm, 10 cm, 11 cm
⑤ 9 cm, 11 cm, 15 cm

11 오른쪽 그림과 같은 □ABCD에서 두 대각선이 직교할 때, $\overline{CD}^2-\overline{AD}^2$의 값은?

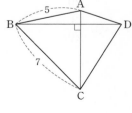

① 24 　　② 36
③ 49 　　④ 58
⑤ 74

12 서로 다른 두 개의 주사위를 동시에 던질 때, 나오는 두 눈의 수의 합이 3 또는 5가 되는 경우의 수는?

① 2 　　② 3 　　③ 4
④ 5 　　⑤ 6

13 2개의 자음 ㄱ, ㄴ과 6개의 모음 ㅏ, ㅓ, ㅗ, ㅜ, ㅡ, ㅣ 중에서 자음 한 개와 모음 한 개를 짝지어 만들 수 있는 글자는 모두 몇 개인가?

① 6개 　　　　② 8개 　　　　③ 10개
④ 12개 　　　　⑤ 15개

14 오른쪽 그림과 같이 한 원 위에 있는 5개의 점 A, B, C, D, E에서 두 점을 이어 만들 수 있는 선분은 모두 몇 개인가?

① 5개 　　　　② 8개
③ 10개 　　　　④ 15개
⑤ 20개

15 1에서 10까지의 자연수가 각각 적힌 카드 10장 중에서 한 장을 임의로 뽑을 때, 카드에 적힌 수가 10의 약수일 확률은?

① $\dfrac{1}{10}$ 　　　　② $\dfrac{1}{5}$ 　　　　③ $\dfrac{3}{10}$
④ $\dfrac{2}{5}$ 　　　　⑤ $\dfrac{1}{2}$

16 다음 중 확률이 1인 경우는?

① 한 개의 주사위를 던져서 나오는 눈의 수가 8일 확률
② 해가 서쪽에서 뜰 확률
③ 한 개의 동전을 던져서 앞면 또는 뒷면이 나올 확률
④ 서로 다른 주사위 2개를 동시에 던져서 나오는 두 눈의 수의 합이 홀수일 확률
⑤ 흰 구슬이 3개 들어 있는 주머니에서 구슬 1개를 임의로 꺼낼 때, 꺼낸 구슬이 빨간 구슬일 확률

17 A, B 두 사람이 어떤 문제를 맞힐 확률이 각각 $\dfrac{2}{5}$, $\dfrac{3}{4}$일 때, A, B 중 적어도 한 사람은 그 문제를 맞힐 확률은?

① $\dfrac{17}{20}$ 　　　　② $\dfrac{7}{10}$ 　　　　③ $\dfrac{3}{10}$
④ $\dfrac{3}{20}$ 　　　　⑤ $\dfrac{1}{10}$

18 A 주머니에는 모양과 크기가 같은 흰 공 2개, 검은 공 4개가 들어 있고, B주머니에는 모양과 크기가 같은 흰 공 3개, 검은 공 2개가 들어 있다. A, B 두 주머니에서 각각 한 개씩 공을 임의로 꺼낼 때, 하나는 흰 공이고 다른 하나는 검은 공일 확률은?

① $\dfrac{1}{6}$ 　　　　② $\dfrac{8}{27}$ 　　　　③ $\dfrac{8}{15}$
④ $\dfrac{2}{3}$ 　　　　⑤ $\dfrac{3}{4}$

주관식

19 오른쪽 그림의 △ABC에서 $\overline{DE}\,\#\,\overline{BC}$일 때, $x+y$의 값을 구하시오.

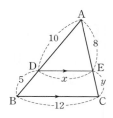

20 오른쪽 그림과 같은 직육면체의 꼭짓점 A에서 겉면을 따라 모서리 BC를 지나 꼭짓점 G에 이르는 최단 거리를 구하시오.

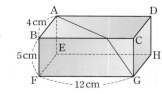

21 K, O, R, E, A, N 6개의 알파벳을 일렬로 나열하려고 한다. K가 맨 앞에, N이 맨 뒤에 오도록 나열하는 경우의 수를 구하시오.

서술형

22 오른쪽 그림의 △ABC에서 두 점 D, E는 각각 $\overline{AB}$, $\overline{AC}$의 중점이고 $\overline{BE}\,\#\,\overline{DF}$가 되도록 $\overline{AC}$ 위에 점 F를 잡았다. △ADF$=4\,\mathrm{cm}^2$일 때, △DBC의 넓이를 구하시오. (단, 풀이 과정을 자세히 쓰시오.) [7점]

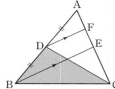

풀이 과정 |

답 |

23 0, 1, 2, 3, 4의 숫자가 각각 하나씩 적혀 있는 카드 5장 중에서 2장을 동시에 뽑아 두 자리의 자연수를 만들 때, 만든 자연수가 30 이상일 확률을 구하시오. (단, 풀이 과정을 자세히 쓰시오.) [6점]

풀이 과정 |

답 |

MEMO

우리는 남다른 상상과 혁신으로
교육 문화의 새로운 전형을 만들어
모든 이의 행복한 경험과 성장에 기여한다

ABOVE IMAGINATION

우리는 남다른 상상과 혁신으로
교육 문화의 새로운 전형을 만들어
모든 이의 행복한 경험과 성장에 기여한다

01강 이등변삼각형의 성질

1 (1) ∠$x=80°$, ∠$y=50°$
    (2) ∠$x=40°$, ∠$y=110°$
    (1) ∠B=∠C이므로 ∠$y=50°$
      ∠$x=180°-(50°+50°)=80°$
    (2) ∠B=∠C이므로 ∠C=70°
      ∴ ∠$x=180°-(70°+70°)=40°$
      이때 △ABC에서
      ∠$y=180°-70°=110°$

2 (1) **6 cm**   (2) **90°**   (3) **55°**
    이등변삼각형의 꼭지각의 이등분선은
    밑변을 수직이등분하므로
    (1) $\overline{CD}=\overline{BD}=6\,cm$
    (2) $\overline{AD}\perp\overline{BC}$이므로 ∠ADC=90°
    (3) ∠BAD=∠CAD=35°이고,
      ∠ADB=90°이므로
      △ABD에서
      ∠$B=180°-(35°+90°)=55°$

3 (1) **3**   (2) **4**
    (1) ∠A=∠C이므로 △ABC는
      $\overline{AB}=\overline{BC}$인 이등변삼각형이다.
      따라서 $\overline{AB}=\overline{BC}=3\,cm$이므로
      $x=3$
    (2) ∠B=∠DCB=25°이므로
      △DBC는 $\overline{DB}=\overline{DC}$인 이등변삼
      각형이다.
      즉, $\overline{DC}=\overline{DB}=4\,cm$
      △DBC에서
      ∠ADC=25°+25°=50°
      이때 ∠ADC=∠A이므로
      △ADC는 $\overline{AC}=\overline{DC}$인 이등변삼
      각형이다.
      따라서 $\overline{AC}=\overline{DC}=4\,cm$이므로
      $x=4$

1 **24°**
    △ABC에서 $\overline{AB}=\overline{AC}$이므로
    ∠ABC=∠ACB=68°
    또 △DBC에서 $\overline{BC}=\overline{BD}$이므로
    ∠BDC=∠BCD=68°
    ∴ ∠DBC=$180°-(68°+68°)=44°$
    ∴ ∠x=∠ABC-∠DBC
           =$68°-44°=24°$

---

2 **29**
    $\overline{CD}=\overline{BD}=\dfrac{1}{2}\overline{BC}=\dfrac{1}{2}\times8=4\,(cm)$
    ∴ $x=4$
    ∠ADB=90°이므로 △ABD에서
    ∠BAD=$180°-(90°+65°)=25°$
    ∴ $y=25$
    ∴ $x+y=4+25=29$

3 **120°**
    $\overline{BD}=\overline{DC}$이므로
    ∠DCB=∠DBC=40°
    △DBC에서
    ∠ADC=∠DBC+∠DCB
           =$40°+40°=80°$
    또 $\overline{DC}=\overline{CA}$이므로
    ∠DAC=∠ADC=80°
    따라서 △ABC에서
    ∠x=∠ABC+∠BAC
        =$40°+80°=120°$

4 **5 cm**
    △ABC에서 $\overline{AB}=\overline{AC}$이므로
    ∠B=∠C
        =$\dfrac{1}{2}\times(180°-36°)=72°$
    이때 ∠ABD=∠CBD=$\dfrac{1}{2}$∠B
                =$\dfrac{1}{2}\times72°=36°$
    따라서 ∠A=∠ABD이므로
    △ABD는 $\overline{AD}=\overline{BD}$인 이등변삼각
    형이다.
    ∴ $\overline{BD}=\overline{AD}=5\,cm$

5 **6 cm**
    $\overline{AC}\parallel\overline{BD}$이므로
    ∠ACB=∠CBD (엇각),
    ∠ABC=∠CBD (접은 각)
    ∴ ∠ABC=∠ACB
    따라서 △ABC는 $\overline{AB}=\overline{AC}$인 이등
    변삼각형이므로
    $\overline{AB}=\overline{AC}=6\,cm$

02강 직각삼각형의 합동 조건

1 △ABC≡△ONM (RHS 합동),
    △DEF≡△LKJ (RHA 합동)

    △ABC와 △ONM에서
    ∠C=∠M=90°, $\overline{AB}=\overline{ON}=5$,
    $\overline{AC}=\overline{OM}=3$이므로
    △ABC≡△ONM (RHS 합동)
    △DEF와 △LKJ에서
    ∠F=∠J=90°, $\overline{DE}=\overline{LK}=5$,
    ∠E=∠K=60°이므로
    △DEF≡△LKJ (RHA 합동)

2 **3**
    △POA와 △POB에서
    ∠OAP=∠OBP=90°,
    $\overline{OP}$는 공통, ∠POA=∠POB
    이므로
    △POA≡△POB (RHA 합동)
    따라서 $\overline{BP}=\overline{AP}=3\,cm$이므로
    $x=3$

3 **18°**
    △POB에서
    ∠POB=$180°-(72°+90°)=18°$
    △POA와 △POB에서
    ∠OAP=∠OBP=90°,
    $\overline{OP}$는 공통, $\overline{PA}=\overline{PB}$이므로
    △POA≡△POB (RHS 합동)
    ∠x=∠POB=18°

1 ㄱ, ㄴ, ㄷ, ㅁ
    ㄱ. 빗변의 길이와 다른 한 변의 길이
       가 각각 같으므로 RHS 합동이다.
    ㄴ. 두 변의 길이가 각각 같고, 그 끼인
       각의 크기가 같으므로 SAS 합동
       이다.
    ㄷ. 한 변의 길이가 같고, 그 양 끝 각
       의 크기가 각각 같으므로 ASA 합
       동이다.
    ㅁ. 빗변의 길이와 한 예각의 크기가
       각각 같으므로 RHA 합동이다.
    따라서 서로 합동이 될 수 있는 조건을
    모두 고르면 ㄱ, ㄴ, ㄷ, ㅁ이다.

2 **7 cm**
    △ADB와 △BEC에서
    ∠ADB=∠BEC=90°,
    $\overline{AB}=\overline{BC}$,
    ∠ABD=$90°-$∠CBE=∠BCE
    이므로
    △ADB≡△BEC (RHA 합동)
    따라서 $\overline{DB}=\overline{EC}=4\,cm$,

$\overline{BE}=\overline{AD}=3$ cm이므로
$\overline{DE}=\overline{DB}+\overline{BE}=4+3=7$(cm)

3 46
△EBD와 △EBC에서
∠BDE=∠BCE=90°,
$\overline{BE}$는 공통, $\overline{BD}=\overline{BC}$이므로
△EBD≡△EBC (RHS 합동)
즉, $\overline{DE}=\overline{CE}=6$ cm이므로 $x=6$
또 ∠EBD=∠EBC=25°이므로
∠ABC=25°+25°=50°
△ABC에서
∠A=180°−(90°+50°)=40°
∴ $y=40$
∴ $x+y=6+40=46$

4 ㄱ, ㄷ, ㄹ
△POA와 △POB에서
∠OAP=∠OBP=90°,
$\overline{OP}$는 공통, ∠POA=∠POB (ㄱ)
이므로
△POA≡△POB (RHA 합동) (ㄹ)
∴ $\overline{PA}=\overline{PB}$ (ㄷ), $\overline{OA}=\overline{OB}$
따라서 옳은 것은 ㄱ, ㄷ, ㄹ이다.

5 15 cm²
△ABD와 △AHD에서
∠ABD=∠AHD=90°,
$\overline{AD}$는 공통, ∠BAD=∠HAD
이므로
△ABD≡△AHD (RHA 합동)
따라서 $\overline{DH}=\overline{DB}=3$ cm이므로
$\triangle ADC=\dfrac{1}{2}\times\overline{AC}\times\overline{DH}$
$\qquad=\dfrac{1}{2}\times10\times3=15$(cm²)

1 65°	**2** ⑤	**3** 126°	**4** ②
5 35°	**6** 102°	**7** ①	
8 14 cm		**9** 12 cm	**10** 40°
11 ④	**12** ④, ⑤	**13** ③	**14** 22.5°
15 ④	**16** 30°	**17** 60°	**18** 28°
19 ③	**20** 46°	**21** ②	**22** 13 cm
23 7 cm	**24** 6 cm²	**25** 70°	**26** 72°
27 30 cm		**28** 12 cm	
29 8 cm, 과정은 풀이 참조			
30 162 cm², 과정은 풀이 참조			

1 △ABC에서
∠B=∠C
$\qquad=\dfrac{1}{2}\times(180°−50°)=65°$
이때 $\overline{AD}$∥$\overline{BC}$이므로
∠EAD=∠B=65° (동위각)

2 △ABC에서 $\overline{AB}=\overline{AC}$이므로
∠ACB=∠B=64°
△ACD에서
∠x+25°=64° ∴ ∠x=39°
돌다리 두드리기 │ 삼각형의 한 외각의 크기
는 그와 이웃하지 않는 두 내각의 크기의
합과 같다.

3 △ABC에서 $\overline{AB}=\overline{AC}$이므로
∠B=∠C=$\dfrac{1}{2}\times(180°−72°)=54°$
△DBC에서
∠DBC=∠DCB=$\dfrac{1}{2}\times54°=27°$
∴ ∠x=180°−(27°+27°)=126°

4 △ADC에서 $\overline{AD}=\overline{CD}$이므로
∠DAC=∠C=55°
∴ ∠ADB=∠DAC+∠C
$\qquad=55°+55°=110°$
따라서 △ABD에서 $\overline{AD}=\overline{BD}$이므로
∠DAB=$\dfrac{1}{2}\times(180°−110°)=35°$

5 ∠B=∠x라 하면
△ABC에서 $\overline{AB}=\overline{AC}$이므로
∠ACB=∠B=∠x
∴ ∠DAC=∠ABC+∠ACB
$\qquad=∠x+∠x=2∠x$
△ACD에서 $\overline{AC}=\overline{CD}$이므로
∠ADC=∠DAC=2∠x
△BCD에서
∠DCE=∠DBC+∠BDC
$\qquad=∠x+2∠x=3∠x$
따라서 3∠x=105°이므로
∠x=35°

6 △ABC에서 $\overline{AB}=\overline{AC}$이므로
∠B=∠C=$\dfrac{1}{2}\times(180°−44°)=68°$
∴ ∠DBC=$\dfrac{1}{2}\times68°=34°$
따라서 △BCD에서
∠ADB=∠DBC+∠C
$\qquad=34°+68°=102°$

7 ②, ④ 이등변삼각형의 꼭지각의 이등
분선은 밑변을 수직이등분하므로

$\overline{BD}=\overline{CD}=\dfrac{1}{2}\overline{BC}$
$\qquad=\dfrac{1}{2}\times8=4$(cm),
∠ADB=∠ADC=90°
③ 이등변삼각형의 두 밑각의 크기는
서로 같으므로 ∠B=∠C
⑤ △ABD와 △ACD에서
$\overline{AB}=\overline{AC}$, $\overline{AD}$는 공통,
∠BAD=∠CAD이므로
△ABD≡△ACD (SAS 합동)
따라서 옳지 않은 것은 ①이다.

8 △ABC에서 $\overline{BA}=\overline{BC}$,
∠ABD=∠CBD이므로
$\overline{AD}=\overline{CD}$, $\overline{BD}\perp\overline{AC}$
∴ $\overline{AD}=\dfrac{1}{2}\overline{AC}=\dfrac{1}{2}\times10=5$(cm)
△ABD=35 cm²이므로
$\dfrac{1}{2}\times\overline{BD}\times\overline{AD}=35$에서
$\dfrac{1}{2}\times\overline{BD}\times5=35$
∴ $\overline{BD}=14$(cm)

9 △ADC에서
∠A=∠ACD=45°이므로
$\overline{AD}=\overline{CD}=6$ cm
△DBC에서 ∠B=∠BCD=45°이
므로 $\overline{BD}=\overline{CD}=6$ cm
∴ $\overline{AB}=\overline{AD}+\overline{BD}$
$\qquad=6+6=12$(cm)

10 $\overline{AD}$∥$\overline{CB}$이므로
∠CBA=∠DAB=70° (엇각),
∠CAB=∠DAB=70° (접은 각)
∴ ∠CBA=∠CAB
따라서 △ACB에서
∠ACB=180°−(70°+70°)=40°
돌다리 두드리기 │ 서로 다른 두 직선이 한 직
선과 만날 때
① 두 직선이 평행하면 동위각의 크기는 서
로 같다.
② 두 직선이 평행하면 엇각의 크기는 서로
같다.

11 보기의 직각삼각형은 빗변의 길이가
10이고, 다른 한 변의 길이가 6이므로
④의 삼각형과 RHS 합동이다.

12 ① $\overline{AB}=\overline{DE}=8$ cm,
$\overline{BC}=\overline{EF}=4$ cm,
∠C=∠F=90°이므로
△ABC≡△DEF (RHS 합동)

②, ③ $\overline{AB}=\overline{DE}=8\,cm$,
$\angle A=\angle D=30°$,
$\angle C=\angle F=90°$이므로
$\triangle ABC\equiv\triangle DEF$ (RHA 합동)
따라서 두 직각삼각형이 합동이 되기
위한 조건이 아닌 것은 ④, ⑤이다.

13 $\triangle BDM$과 $\triangle CEM$에서
$\angle D=\angle CEM=90°$, $\overline{BM}=\overline{CM}$,
$\angle BMD=\angle CME$ (맞꼭지각)이므로
$\triangle BDM\equiv\triangle CEM$ (RHA 합동)
따라서 $\overline{MD}=\overline{ME}=1\,cm$,
$\overline{BD}=\overline{CE}=3\,cm$이므로
$\begin{aligned}\triangle ABD&=\frac{1}{2}\times\overline{BD}\times\overline{AD}\\&=\frac{1}{2}\times3\times(7+1)\\&=12(cm^2)\end{aligned}$

14 $\triangle ABC$에서
$\angle B=\angle A=45°$
$\triangle BDE$와 $\triangle BCE$에서
$\angle BDE=\angle BCE=90°$,
$\overline{BE}$는 공통, $\overline{BD}=\overline{BC}$이므로
$\triangle BDE\equiv\triangle BCE$ (RHS 합동)
$\begin{aligned}\therefore\angle CBE&=\angle DBE=\frac{1}{2}\angle ABC\\&=\frac{1}{2}\times45°=22.5°\end{aligned}$

15 $\triangle POQ$와 $\triangle POR$에서
$\angle OQP=\angle ORP=90°$,
$\overline{OP}$는 공통, $\overline{PQ}=\overline{PR}$이므로
$\triangle POQ\equiv\triangle POR$ (RHS 합동) (⑤)
$\therefore\overline{OQ}=\overline{OR}$ (①),
$\quad\angle POQ=\angle POR$ (②),
$\quad\angle OPQ=\angle OPR$ (③)
따라서 옳지 않은 것은 ④이다.

16 $\triangle DAM$과 $\triangle DAC$에서
$\angle AMD=\angle ACD=90°$,
$\overline{MD}=\overline{CD}$,
$\overline{AD}$는 공통이므로
$\triangle DAM\equiv\triangle DAC$ (RHS 합동)
$\qquad\qquad\qquad\qquad\qquad\cdots\ \bigcirc$
또 $\triangle DAM$과 $\triangle DBM$에서
$\angle AMD=\angle BMD=90°$,
$\overline{AM}=\overline{BM}$, $\overline{DM}$은 공통이므로
$\triangle DAM\equiv\triangle DBM$ (SAS 합동)
$\qquad\qquad\qquad\qquad\qquad\cdots\ \bigcirc$
$\bigcirc$, $\bigcirc$에서
$\triangle DAM\equiv\triangle DAC\equiv\triangle DBM$이므로
$\angle DAM=\angle DAC=\angle B=\angle x$

$\triangle ABC$에서
$\angle B+\angle DAM+\angle DAC=90°$
이므로
$3\angle x=90°$ $\quad\therefore\angle x=30°$

17 $\angle BDE=\angle CDE=\angle a$라 하면
$\triangle DBE$에서 $\overline{BE}=\overline{DE}$이므로
$\angle DBE=\angle BDE=\angle a$
$\triangle DBC$에서 $\angle C=90°$이므로
$3\angle a=90°$ $\quad\therefore\angle a=30°$
따라서 $\triangle DBE$에서
$\begin{aligned}\angle DEC&=\angle a+\angle a\\&=30°+30°=60°\end{aligned}$

18 $\triangle ABD$는 이등변삼각형이고, 이등변
삼각형의 꼭지각의 이등분선은 밑변을
수직이등분하므로 $\angle BED=90°$
따라서 $\triangle BCE$에서
$\angle C=180°-(90°+62°)=28°$

19 $\triangle ABD$와 $\triangle ACE$에서
$\overline{AB}=\overline{AC}$, $\angle B=\angle C$, $\overline{BD}=\overline{CE}$
이므로
$\triangle ABD\equiv\triangle ACE$ (SAS 합동)
따라서 $\overline{AD}=\overline{AE}$이므로 $\triangle ADE$는
이등변삼각형이다.
$\angle AED=\angle ADE=70°$이므로
$\angle DAE=180°-(70°+70°)=40°$

20 $\angle DBE=\angle A=\angle x$이므로
$\angle ABC=\angle x+21°$
$\triangle ABC$에서 $\overline{AB}=\overline{AC}$이므로
$\angle C=\angle ABC=\angle x+21°$
따라서 $\triangle ABC$에서
$\angle x+(\angle x+21°)+(\angle x+21°)$
$=180°$
$3\angle x=138°$ $\quad\therefore\angle x=46°$

21 $\triangle ABC$에서 $\overline{AB}=\overline{AC}$이므로
$\begin{aligned}\angle ABC&=\angle ACB\\&=\frac{1}{2}\times(180°-52°)=64°\end{aligned}$
$\begin{aligned}\therefore\angle DBC&=\frac{1}{2}\angle ABC\\&=\frac{1}{2}\times64°=32°\end{aligned}$
$\begin{aligned}\angle ACE&=180°-\angle ACB\\&=180°-64°=116°\end{aligned}$
$\begin{aligned}\therefore\angle DCE&=\frac{1}{2}\angle ACE\\&=\frac{1}{2}\times116°=58°\end{aligned}$

따라서 $\triangle DBC$에서
$\begin{aligned}\angle BDC&=\angle DCE-\angle DBC\\&=58°-32°=26°\end{aligned}$

22 $\angle B=\angle C$이므로 $\triangle ABC$는
$\overline{AB}=\overline{AC}$인 이등변삼각형이다.
$\therefore\overline{AB}=\overline{AC}=8\,cm$
다음과 같이 $\overline{AP}$를 그으면

$\triangle ABC=\triangle ABP+\triangle ACP$이므로
$52=\frac{1}{2}\times8\times\overline{PD}+\frac{1}{2}\times8\times\overline{PE}$
$52=4(\overline{PD}+\overline{PE})$
$\therefore\overline{PD}+\overline{PE}=13(cm)$

23 $\triangle ABD$와 $\triangle CAE$에서
$\angle ADB=\angle CEA=90°$,
$\overline{AB}=\overline{CA}$,
$\angle ABD=90°-\angle BAD=\angle CAE$
이므로
$\triangle ABD\equiv\triangle CAE$ (RHA 합동)
따라서 $\overline{AD}=\overline{CE}=5\,cm$,
$\overline{AE}=\overline{BD}=12\,cm$이므로
$\begin{aligned}\overline{DE}&=\overline{AE}-\overline{AD}\\&=12-5=7(cm)\end{aligned}$

24 다음과 같이 점 D에서 $\overline{AB}$에 내린 수
선의 발을 E라 하면

$\triangle AED$와 $\triangle ACD$에서
$\angle AED=\angle ACD=90°$,
$\overline{AD}$는 공통, $\angle EAD=\angle CAD$이므로
$\triangle AED\equiv\triangle ACD$ (RHA 합동)
따라서 $\overline{ED}=\overline{CD}=2\,cm$이므로
$\triangle ABD=\frac{1}{2}\times6\times2=6(cm^2)$

25 $\triangle ABC$에서 $\overline{AB}=\overline{AC}$이므로
$\begin{aligned}\angle B&=\angle C\\&=\frac{1}{2}\times(180°-40°)=70°\end{aligned}$
$\triangle FBD$와 $\triangle DCE$에서
$\overline{FB}=\overline{DC}$, $\angle B=\angle C$, $\overline{BD}=\overline{CE}$
이므로

△FBD≡△DCE (SAS 합동)
따라서 ∠BFD=∠CDE,
∠FDB=∠DEC이므로
∠FDE
=180°−(∠FDB+∠CDE)
=180°−(∠FDB+∠BFD)
=∠B=70°

26 ∠EBD=∠a라 하면
△EBD에서 $\overline{EB}=\overline{ED}$이므로
∠EDB=∠EBD=∠a
∴ ∠AED=∠EBD+∠EDB
=∠a+∠a=2∠a
△EDA에서 $\overline{ED}=\overline{AD}$이므로
∠EAD=∠AED=2∠a
△ABD에서
∠ADC=∠ABD+∠BAD
=∠a+2∠a=3∠a
△ADC에서 $\overline{AD}=\overline{AC}$이므로
∠ACD=∠ADC=3∠a
△ABC에서
84°+∠a+3∠a=180°
4∠a=96° ∴ ∠a=24°
∴ ∠ACB=3∠a=3×24°=72°

27 ∠ADC=90°이므로
△ADC의 넓이에서
$\frac{1}{2}×\overline{AC}×\overline{DE}=\frac{1}{2}×\overline{AD}×\overline{DC}$
이때 $\overline{AC}=\overline{AB}=25$ cm이므로
$\frac{1}{2}×25×12=\frac{1}{2}×20×\overline{DC}$
$10\overline{DC}=150$ ∴ $\overline{DC}=15$(cm)
∴ $\overline{BC}=2\overline{DC}=2×15=30$(cm)

28 △BDE와 △BCE에서
∠BDE=∠BCE=90°,
∠EBD=∠EBC, $\overline{BE}$는 공통이므로
△BDE≡△BCE (RHA 합동)
∴ $\overline{DE}=\overline{CE}$, $\overline{BD}=\overline{BC}=12$ cm
$\overline{AD}=\overline{AB}−\overline{BD}=15−12=3$(cm)
∴ (△ADE의 둘레의 길이)
=$\overline{AD}+\overline{DE}+\overline{AE}$
=$\overline{AD}+\overline{CE}+\overline{AE}$
=$\overline{AD}+\overline{AC}$
=3+9=12(cm)

29 △ABC에서 $\overline{AB}=\overline{BC}$이므로
∠A=∠C=72°
∴ ∠B=180°−(72°+72°)=36°
···(i)

∠BAD=∠CAD=$\frac{1}{2}×72°=36°$
즉, ∠B=∠BAD이므로 △ABD는
$\overline{BD}=\overline{AD}$인 이등변삼각형이다.
∴ $\overline{AD}=\overline{BD}=8$ cm ···(ii)
또 △ADC에서
∠ADC=180°−(36°+72°)=72°
즉, ∠ADC=∠C이므로
△ADC는 $\overline{AD}=\overline{AC}$인 이등변삼각형
이다.
∴ $\overline{AC}=\overline{AD}=8$ cm ···(iii)

채점 기준	비율
(i) ∠B의 크기 구하기	20 %
(ii) $\overline{AD}$의 길이 구하기	40 %
(iii) $\overline{AC}$의 길이 구하기	40 %

30 △ADB와 △CEA에서
∠ADB=∠CEA=90°, $\overline{AB}=\overline{CA}$,
∠DBA=90°−∠DAB=∠EAC
이므로
△ADB≡△CEA (RHA 합동)
···(i)
이때 $\overline{DA}=\overline{EC}=8$ cm,
$\overline{AE}=\overline{BD}=10$ cm이므로
$\overline{DE}=\overline{DA}+\overline{AE}$
=8+10=18(cm) ···(ii)
따라서 사각형 DBCE의 넓이는
$\frac{1}{2}×(\overline{DB}+\overline{EC})×\overline{DE}$
=$\frac{1}{2}×(10+8)×18$
=162(cm²) ···(iii)

채점 기준	비율
(i) △ADB≡△CEA임을 보이기	40 %
(ii) $\overline{DE}$의 길이 구하기	40 %
(iii) 사각형 DBCE의 넓이 구하기	20 %

03강 삼각형의 외심

예제
p. 14

1 (1) **7** (2) **35**
(1) $\overline{CD}=\overline{BD}=7$ cm ∴ $x=7$
(2) $\overline{OA}=\overline{OC}$이므로 △OAC에서
∠OCA=$\frac{1}{2}×(180°−110°)=35°$
∴ $x=35$

2 (1) **16 cm** (2) **80°**
(1) 점 O가 △ABC의 외심이므로
$\overline{OA}=\overline{OB}=\overline{OC}=8$ cm
∴ $\overline{AB}=2\overline{OA}=2×8=16$(cm)
(2) △OBC에서 $\overline{OB}=\overline{OC}$이므로
∠OCB=∠B=40°
∴ ∠AOC=∠B+∠OCB
=40°+40°=80°

3 (1) **15°** (2) **140°**
점 O가 △ABC의 외심이므로
(1) ∠x+30°+45°=90°
∴ ∠x=15°
(2) ∠x=2∠A=2×70°=140°

핵심 유형 익히기 p. 15

1 ㄱ, ㄷ, ㄹ
ㄱ. 삼각형의 외심에서 세 꼭짓점에 이
르는 거리는 같으므로
$\overline{OA}=\overline{OB}=\overline{OC}$
ㄷ. 삼각형의 외심은 세 변의 수직이등
분선의 교점이므로
$\overline{AD}=\overline{BD}$
ㄹ. △OBE와 △OCE에서
∠OEB=∠OEC=90°,
$\overline{OB}=\overline{OC}$, $\overline{OE}$는 공통이므로
△OBE≡△OCE (RHS 합동)
따라서 옳은 것은 ㄱ, ㄷ, ㄹ이다.

2 **42 cm**
점 O가 △ABC의 외심이므로
$\overline{BD}=\overline{AD}=6$ cm,
$\overline{BE}=\overline{CE}=8$ cm,
$\overline{AF}=\overline{CF}=7$ cm
∴ (△ABC의 둘레의 길이)
=$\overline{AB}+\overline{BC}+\overline{CA}$
=2($\overline{AD}+\overline{EC}+\overline{CF}$)
=2×(6+8+7)
=42(cm)

3 **8 cm**
△OAB의 둘레의 길이가 28 cm이므로
12+$\overline{OA}$+$\overline{OB}$=28
이때 $\overline{OA}=\overline{OB}$이므로
12+2$\overline{OA}$=28, 2$\overline{OA}$=16
∴ $\overline{OA}$=8(cm)

4 $25\pi\,\mathrm{cm}^2$

직각삼각형의 외심은 빗변의 중점이므로
(외접원의 반지름의 길이)
$=\dfrac{1}{2}\times$(빗변의 길이)
$=\dfrac{1}{2}\times10=5(\mathrm{cm})$
$\therefore$ (외접원의 넓이)
$=\pi\times5^2=25\pi(\mathrm{cm}^2)$

5 (1) $15°$ (2) $60°$
(1) $\angle\mathrm{OAC}=\angle\mathrm{OCA}=35°$이므로
$40°+\angle x+35°=90°$
$\therefore\ \angle x=15°$
(2) $\angle\mathrm{BOC}=2\angle\mathrm{A}$이므로
$\angle\mathrm{A}=\dfrac{1}{2}\angle\mathrm{BOC}$
$=\dfrac{1}{2}\times120°=60°$
$\therefore\ \angle x=60°$

6 $112°$
점 O가 $\triangle\mathrm{ABC}$의 외심이므로
$\angle\mathrm{OAB}=\angle\mathrm{OBA}=20°$
$\therefore\ \angle\mathrm{BAC}=\angle\mathrm{OAB}+\angle\mathrm{OAC}$
$=20°+36°=56°$
$\angle\mathrm{BOC}=2\angle\mathrm{BAC}$이므로
$\angle x=2\times56°=112°$
| 다른 풀이 |
점 O가 $\triangle\mathrm{ABC}$의 외심이므로
$20°+\angle\mathrm{OCB}+36°=90°$
$\therefore\ \angle\mathrm{OCB}=34°$
이때 $\angle\mathrm{OBC}=\angle\mathrm{OCB}=34°$이므로
$\triangle\mathrm{OBC}$에서
$\angle x=180°-(34°+34°)$
$=112°$

04강 삼각형의 내심

예제 p. 16

1 (1) 30 (2) 4
(1) $\angle\mathrm{IAC}=\angle\mathrm{IAB}=30°$
$\therefore\ x=30$
(2) $\overline{\mathrm{IF}}=\overline{\mathrm{ID}}=\overline{\mathrm{IE}}=4\,\mathrm{cm}$
$\therefore\ x=4$

---

2 (1) 125 (2) 1
점 I가 $\triangle\mathrm{ABC}$의 내심이므로
(1) $\angle\mathrm{BIC}=90°+\dfrac{1}{2}\times70°=125°$
$\therefore\ x=125$
(2) $\triangle\mathrm{ABC}=\dfrac{1}{2}\times4\times3$
$=6(\mathrm{cm}^2)$
이때 $\triangle\mathrm{ABC}$의 내접원의 반지름의
길이는 $x\,\mathrm{cm}$이므로
$6=\dfrac{1}{2}\times x\times(4+3+5)$
$6=6x\qquad\therefore\ x=1$

핵심 유형 익히기 p. 17

1 ①, ②
①, ② 점 I가 $\triangle\mathrm{ABC}$의 외심일 때 성
립한다.
③ 삼각형의 내심에서 세 변에 이르는
거리는 같으므로 $\overline{\mathrm{ID}}=\overline{\mathrm{IE}}=\overline{\mathrm{IF}}$
④ 삼각형의 내심은 세 내각의 이등분
선의 교점이므로 $\angle\mathrm{ICE}=\angle\mathrm{ICF}$
⑤ $\triangle\mathrm{IBD}$와 $\triangle\mathrm{IBE}$에서
$\angle\mathrm{IDB}=\angle\mathrm{IEB}=90°$,
$\angle\mathrm{IBD}=\angle\mathrm{IBE}$,
$\overline{\mathrm{IB}}$는 공통이므로
$\triangle\mathrm{IBD}\equiv\triangle\mathrm{IBE}$ (RHA 합동)
따라서 옳지 않은 것은 ①, ②이다.

2 $36°$
점 I가 $\triangle\mathrm{ABC}$의 내심이므로
$\angle\mathrm{IBC}=\angle\mathrm{IBA}=24°$,
$\angle\mathrm{ICB}=\angle\mathrm{ICA}=\angle x$
따라서 $\triangle\mathrm{IBC}$에서
$\angle x=180°-(120°+24°)=36°$

3 $25°$
다음 그림과 같이 $\overline{\mathrm{IC}}$를 그으면

점 I가 $\triangle\mathrm{ABC}$의 내심이므로
$\angle\mathrm{ICA}=\angle\mathrm{ICB}=\dfrac{1}{2}\times60°=30°$
이때 $35°+\angle x+30°=90°$이므로
$\angle x=25°$

---

4 $22°$
$\angle\mathrm{AIB}=90°+\dfrac{1}{2}\angle\mathrm{ACB}$이므로
$112°=90°+\dfrac{1}{2}\angle\mathrm{ACB}$
$\dfrac{1}{2}\angle\mathrm{ACB}=22°\quad\therefore\ \angle\mathrm{ACB}=44°$
이때 $\angle\mathrm{ICA}=\angle\mathrm{ICB}$이므로
$\angle x=\dfrac{1}{2}\angle\mathrm{ACB}=\dfrac{1}{2}\times44°=22°$

5 $16\,\mathrm{cm}^2$
$\triangle\mathrm{ABC}$
$=\dfrac{1}{2}\times2\times(\overline{\mathrm{AB}}+\overline{\mathrm{BC}}+\overline{\mathrm{CA}})$
$=\dfrac{1}{2}\times2\times16=16(\mathrm{cm}^2)$

6 $13\,\mathrm{cm}$
$\overline{\mathrm{AF}}=\overline{\mathrm{AD}}=3\,\mathrm{cm}$이므로
$\overline{\mathrm{CE}}=\overline{\mathrm{CF}}=7-3=4(\mathrm{cm})$,
$\overline{\mathrm{BE}}=\overline{\mathrm{BD}}=12-3=9(\mathrm{cm})$
$\therefore\ \overline{\mathrm{BC}}=\overline{\mathrm{BE}}+\overline{\mathrm{CE}}$
$=9+4=13(\mathrm{cm})$

기초 내공 다지기 p. 18

1 (1) 5 (2) 6 (3) 7
2 (1) $22°$ (2) $40°$ (3) $65°$
3 (1) $28°$ (2) $29°$ (3) $15°$ (4) $30°$
 (5) $120°$ (6) $100°$

1 점 O가 직각삼각형 ABC의 외심이므로
(1) $\overline{\mathrm{OC}}=\overline{\mathrm{OA}}=5\,\mathrm{cm}$
$\therefore\ x=5$
(2) $\overline{\mathrm{AC}}=2\overline{\mathrm{AF}}=2\times3=6(\mathrm{cm})$
$\therefore\ x=6$
(3) $\overline{\mathrm{OC}}=\overline{\mathrm{OA}}=\overline{\mathrm{OB}}$
$=\dfrac{1}{2}\overline{\mathrm{AB}}=\dfrac{1}{2}\times14=7(\mathrm{cm})$
$\therefore\ x=7$

2 점 O가 $\triangle\mathrm{ABC}$의 외심이므로
(1) $\angle x+43°+25°=90°$
$\therefore\ \angle x=22°$
(2) $\angle\mathrm{BOC}=2\angle\mathrm{A}=2\times50°=100°$
이때 $\overline{\mathrm{OB}}=\overline{\mathrm{OC}}$이므로
$\angle x=\dfrac{1}{2}\times(180°-100°)=40°$
(3) $\angle\mathrm{BOC}=2\angle x$이므로
$2\angle x=130°$
$\therefore\ \angle x=65°$

3 점 I가 △ABC의 내심이므로
(1) $\angle x = \angle ICA = 28°$
(2) $\angle ICB = \angle ICA = 25°$이므로
△IBC에서
$\angle x = 180° - (126° + 25°) = 29°$
(3) $\angle x + 60° + 15° = 90°$
$\therefore \angle x = 15°$
(4) $\angle ICA = \angle ICB$
$= \dfrac{1}{2} \angle ACB$
$= \dfrac{1}{2} \times 80° = 40°$
따라서 $20° + \angle x + 40° = 90°$이므로
$\angle x = 30°$
(5) $\angle x = 90° + \dfrac{1}{2} \angle BAC$
$= 90° + 30° = 120°$
(6) $140° = 90° + \dfrac{1}{2} \angle x$이므로
$\dfrac{1}{2} \angle x = 50°$ $\therefore \angle x = 100°$

족집게 문제 p. 19~23

1 ㄴ, ㄹ	**2** ①, ②	**3** 25°	**4** ②
5 5π cm	**6** ⑤		**7** 58°
8 ④	**9** 90°	**10** ③, ⑤	**11** ④
12 115°	**13** ①	**14** 51°	**15** 75°
16 121°	**17** 44 cm		**18** 9 cm
19 ②	**20** 15 cm²		**21** 14°
22 38°	**23** ⑤	**24** 45°	**25** 110°
26 147°	**27** 84 cm²		
28 30 cm		**29** ⑤	**30** 40°
31 115°	**32** 159°	**33** 70°	

34 $\dfrac{189}{4}\pi$ cm²

35 9°, 과정은 풀이 참조

36 $(24 - 4\pi)$ cm², 과정은 풀이 참조

1 ㄴ, ㄹ. 삼각형의 내심에 대한 설명이다.

2 ①, ② 점 O가 △ABC의 내심일 때 성립한다.
⑤ △OAF≡△OCF (RHS 합동)

3 다음 그림과 같이 $\overline{OB}$를 그으면

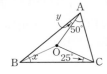

$\angle OBC = \angle OCB = 25°$이므로
$\angle OBA = \angle x - 25°$
이때 $\angle OAB = \angle OBA$이므로
$\angle y = \angle x - 25°$
$\therefore \angle x - \angle y = 25°$

| 다른 풀이 |
△AOC에서 $\overline{OA} = \overline{OC}$이므로
$\angle OCA = \angle OAC = 50°$
$\angle AOC = 180° - (50° + 50°) = 80°$
$\therefore \angle x = \dfrac{1}{2} \angle AOC = \dfrac{1}{2} \times 80°$
$= 40°$
또 △OBC에서
$\angle OBC = \angle OCB = 25°$이므로
△OAB에서
$\angle y = \angle ABO = \angle ABC - \angle OBC$
$= 40° - 25° = 15°$

돌다리 두드리기 | 점 O가 △ABC의 외심이면 △OAB, △OBC, △OCA는 모두 이등변삼각형이다.

4 삼각형의 외심은 세 변의 수직이등분선의 교점이므로 $\overline{AD} = \overline{CD} = 5$ cm
$\therefore \overline{AC} = 5 + 5 = 10$(cm)
이때 $\overline{OA} = \overline{OC}$이고, △AOC의 둘레의 길이가 22 cm이므로
$\overline{OA} + \overline{OC} + \overline{AC} = 22$
$2\overline{OA} + 10 = 22$
$2\overline{OA} = 12$ $\therefore \overline{OA} = 6$(cm)
따라서 △ABC의 외접원의 반지름의 길이는 6 cm이다.

5 직각삼각형의 외심은 빗변의 중점이므로 △ABC의 외접원의 반지름의 길이는
$\dfrac{1}{2}\overline{AC} = \dfrac{1}{2} \times 5 = \dfrac{5}{2}$(cm)
따라서 △ABC의 외접원의 둘레의 길이는 $2\pi \times \dfrac{5}{2} = 5\pi$(cm)

6 점 M은 직각삼각형 ABC의 외심이므로
$\overline{MA} = \overline{MB} = \overline{MC}$
△BCM에서
$\angle MBC = \angle MCB = 35°$
따라서 △ABC에서
$\angle A = 180° - (35° + 90°) = 55°$

7 다음 그림과 같이 $\overline{OC}$를 그으면

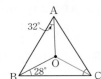

$32° + 28° + \angle OCA = 90°$
$\angle OCA = 30°$
△OBC에서 $\overline{OB} = \overline{OC}$이므로
$\angle OCB = \angle OBC = 28°$
$\therefore \angle C = \angle OCA + \angle OCB$
$= 30° + 28° = 58°$

돌다리 두드리기 | $\overline{OA} = \overline{OB} = \overline{OC}$이므로
$\angle OCB = \angle OBC$이다.
$\angle OCB = \angle OCA$는 점 O가 삼각형의 내심일 때의 성질이므로 착각하지 않도록 한다.

8 △OAB에서 $\overline{OA} = \overline{OB}$이므로
$\angle OAB = \dfrac{1}{2} \times (180° - 130°) = 25°$
이때 $\overline{OC} = \overline{OA}$이므로
$\angle OCA = \angle OAC = 35°$
따라서 $25° + \angle OBC + 35° = 90°$이므로
$\angle OBC = 30°$

| 다른 풀이 |
△OCA에서 $\overline{OC} = \overline{OA}$이므로
$\angle OCA = \angle OAC = 35°$
$\angle ACB = \dfrac{1}{2} \angle AOB$
$= \dfrac{1}{2} \times 130° = 65°$
$\therefore \angle OBC = \angle OCB$
$= \angle ACB - \angle OCA$
$= 65° - 35° = 30°$

9 $\angle x = \dfrac{1}{2} \angle BOC = \dfrac{1}{2} \times 124° = 62°$
또 △OBC에서 $\overline{OB} = \overline{OC}$이므로
$\angle y = \dfrac{1}{2} \times (180° - 124°) = 28°$
$\therefore \angle x + \angle y = 62° + 28° = 90°$

10 ③ 삼각형의 내심은 세 내각의 이등분선의 교점이다.
⑤ 삼각형의 내심에서 세 변에 이르는 거리는 같다.

11 ①, ③ 점 I는 삼각형의 세 내각의 이등분선의 교점이므로 내심이다.
$\therefore \overline{ID} = \overline{IE} = \overline{IF}$
② △IDB≡△IEB (RHA 합동)
$\therefore \overline{BD} = \overline{BE}$
⑤ △IEC≡△IFC (RHA 합동)
따라서 옳지 않은 것은 ④이다.

12 점 I가 △ABC의 내심이므로
$\angle IBC = \angle IBA = 40°$,

$\angle ICB = \angle ICA = 25°$
따라서 $\triangle IBC$에서
$\angle BIC = 180° - (40° + 25°) = 115°$

13 $\angle x + 25° + 38° = 90°$이므로
$\angle x = 27°$
또 $\angle IAB = \angle IAC = 38°$이므로
$\angle y = 38°$
$\therefore \angle y - \angle x = 38° - 27° = 11°$

14 $\angle BIA = 90° + \dfrac{1}{2} \angle C$
$= 90° + \dfrac{1}{2} \times 78° = 129°$
따라서 $\triangle ABI$에서
$\angle IAB + \angle IBA + 129° = 180°$
$\therefore \angle IAB + \angle IBA = 180° - 129°$
$= 51°$

15 $35° + 20° + \angle x = 90°$이므로
$\angle x = 35°$
$\angle y = 90° + \dfrac{1}{2} \angle ABC$
$= 90° + 20° = 110°$
$\therefore \angle y - \angle x = 110° - 35° = 75°$

16 $\triangle ABC$에서 $\overline{AB} = \overline{AC}$이므로
$\angle B = \dfrac{1}{2} \times (180° - 56°) = 62°$
$\therefore \angle AIC = 90° + \dfrac{1}{2} \angle B$
$= 90° + \dfrac{1}{2} \times 62° = 121°$

17 $\triangle ABC$의 내접원의 반지름의 길이가
4 cm이므로
$88 = \dfrac{1}{2} \times 4 \times (\overline{AB} + \overline{BC} + \overline{CA})$
$\therefore \overline{AB} + \overline{BC} + \overline{CA} = 44$(cm)
따라서 $\triangle ABC$의 둘레의 길이는
44 cm이다.

18 $\overline{BD} = \overline{BE} = x$ cm라 하면
$\overline{AF} = \overline{AD} = (14 - x)$ cm,
$\overline{CF} = \overline{CE} = (16 - x)$ cm
이때 $\overline{AC} = \overline{AF} + \overline{CF}$이므로
$12 = (14 - x) + (16 - x)$
$2x = 18 \qquad \therefore x = 9$
$\therefore \overline{BD} = 9$ cm

19 ② 둔각삼각형의 외심은 삼각형의 외부에 있다.

20 점 O는 직각삼각형 ABC의 외심이므로 $\overline{OB} = \overline{OC}$

이때 $\triangle ABO = \triangle AOC$이므로
$\triangle AOC = \dfrac{1}{2} \triangle ABC$
$= \dfrac{1}{2} \times \left(\dfrac{1}{2} \times 5 \times 12 \right)$
$= 15$(cm^2)

21 점 M은 직각삼각형 ABC의 외심이므로
$\overline{MA} = \overline{MB} = \overline{MC}$
$\triangle AMC$에서 $\overline{MA} = \overline{MC}$이므로
$\angle MCA = \angle MAC = 52°$
$\triangle ADC$에서
$\angle DCA = 180° - (90° + 52°) = 38°$
$\therefore \angle MCD = \angle MCA - \angle DCA$
$= 52° - 38° = 14°$

돌다리 두드리기 | 이등변삼각형의 두 밑각의 크기는 같다.
즉, $\triangle ABC$에서 $\overline{AB} = \overline{AC}$이면
$\angle B = \angle C$이다.

22 $\triangle OAB$에서 $\overline{OA} = \overline{OB}$이므로
$\angle OBA = \angle OAB = 20° + \angle x$
$\triangle OAC$에서 $\overline{OA} = \overline{OC}$이므로
$\angle OCA = \angle OAC = 20°$
$\triangle OBC$에서 $\overline{OB} = \overline{OC}$이므로
$\angle OBC = \angle OCB = 20° + 32° = 52°$
$\triangle ABC$에서
$\angle x + (20° + \angle x + 52°) + 32° = 180°$
$2\angle x = 76° \qquad \therefore \angle x = 38°$

23 점 O는 $\triangle ABC$의 외심이므로 다음 그림과 같이 $\overline{OA}$, $\overline{OB}$를 그으면

$\angle OAB + \angle OBC + \angle OCA = 90°$
즉, $\angle OBA + \angle OBC + \angle OCA = 90°$
이므로
$40° + \angle OCA = 90°$
$\therefore \angle OCA = 50°$

24 $\angle AOB : \angle BOC : \angle COA$
$= 3 : 4 : 5$이므로
$\angle AOB = \dfrac{3}{12} \times 360° = 90°$
$\therefore \angle ACB = \dfrac{1}{2} \angle AOB$
$= \dfrac{1}{2} \times 90° = 45°$

25 삼각형의 세 내각의 크기의 합은 $180°$
이므로 $\angle ACB = \dfrac{2}{9} \times 180° = 40°$
$\therefore \angle x = 90° + \dfrac{1}{2} \angle ACB$
$= 90° + \dfrac{1}{2} \times 40° = 110°$

26 점 I가 $\triangle ABC$의 내심이므로
$\angle IBC = \angle IBA = 40°$,
$\angle ICB = \angle ICA = 26°$
$\triangle IBC$에서
$\angle BIC = 180° - (40° + 26°) = 114°$
따라서 점 I'이 $\triangle IBC$의 내심이므로
$\angle BI'C = 90° + \dfrac{1}{2} \angle BIC$
$= 90° + \dfrac{1}{2} \times 114° = 147°$

27 $\triangle ABC$의 내접원의 반지름의 길이를
r cm라 하면
$\triangle ICA = \dfrac{1}{2} \times 14 \times r = 28$
$\therefore r = 4$
$\therefore \triangle ABC$
$= \dfrac{1}{2} \times 4 \times (\overline{AB} + \overline{BC} + \overline{CA})$
$= \dfrac{1}{2} \times 4 \times (13 + 15 + 14)$
$= 84$(cm^2)

28 $\overline{AF} = \overline{AD} = 3$ cm이고,
$\overline{BD} = \overline{BE} = x$ cm라 하면
$\overline{CF} = \overline{CE} = (12 - x)$ cm
$\therefore$ ($\triangle ABC$의 둘레의 길이)
$= \overline{AB} + \overline{BC} + \overline{CA}$
$= (3 + x) + 12 + (3 + 12 - x)$
$= 30$(cm)

29 점 I가 $\triangle ABC$의 내심이므로
$\angle DBI = \angle IBC$, $\angle ECI = \angle ICB$
이때 $\overline{DE} /\!/ \overline{BC}$이므로
$\angle DIB = \angle IBC$ (엇각),
$\angle EIC = \angle ICB$ (엇각)
$\therefore \angle DBI = \angle DIB$,
$\angle EIC = \angle ECI$
즉, $\triangle DBI$, $\triangle EIC$는 이등변삼각형
이므로 $\overline{DB} = \overline{DI}$, $\overline{EI} = \overline{EC}$
$\therefore$ ($\triangle ADE$의 둘레의 길이)
$= \overline{AD} + \overline{DE} + \overline{AE}$
$= \overline{AD} + (\overline{DI} + \overline{EI}) + \overline{AE}$
$= (\overline{AD} + \overline{DB}) + (\overline{EC} + \overline{AE})$
$= \overline{AB} + \overline{AC}$
$= 8 + 13 = 21$(cm)

30 점 O'이 $\triangle ABO$의 외심이므로
$\angle O'OB=\angle O'BO=40°$
$\triangle O'BO$에서
$\angle BO'O=180°-(40°+40°)=100°$
$\angle BAO=\dfrac{1}{2}\angle BO'O$
$\qquad =\dfrac{1}{2}\times100°=50°$
이때 $\triangle ABC$의 외심 O가 $\overline{BC}$ 위에
있으므로 $\angle BAC=90°$
$\therefore \angle OAC=\angle BAC-\angle BAO$
$\qquad\qquad =90°-50°=40°$

31 다음 그림과 같이 $\overline{OB}$, $\overline{OC}$, $\overline{OD}$를 그
으면

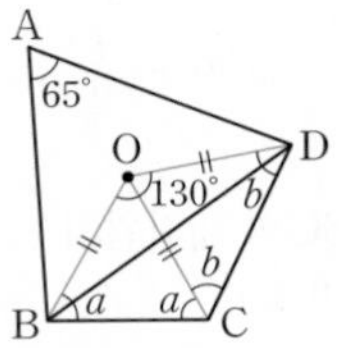

점 O가 $\triangle ABD$의 외심이므로
$\angle BOD=2\angle A$
$\qquad\quad =2\times65°=130°$
또 점 O가 $\triangle BCD$의 외심이므로
$\angle OBC=\angle OCB=\angle a$,
$\angle OCD=\angle ODC=\angle b$라 하면
사각형 $OBCD$에서
$130°+\angle a+(\angle a+\angle b)+\angle b$
$=360°$
$2(\angle a+\angle b)=230°$
$\therefore \angle a+\angle b=115°$
$\therefore \angle C=\angle a+\angle b=115°$

32 다음 그림과 같이 $\overline{IC}$를 그으면

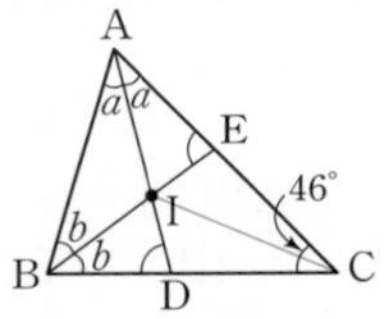

점 I가 $\triangle ABC$의 내심이므로
$\angle ICD=\dfrac{1}{2}\times46°=23°$
$\angle IAB=\angle IAE=\angle a$,
$\angle IBA=\angle IBD=\angle b$라 하면
$\angle a+\angle b+23°=90°$
$\therefore \angle a+\angle b=67°$
$\triangle ADC$에서 $\angle ADB=\angle a+46°$
$\triangle EBC$에서 $\angle AEB=\angle b+46°$
$\therefore \angle ADB+\angle AEB$
$\quad =(\angle a+46°)+(\angle b+46°)$
$\quad =\angle a+\angle b+92°$
$\quad =67°+92°=159°$

33 점 I가 $\triangle ABC$의 내심이므로
$\angle BAC=2\angle CAE=2\times40°=80°$
다음 그림과 같이 $\overline{OB}$, $\overline{OC}$를 그으면

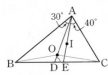

점 O가 $\triangle ABC$의 외심이므로
$\angle ABO=\angle BAO=30°$,
$\angle BOC=2\angle BAC=2\times80°=160°$
$\triangle OBC$에서 $\overline{OB}=\overline{OC}$이므로
$\angle OBD=\dfrac{1}{2}\times(180°-160°)=10°$
따라서 $\triangle ABD$에서
$\angle ADE=\angle BAD+\angle ABD$
$\qquad\qquad =30°+(30°+10°)=70°$

34 (외접원의 반지름의 길이)
$=\dfrac{1}{2}\times$(빗변의 길이)
$=\dfrac{1}{2}\times15=\dfrac{15}{2}$ (cm)
$\triangle ABC$의 내접원의 반지름의 길이를
r cm라 하면
$\triangle ABC$
$=\dfrac{1}{2}\times r\times(15+9+12)$
$=18r$ (cm^2)
이때
$\triangle ABC=\dfrac{1}{2}\times9\times12=54$ (cm^2)
이므로
$18r=54$ $\quad\therefore r=3$
따라서 $\triangle ABC$의 외접원과 내접원의
넓이의 차는
$\pi\times\left(\dfrac{15}{2}\right)^2-\pi\times3^2$
$=\dfrac{225}{4}\pi-9\pi=\dfrac{189}{4}\pi$ (cm^2)

35 점 O가 $\triangle ABC$의 외심이므로
$\angle BOC=2\angle A=2\times48°=96°$
$\triangle OBC$에서 $\overline{OB}=\overline{OC}$이므로
$\angle OBC=\dfrac{1}{2}\times(180°-96°)$
$\qquad\quad =42°$ $\qquad\qquad\cdots$(i)
한편, $\triangle ABC$에서 $\overline{AB}=\overline{AC}$이므로
$\angle ABC=\dfrac{1}{2}\times(180°-48°)=66°$
점 I가 $\triangle ABC$의 내심이므로
$\angle IBC=\dfrac{1}{2}\angle ABC$
$\qquad\quad =\dfrac{1}{2}\times66°=33°$ $\qquad\cdots$(ii)
$\therefore \angle OBI=\angle OBC-\angle IBC$
$\qquad\qquad =42°-33°=9°$ $\qquad\cdots$(iii)

채점 기준	비율
(i) $\angle OBC$의 크기 구하기	40 %
(ii) $\angle IBC$의 크기 구하기	40 %
(iii) $\angle OBI$의 크기 구하기	20 %

36 $\triangle ABC$의 내접원의 반지름의 길이를
r cm라 하면
$\triangle ABC=\dfrac{1}{2}\times r\times(6+10+8)$
$\qquad\qquad =12r$ (cm^2)
이때
$\triangle ABC=\dfrac{1}{2}\times6\times8=24$ (cm^2)
이므로
$12r=24$ $\quad\therefore r=2$ $\qquad\cdots$(i)
따라서 내접원 I의 넓이는
$\pi\times2^2=4\pi$ (cm^2) $\qquad\cdots$(ii)
$\therefore$ (색칠한 부분의 넓이)
$\quad =\triangle ABC-$(내접원 I의 넓이)
$\quad =24-4\pi$ (cm^2) $\qquad\cdots$(iii)

채점 기준	비율
(i) 내접원 I의 반지름의 길이 구하기	40 %
(ii) 내접원 I의 넓이 구하기	30 %
(iii) 색칠한 부분의 넓이 구하기	30 %

05강 평행사변형

예제 p. 24

1 (1) $x=8$, $y=65$ (2) $x=6$, $y=5$
(1) 평행사변형에서 두 쌍의 대변의 길
이는 각각 같으므로
$x=\overline{BC}=8$
두 쌍의 대각의 크기는 각각 같으므로
$\angle D=\angle B=65°$ $\quad\therefore y=65$
(2) 평행사변형에서 두 대각선은 서로
다른 것을 이등분하므로
$x=\dfrac{1}{2}\overline{AC}=\dfrac{1}{2}\times12=6$,
$y=\overline{BO}=5$

2 ㄴ, ㄹ
ㄱ. 오른쪽 그림에서
$\square ABCD$는
$\overline{AB}=\overline{BC}$,
$\overline{AD}=\overline{CD}$이지만
평행사변형이 아니다.

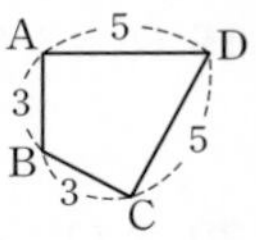

ㄴ. 두 쌍의 대각의 크기가 각각 같으므로 □ABCD는 평행사변형이다.

ㄷ. 오른쪽 그림에서 □ABCD는 $\overline{AD}$∥$\overline{BC}$, $\overline{AB}=\overline{CD}$이지만 평행사변형이 아니다.

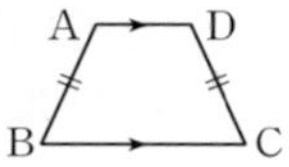

ㄹ. 두 대각선이 서로 다른 것을 이등분하므로 □ABCD는 평행사변형이다.

따라서 평행사변형이 되는 것은 ㄴ, ㄹ이다.

3 **18 cm²**

$\triangle PAD+\triangle PBC$

$=\dfrac{1}{2}\square ABCD$

$=\dfrac{1}{2}\times36=18(\text{cm}^2)$

1 (1) $x=9$, $y=5$ (2) $x=75$, $y=35$

(1) 평행사변형에서 두 쌍의 대변의 길이는 각각 같으므로

$\overline{AB}=\overline{DC}$ ∴ $x=9$

$\overline{AD}=\overline{BC}$, 즉 $16=3y+1$

$3y=15$ ∴ $y=5$

(2) $\overline{AD}$∥$\overline{BC}$이므로

∠DAC=∠ACB=75° (엇각)

∴ $x=75$

△ABC에서

∠B=180°−(70°+75°)=35°

이때 평행사변형의 두 쌍의 대각의 크기는 각각 같으므로

∠D=∠B=35°   ∴ $y=35$

2 **10**

□ABCD는 평행사변형이므로

$\overline{AD}=\overline{BC}$, 즉 $2x+6=4x$

$2x=6$ ∴ $x=3$

이때 $\overline{BO}=2\times3-1=5$이므로

$\overline{BD}=2\overline{BO}=2\times5=10$

3 ①

① 대각의 크기가 같지 않으므로 □ABCD는 평행사변형이 아니다.

② 두 쌍의 대변의 길이가 각각 같으므로 □ABCD는 평행사변형이다.

③ 두 대각선이 서로 다른 것을 이등분하므로 □ABCD는 평행사변형이다.

④, ⑤ 한 쌍의 대변이 평행하고 그 길이가 같으므로 □ABCD는 평행사변형이다.

따라서 □ABCD 중 평행사변형이 아닌 것은 ①이다.

4 (가) $\overline{NC}$ (나) $\overline{DC}$ (다) $\overline{NC}$

5 **48 cm²**

평행사변형 ABCD에서

$\triangle OCD=\dfrac{1}{4}\square ABCD$이므로

$\square ABCD=4\triangle OCD$

$=4\times12$

$=48(\text{cm}^2)$

1 (1) $x=9$, $y=6$ (2) $x=6$, $y=6$

(3) $x=70$, $y=110$

(4) $x=35$, $y=105$

(5) $x=80$, $y=50$ (6) $x=25$, $y=45$

(7) $x=5$, $y=7$ (8) $x=5$, $y=5$

2 (1) $x=3$ (2) $x=3$, $y=11$

(3) $x=62$, $y=60$

3 (1) ○, 두 쌍의 대변의 길이가 각각 같다.

(2) ×

(3) ○, 두 쌍의 대변이 각각 평행하다.

(4) ○, 두 쌍의 대각의 크기가 각각 같다.

(5) ×

(6) ○, 두 대각선이 서로 다른 것을 이등분한다.

(7) ○, 한 쌍의 대변이 평행하고 그 길이가 같다.

(8) ×

4 (1) 6 cm²   (2) 12 cm²

5 (1) 13 cm²   (2) 16 cm²

(3) 15 cm²   (4) 32 cm²

1 (1) $\overline{AD}=\overline{BC}$이므로 $x=9$

$\overline{AB}=\overline{DC}$이므로

$2y=12$ ∴ $y=6$

(2) $\overline{AB}=\overline{DC}$이므로

$2x-1=11$, $2x=12$

∴ $x=6$

$\overline{AD}=\overline{BC}$이므로

$8=y+2$ ∴ $y=6$

(3) ∠D=∠B=70°이므로

$x=70$

∠B+∠C=180°이므로

∠C=110°   ∴ $y=110$

(4) $\overline{AD}$∥$\overline{BC}$이므로

∠DBC=∠ADB=35°

∴ $x=35$

∠ABC=40°+35°=75°이고,

∠ABC+∠C=180°이므로

∠C=105°   ∴ $y=105$

(5) $\overline{AB}$∥$\overline{DC}$이므로

∠ACD=∠BAC=80° (엇각)

∴ $x=80$

$\overline{AD}$∥$\overline{BC}$이므로

∠ACB=∠DAC=50° (엇각)

∴ $y=50$

(6) $\overline{AB}$∥$\overline{DC}$이므로

∠BAC=∠DCA=25° (엇각)

∴ $x=25$

∠CDB=∠ABD=45° (엇각)

∴ $y=45$

(7) $\overline{OA}=\overline{OC}=\dfrac{1}{2}\overline{AC}$

$=\dfrac{1}{2}\times10=5$

∴ $x=5$

$\overline{OB}=\overline{OD}=\dfrac{1}{2}\overline{BD}$

$=\dfrac{1}{2}\times14=7$

∴ $y=7$

(8) $\overline{OA}=\overline{OC}$이므로

$x+8=13$ ∴ $x=5$

$\overline{OB}=\overline{OD}$이므로 $9=2y-1$

$2y=10$ ∴ $y=5$

2 (1) $\overline{AB}$∥$\overline{DC}$, $\overline{AB}=\overline{DC}$이어야 하므로

$5=x+2$에서

$x=3$

(2) $\overline{AD}=\overline{BC}$이어야 하므로

$x+5=3x-1$에서 $2x=6$

∴ $x=3$

$\overline{AB}=\overline{DC}$이어야 하므로

$x+8=y$에서 $y=11$

(3) $\overline{AB}$∥$\overline{DC}$이어야 하므로

∠ABD=∠CDB=62° (엇각)

∴ $x=62$

△DBC에서
$$\angle DBC = 180° - (62° + 58°)$$
$$= 60°$$
$\overline{AD} /\!/ \overline{BC}$이어야 하므로
$$\angle ADB = \angle DBC = 60° \text{ (엇각)}$$
$$\therefore y = 60$$

3 (1) 두 쌍의 대변의 길이가 각각 같으므로 □ABCD는 평행사변형이다.
(2) 두 쌍의 대변의 길이가 모두 같지 않으므로 □ABCD는 평행사변형이 아니다.
(3) 두 쌍의 대변이 각각 평행하므로 □ABCD는 평행사변형이다.
(4) 두 쌍의 대각의 크기가 각각 같으므로 □ABCD는 평행사변형이다.
(5) $\angle A = 110°$, $\angle B = 70°$이므로 $\overline{AD} /\!/ \overline{BC}$이지만 $\overline{AD} \neq \overline{BC}$이므로 □ABCD는 평행사변형이 아니다.
(6) 두 대각선이 서로 다른 것을 이등분하므로 □ABCD는 평행사변형이다.
(7) 한 쌍의 대변이 평행하고 그 길이가 같으므로 □ABCD는 평행사변형이다.
(8) $\overline{AD} /\!/ \overline{BC}$, $\overline{AB} = \overline{CD} = 6$이지만 $\overline{AD} = \overline{BC}$인지 알 수 없으므로 평행사변형인지 알 수 없다.

4 (1) $\triangle AOD = \dfrac{1}{4} \square ABCD$
$$= \dfrac{1}{4} \times 24 = 6 (\text{cm}^2)$$
(2) $\triangle ABO = \triangle CDO = \dfrac{1}{4} \square ABCD$
이므로
$\triangle ABO + \triangle CDO$
$$= \dfrac{1}{2} \square ABCD$$
$$= \dfrac{1}{2} \times 24$$
$$= 12 (\text{cm}^2)$$

5 (1) $\triangle PAB + \triangle PCD$
$$= \triangle PAD + \triangle PBC$$
$$= 8 + 5 = 13 (\text{cm}^2)$$
(2) $\triangle PAB + \triangle PCD$
$$= \triangle PAD + \triangle PBC$이므로$$
$$13 + 9 = 6 + \triangle PBC$$
$$\therefore \triangle PBC = 16 (\text{cm}^2)$$

(3) $\triangle PAB + \triangle PCD = \dfrac{1}{2} \square ABCD$
이므로
$$10 + \triangle PCD = \dfrac{1}{2} \times 50$$
$$\therefore \triangle PCD = 25 - 10 = 15 (\text{cm}^2)$$
(4) $\triangle PAB + \triangle PCD$
$$= \triangle PAD + \triangle PBC$이므로$$
$\square ABCD$
$$= 2(\triangle PAB + \triangle PCD)$$
$$= 2 \times 16$$
$$= 32 (\text{cm}^2)$$

족집게 문제 p. 28~31

1 ④	2 ⑤	3 ③
4 4 cm	5 ⑤	6 36°
7 21 cm	8 55°	9 ①, ④
10 ㄴ, ㅁ	11 8 cm²	12 ③
13 3 cm	14 ②	15 60°
16 12 cm²	17 ④	18 4 cm
19 32 cm²	20 18 cm	21 ②
22 36 cm²		
23 평행사변형, 과정은 풀이 참조		
24 20 cm, 과정은 풀이 참조		

1 $\overline{AB} /\!/ \overline{DC}$이므로
$$\angle CDO = \angle ABO = 40° \text{ (엇각)}$$
따라서 △OCD에서
$$\angle x = \angle OCD + \angle CDO$$
$$= 70° + 40° = 110°$$

2 $\overline{AD} /\!/ \overline{BC}$이므로
$$\angle BCO = \angle DAO = \angle a \text{ (엇각)}$$
$\overline{AB} /\!/ \overline{DC}$이므로
$$\angle CDO = \angle ABO = 38° \text{ (엇각)}$$
△DBC에서
$$\angle b + (\angle a + 70°) + 38° = 180°$$
$$\therefore \angle a + \angle b = 72°$$

3 평행사변형의 성질에서
① 두 쌍의 대변의 길이가 각각 같다.
② 두 대각선은 서로 다른 것을 이등분한다.
④ 두 쌍의 대각의 크기가 각각 같다.
⑤ $\overline{AD} /\!/ \overline{BC}$이므로
$$\angle CAD = \angle ACB \text{ (엇각)}$$
따라서 옳지 않은 것은 ③이다.

4 $\overline{AB} /\!/ \overline{EC}$이므로
$$\angle CEB = \angle ABE \text{ (엇각)}$$
$$\therefore \angle CBE = \angle CEB$$
즉, △BCE는 $\overline{CB} = \overline{CE}$인 이등변삼각형이므로
$$\overline{CE} = \overline{CB} = 12 \text{ cm}$$
이때 $\overline{CD} = \overline{AB} = 8 \text{ cm}$이므로
$$\overline{DE} = \overline{CE} - \overline{CD} = 12 - 8 = 4 (\text{cm})$$
돌다리 두드리기 | 두 내각의 크기가 같은 삼각형은 이등변삼각형이다.

5 $\angle A = 3\angle B$이고 $\angle A + \angle B = 180°$이므로
$$3\angle B + \angle B = 180°, \ 4\angle B = 180°$$
$$\therefore \angle B = 45°$$
따라서 평행사변형에서 대각의 크기는 같으므로
$$\angle C = \angle A = 180° - \angle B$$
$$= 180° - 45° = 135°$$

6 $\angle A + \angle B = 180°$이고,
$\angle A : \angle B = 3 : 2$이므로
$$\angle A = 180° \times \dfrac{3}{5} = 108°$$
$$\therefore \angle C = \angle A = 108°$$
이때 △DPC에서 $\overline{AB} = \overline{CD} = \overline{CP}$이므로
$$\angle DPC = \dfrac{1}{2} \times (180° - 108°) = 36°$$

7 $\overline{DC} = \overline{AB} = 7 \text{ cm}$
$\overline{OA} = \overline{OC}$, $\overline{OB} = \overline{OD}$이므로
$$\overline{AC} + \overline{BD} = 2\overline{OC} + 2\overline{OD}$$
$$= 2(\overline{OC} + \overline{OD})$$
$$= 28$$
$$\therefore \overline{OC} + \overline{OD} = 14 (\text{cm})$$
따라서 △DOC의 둘레의 길이는
$$\overline{OC} + \overline{OD} + \overline{DC}$$
$$= 14 + 7 = 21 (\text{cm})$$

8 □ABCD가 평행사변형이려면
$$\angle B = \angle D = 70°,$$
$$\angle BAD = \angle C = 180° - 70° = 110°$$
이어야 한다.
△BAE는 $\overline{BA} = \overline{BE}$인 이등변삼각형이므로
$$\angle BAE = \dfrac{1}{2} \times (180° - 70°) = 55°$$
$$\therefore \angle x = \angle BAD - \angle BAE$$
$$= 110° - 55° = 55°$$

9 ① 한 쌍의 대변이 평행하고 그 길이가

같으므로 □ABCD는 평행사변형
이다.

④ 두 쌍의 대변이 각각 평행하므로
□ABCD는 평행사변형이다.

10 ㄱ. 두 쌍의 대변의 길이가 각각 같으
므로 평행사변형이다.

ㄴ. 대각의 크기가 서로 다르므로 평행
사변형이 아니다.

ㄷ. 한 쌍의 대변이 평행하고 그 길이
가 같으므로 평행사변형이다.

ㄹ. 두 쌍의 대변이 각각 평행하므로
평행사변형이다.

ㅁ. 두 대각선이 서로 다른 것을 이등
분하지 않으므로 평행사변형이 아
니다.

따라서 평행사변형이 아닌 것은 ㄴ, ㅁ
이다.

11 △APO와 △CQO에서
$\overline{OA}=\overline{OC}$,
∠AOP=∠COQ (맞꼭지각),
∠PAO=∠QCO (엇각)이므로
△APO≡△CQO (ASA 합동)
∴ △APO=△CQO
∴ (색칠한 부분의 넓이)
$=△APO+△DOQ$
$=△CQO+△DOQ$
$=△DOC=\frac{1}{4}□ABCD$
$=\frac{1}{4}×32=8(cm^2)$

12 △PAD : △PBC=1 : 2이므로
△PBC=2△PAD
$△PAD+△PBC=\frac{1}{2}□ABCD$
이므로
$△PAD+2△PAD=\frac{1}{2}×72$
3△PAD=36
∴ △PAD=12(cm²)

13 $\overline{AD}∥\overline{BC}$이므로
∠BEA=∠DAE (엇각)
∴ ∠BAE=∠BEA
즉, △ABE는 $\overline{BA}=\overline{BE}$인 이등변삼
각형이다.
∴ $\overline{BE}=\overline{BA}=6$ cm
이때 $\overline{BC}=\overline{AD}=9$ cm이므로
$\overline{CE}=9-6=3(cm)$
또 ∠CFD=∠ADF (엇각)이므로

∠CDF=∠CFD
즉, △DFC는 $\overline{CF}=\overline{CD}$인 이등변삼
각형이므로
$\overline{CF}=\overline{CD}=\overline{AB}=6$ cm
∴ $\overline{EF}=\overline{CF}-\overline{CE}$
$=6-3=3(cm)$

14 점 A의 좌표를 $(a, 3)$이라 하면
$\overline{AD}=0-a=-a$,
$\overline{BC}=2-(-4)=6$
이때 $\overline{AD}=\overline{BC}$이므로
$-a=6$ ∴ $a=-6$
따라서 점 A의 좌표는 $(-6, 3)$이다.

15 $∠ADF=\frac{1}{2}∠D=\frac{1}{2}∠B$
$=\frac{1}{2}×60°=30°$
이므로 △AFD에서
∠DAF=180°-(90°+30°)
=60°
이때 ∠BAD+∠B=180°이므로
∠BAD=180°-60°=120°
∴ ∠BAF=∠BAD-∠DAF
=120°-60°=60°

16 △OAP와 △OCQ에서
$\overline{OA}=\overline{OC}$,
∠OPA=∠OQC=90° (엇각)
∠AOP=∠COQ (맞꼭지각)이므로
△OAP≡△OCQ (RHA 합동)
이때 $\overline{AB}=\overline{DC}=12$ cm이므로
$\overline{AP}=12-9=3(cm)$
∴ △OCQ=△OAP
$=\frac{1}{2}×3×8=12(cm^2)$

17 □ABCD는 평행사변형이므로
$\overline{OA}=\overline{OC}$, $\overline{OB}=\overline{OD}$
① $\overline{OB}=\overline{OD}$, $\overline{BE}=\overline{DF}$이므로
$\overline{OE}=\overline{OF}$
② $\overline{OA}=\overline{OC}$, $\overline{OE}=\overline{OF}$이므로
□AECF는 평행사변형이다.
∴ $\overline{AF}=\overline{CE}$
③, ⑤ △ABE와 △CDF에서
$\overline{AB}=\overline{CD}$,
∠ABE=∠CDF (엇각),
$\overline{BE}=\overline{DF}$이므로
△ABE≡△CDF (SAS 합동)
∴ ∠BAE=∠DCF
따라서 옳지 않은 것은 ④이다.

18 □EOCD는 평행사변형이므로
$\overline{AC}∥\overline{ED}$, $\overline{OC}=\overline{ED}$
△AOF와 △DEF에서
∠FAO=∠FDE (엇각),
$\overline{AO}=\overline{DE}$,
∠AOF=∠DEF (엇각)이므로
△AOF≡△DEF (ASA 합동)
따라서 $\overline{OF}=\overline{EF}$이므로
$\overline{EF}=\frac{1}{2}\overline{EO}=\frac{1}{2}\overline{DC}=\frac{1}{2}\overline{AB}$
$=\frac{1}{2}×8=4(cm)$

19 $\overline{BC}=\overline{CE}$, $\overline{DC}=\overline{CF}$이므로
□BFED는 평행사변형이다.
이때 □ABCD가 평행사변형이므로
△BCD=△ABC=8 cm²
∴ □BFED=4△BCD
$=4×8=32(cm^2)$

돌다리 두드리기 | 평행사변형의 넓이는 한
대각선에 의해 이등분되고, 두 대각선에 의
해 사등분된다.

20 △ABC가 이등변삼각형이므로
∠B=∠C
$\overline{AC}∥\overline{QP}$이므로
∠QPB=∠C (동위각)
즉, △QBP는 $\overline{QB}=\overline{QP}$인 이등변삼
각형이다.
이때 $\overline{AQ}∥\overline{RP}$, $\overline{AR}∥\overline{QP}$에서
□AQPR는 평행사변형이므로
(□AQPR의 둘레의 길이)
$=2(\overline{AQ}+\overline{QP})=2(\overline{AQ}+\overline{QB})$
$=2\overline{AB}=2×9=18(cm)$

21 ①, ③ △ABC와 △DBE에서
$\overline{AB}=\overline{DB}$, $\overline{BC}=\overline{BE}$,
∠ABC=60°-∠EBA
=∠DBE
이므로
△ABC≡△DBE (SAS 합동)
… ㉠
즉, $\overline{AC}=\overline{DE}$이고, △ACF는 정
삼각형이므로 $\overline{AC}=\overline{AF}$
∴ $\overline{AF}=\overline{DE}$ … ㉡
②, ④ △ABC와 △FEC에서
$\overline{AC}=\overline{FC}$, $\overline{BC}=\overline{EC}$,
∠ACB=60°-∠ECA
=∠FCE
이므로
△ABC≡△FEC (SAS 합동)
… ㉢

즉, $\overline{AB}=\overline{FE}$이고, △ABD는 정
삼각형이므로 $\overline{AB}=\overline{AD}$
∴ $\overline{AD}=\overline{FE}$ ··· ㉣
㉠, ㉢에서 △DBE≡△FEC
㉤ ㉡, ㉣에서 □AFED는 두 쌍의 대
변의 길이가 각각 같으므로 평행사
변형이다.
따라서 옳지 않은 것은 ②이다.

22 △ABH와 △DFH에서
∠ABH=∠DFH (엇각),
$\overline{AB}=\overline{DF}$,
∠BAH=∠FDH (엇각)이므로
△ABH≡△DFH (ASA 합동)
∴ $\overline{AH}=\overline{DH}=\dfrac{1}{2}\overline{AD}=\overline{AB}$
△ABG와 △ECG에서
∠BAG=∠CEG (엇각),
$\overline{AB}=\overline{EC}$,
∠ABG=∠ECG (엇각)이므로
△ABG≡△ECG (ASA 합동)
∴ $\overline{BG}=\overline{CG}=\dfrac{1}{2}\overline{BC}=\overline{AB}$
즉, $\overline{AH}/\!/\overline{BG}$이고 $\overline{AH}=\overline{BG}$이므로
□ABGH는 평행사변형이다.
이때 △ABG=8 cm²이므로
△DFH=△ECG=△ABG
=8 cm²
□HGCD=□ABGH
=2△ABG
=2×8=16(cm²)
△PGH=$\dfrac{1}{4}$□ABGH
=$\dfrac{1}{4}$×16=4(cm²)
∴ △PEF
=△PGH+□HGCD
+△DFH+△ECG
=4+16+8+8=36(cm²)

23 ∠AEF=∠CFE=90°이므로
$\overline{AE}/\!/\overline{FC}$ ···(ⅰ)
△ABE와 △CDF에서
$\overline{AB}=\overline{CD}$,
∠AEB=∠CFD=90°,
∠ABE=∠CDF (엇각)이므로
△ABE≡△CDF (RHA 합동)
∴ $\overline{AE}=\overline{FC}$ ···(ⅱ)
따라서 한 쌍의 대변이 평행하고 그 길
이가 같으므로 □AECF는 평행사변
형이다. ···(ⅲ)

채점 기준	비율
(ⅰ) $\overline{AE}/\!/\overline{FC}$임을 보이기	40%
(ⅱ) $\overline{AE}=\overline{FC}$임을 보이기	40%
(ⅲ) □AECF가 어떤 사각형인지 말하기	20%

24

$\overline{AD}/\!/\overline{BC}$이므로
∠AEB=∠EBC (엇각)
즉, △ABE는 이등변삼각형이다.
그런데 ∠A=60°이므로 △ABE는
정삼각형이다.
따라서 $\overline{AE}=\overline{BE}=\overline{AB}=7$ cm이므로
$\overline{ED}=\overline{AD}-\overline{AE}=10-7=3$(cm)
···(ⅰ)
이때 ∠ABF=∠EDC=120°에서
∠EBF=∠EDF=60°이고,
∠AEB=∠EBF=60° (엇각),
∠DFC=∠EDF=60° (엇각)에서
∠BED=∠DFB=120°이므로
□BFDE는 평행사변형이다. ···(ⅱ)
∴ (□BFDE의 둘레의 길이)
=2×(3+7)=20(cm) ···(ⅲ)

채점 기준	비율
(ⅰ) $\overline{ED}$의 길이 구하기	30%
(ⅱ) □BFDE가 평행사변형임을 알기	50%
(ⅲ) □BFDE의 둘레의 길이 구하기	20%

06강 여러 가지 사각형 (1)

예제
p. 32

1 (1) $x=12, y=6$ (2) $x=35, y=55$
(1) 직사각형의 두 대각선은 길이가 같
고, 서로 다른 것을 이등분하므로
$\overline{AC}=\overline{BD}=12$ ∴ $x=12$
$\overline{OD}=\dfrac{1}{2}\overline{BD}=\dfrac{1}{2}×12=6$
∴ $y=6$
(2) $\overline{BO}=\overline{CO}$이므로
∠OBC=∠OCB=35°
∴ $x=35$
직사각형의 한 내각의 크기는 90°이
므로 △DBC에서

∠BDC=180°−(35°+90°)=55°
∴ $y=55$

2 ②, ④
① 마름모는 네 변의 길이가 같은 사각
형이다.
즉, $\overline{AB}=\overline{BC}$
③ 마름모의 두 대각선은 수직으로 만
난다.
즉, $\overline{AC}\perp\overline{BD}$
⑤ △ABD에서 $\overline{AB}=\overline{AD}$이므로
∠ABD=∠ADB
따라서 옳지 않은 것은 ②, ④이다.

3 $x=2, y=50$
마름모의 두 대각선은 서로 다른 것을
수직이등분하므로
$\overline{DO}=\overline{BO}=2$ ∴ $x=2$
∠AOB=90°이므로 △ABO에서
∠BAO=180°−(90°+40°)=50°
∴ $y=50$

핵심 유형 익히기
p. 33

1 ③, ⑤
③ $\overline{AB}=\overline{DC}$, $\overline{AD}=\overline{BC}$
⑤ ∠AOB=∠DOC,
∠AOD=∠BOC

2 80°
직사각형의 한 내각의 크기는 90°이므로
∠OCD=90°−40°=50°
이때 △OCD는 $\overline{OC}=\overline{OD}$인 이등변
삼각형이므로
∠ODC=∠OCD=50°
∴ $x=180°−(50°+50°)=80°$

3 ⑤
② ∠A+∠B=180°이므로
∠A=∠B이면 ∠A=∠B=90°
즉, 한 내각이 직각이므로
□ABCD는 직사각형이 된다.
④ $\overline{AO}=\overline{DO}$이면 $\overline{AC}=\overline{BD}$
즉, 두 대각선의 길이가 같으므로
□ABCD는 직사각형이 된다.
⑤ 평행사변형이 마름모가 되는 조건
이다.
따라서 직사각형이 되는 조건이 아닌 것
은 ⑤이다.

4 **90°**

마름모의 두 대각선은 서로 수직이므로
$\angle BOC = 90°$
이때 $\triangle ABC$에서 $\overline{BA} = \overline{BC}$이므로
$\angle BCO = \angle BAO = \angle x$
따라서 $\triangle BCO$에서 $\angle x + \angle y = 90°$

5 ㄷ, ㅁ, ㅂ

ㅂ. $\angle ADO = \angle CBO$ (엇각)이므로
$\angle ADO = \angle CDO$이면
$\angle CDO = \angle CBO$
$\therefore \overline{CD} = \overline{CB}$
즉, 이웃하는 두 변의 길이가 같으므로 $\square ABCD$는 마름모가 된다.

07강 여러 가지 사각형 (2)

예제
p. 34

1 (1) $x = 6$, $y = 12$ (2) $x = 45$, $y = 90$

정사각형의 두 대각선은 길이가 같고, 서로 다른 것을 수직이등분하므로
(1) $\overline{AO} = \overline{CO} = 6$ $\therefore x = 6$
$\overline{BD} = \overline{AC} = 2\overline{CO} = 2 \times 6 = 12$
$\therefore y = 12$
(2) $\triangle DBC$에서 $\overline{CB} = \overline{CD}$이므로
$\angle DBC = \dfrac{1}{2} \times (180° - 90°) = 45°$
$\therefore x = 45$
$\overline{AC} \perp \overline{BD}$이므로
$\angle AOB = 90°$ $\therefore y = 90$

2 정사각형

㈎, ㈏에서 두 쌍의 대변이 각각 평행하므로 $\square ABCD$는 평행사변형이고,
㈐, ㈑에서 두 대각선의 길이가 같고, 서로 다른 것을 수직이등분하므로 $\square ABCD$는 정사각형이다.

3 (1) $x = 70$, $y = 110$ (2) $x = 5$, $y = 10$

(1) $\angle C = \angle B = 70°$이므로 $x = 70$
$\angle C + \angle D = 180°$이므로
$70° + \angle D = 180°$, $\angle D = 110°$
$\therefore y = 110$
(2) 등변사다리꼴의 두 대각선의 길이는 같으므로
$\overline{DC} = \overline{AB} = 5$ $\therefore x = 5$
$\overline{AC} = \overline{DB} = \overline{DO} + \overline{BO}$
$= 4 + 6 = 10$
$\therefore y = 10$

핵심 유형 익히기
p. 35

1 ③

①, ②, ⑤ 정사각형의 두 대각선은 길이가 같고 서로 다른 것을 수직이등분하므로
$\overline{AC} = \overline{BD}$, $\overline{AC} \perp \overline{BD}$,
$\overline{AO} = \overline{BO} = \overline{CO} = \overline{DO}$
④ $\triangle ABD$는 $\overline{AB} = \overline{AD}$이고 $\angle BAD = 90°$인 직각이등변삼각형이므로 $\angle ABD = 45°$
따라서 옳지 않은 것은 ③이다.

2 **75°**

$\triangle PBC$가 정삼각형이므로
$\angle DCP = 90° - \angle PCB$
$= 90° - 60° = 30°$
또 $\overline{DC} = \overline{BC} = \overline{PC}$에서
$\triangle PCD$는 이등변삼각형이므로
$\angle CDP = \dfrac{1}{2} \times (180° - 30°) = 75°$

3 ③

$\overline{AB} = \overline{BC}$이므로 평행사변형 $ABCD$는 마름모이다.
따라서 직사각형의 성질인 ③의 조건을 추가하면 정사각형이 된다.

> **확인** 평행사변형 $ABCD$가
> $\angle A = 90°$ 또는 $\overline{AC} = \overline{BD}$이고,
 (직사각형이 되는 조건)
> $\overline{AB} = \overline{BC}$ 또는 $\overline{AC} \perp \overline{BD}$이면
 (마름모가 되는 조건)
> 정사각형이 된다.

4 ⑤

② $\triangle ABC$와 $\triangle DCB$에서
$\overline{AB} = \overline{DC}$, $\angle ABC = \angle DCB$,
$\overline{BC}$는 공통이므로
$\triangle ABC \equiv \triangle DCB$ (SAS 합동)
$\therefore \angle ACB = \angle DBC$
즉, $\triangle OBC$는 이등변삼각형이므로
$\overline{OB} = \overline{OC}$
이때 $\overline{AC} = \overline{DB}$이고,
$\overline{AO} = \overline{AC} - \overline{OC}$,
$\overline{DO} = \overline{DB} - \overline{OB}$이므로
$\overline{AO} = \overline{DO}$
④ $\angle ABC = \angle DCB$,
$\angle OBC = \angle OCB$이고,
$\angle ABO = \angle ABC - \angle OBC$,
$\angle DCO = \angle DCB - \angle OCB$
이므로 $\angle ABO = \angle DCO$
따라서 옳지 않은 것은 ⑤이다.

5 ②

$\square ABED$는 평행사변형이므로
$\overline{BE} = \overline{AD} = 5\,\text{cm}$,
$\overline{DE} = \overline{AB} = 7\,\text{cm}$,
$\angle DEC = \angle B = 180° - 120° = 60°$
(동위각) (④)
$\angle C = \angle B = 60°$
따라서 $\triangle DEC$는 정삼각형이므로 (⑤)
$\overline{EC} = \overline{DC} = \overline{DE} = 7\,\text{cm}$ (③)
$\therefore \overline{BC} = \overline{BE} + \overline{EC}$
$= 5 + 7 = 12\,(\text{cm})$ (①)
따라서 옳지 않은 것은 ②이다.

08강 여러 가지 사각형 사이의 관계

예제
p. 36

1 (1) ㄴ, ㄹ (2) ㄱ, ㄷ

(1) 평행사변형이 직사각형이 되거나 마름모가 정사각형이 되려면 두 대각선의 길이가 같거나 한 내각이 직각이어야 한다.
(2) 평행사변형이 마름모가 되거나 직사각형이 정사각형이 되려면 이웃하는 두 변의 길이가 같거나 두 대각선이 서로 수직이어야 한다.

2 $20\,\text{cm}^2$

$\triangle ACD$와 $\triangle ACE$는 밑변 AC가 공통이고 $\overline{AC} \parallel \overline{DE}$이므로 높이가 같다.
즉, $\triangle ACD = \triangle ACE$
$\therefore \triangle ABE = \triangle ABC + \triangle ACE$
$= \triangle ABC + \triangle ACD$
$= \square ABCD$
$= 20\,(\text{cm}^2)$

핵심 유형 익히기
p. 37

1 ④

①, ③ 이웃하는 두 변의 길이가 같거나 두 대각선이 서로 수직이면 $\square ABCD$는 마름모이다.
②, ⑤ 한 내각이 직각이거나 두 대각선의 길이가 같으면 $\square ABCD$는 직사각형이다.
따라서 옳은 것은 ④이다.

2 ①, ③

직사각형, 정사각형, 등변사다리꼴의
두 대각선의 길이는 같다.

3 **25 cm²**

$\overline{AC} /\!/ \overline{DE}$이고, $\overline{AC}$가 공통이므로

$\triangle ACD = \triangle ACE$

$\therefore \square ABCD = \triangle ABC + \triangle ACD$
$= \triangle ABC + \triangle ACE$
$= \triangle ABE$
$= \dfrac{1}{2} \times (6+4) \times 5$
$= 25(cm^2)$

4 **40 cm²**

$\triangle ABC = \dfrac{1}{2} \square ABCD$
$= \dfrac{1}{2} \times 120 = 60(cm^2)$

이때 $\triangle ABP$와 $\triangle APC$는 높이가 같
으므로 두 삼각형의 넓이의 비는 밑변
의 길이의 비와 같다. 즉,

$\triangle ABP : \triangle APC = \overline{BP} : \overline{PC}$
$= 2 : 1$

$\therefore \triangle ABP = \dfrac{2}{3} \triangle ABC$
$= \dfrac{2}{3} \times 60 = 40(cm^2)$

5 ④

$\overline{AD} /\!/ \overline{BC}$이고, $\overline{BC}$가 공통이므로

$\triangle ABC = \triangle DBC = 45 cm^2$

$\therefore \triangle OBC = \triangle ABC - \triangle ABO$
$= 45 - 15$
$= 30(cm^2)$

족집게 문제 p. 38~41

1 ④	2 18°	3 28 cm	4 20°
5 18 cm²	6 16°	7 16 cm	8 ⑤
9 ④	10 14 cm²		11 ②
12 72 cm²	13 57°	14 36 cm	15 ⑤
16 ②	17 75°	18 75°	19 ②
20 70°	21 ②	22 9 cm²	
23 45°	24 9 cm²	25 90°	26 ②
27 90°, 과정은 풀이 참조			
28 풀이 참조			

---

1 $\overline{BO} = \overline{AO} = \dfrac{1}{2}\overline{AC} = \dfrac{1}{2} \times 20$
$= 10(cm)$

$\therefore$ ($\triangle OAB$의 둘레의 길이)
$= \overline{AB} + \overline{BO} + \overline{AO}$
$= 12 + 10 + 10 = 32(cm)$

2 $\triangle ABD$에서
$\angle ABD = 180° - (90° + 36°) = 54°$
이므로 $\angle x = 54°$
$\triangle AOD$에서 $\overline{OA} = \overline{OD}$이므로
$\angle OAD = \angle ODA = 36°$
$\therefore \angle y = \angle OAD + \angle ODA$
$= 36° + 36° = 72°$
$\therefore \angle y - \angle x = 72° - 54° = 18°$

3 $\angle BAC = \angle DAC = \angle ACB$ (엇각)
이므로 $\overline{BC} = \overline{AB}$
따라서 평행사변형에서 이웃하는 두 변
의 길이가 같으므로 $\square ABCD$는 마름
모이다.
$\therefore$ ($\square ABCD$의 둘레의 길이)
$= 4 \times 7 = 28(cm)$

4 $\angle DBC = \angle ADB = 35°$ (엇각)
$\triangle OBC$에서
$\angle BOC = 180° - (35° + 55°) = 90°$
즉, 평행사변형의 두 대각선이 서로 수
직이므로 $\square ABCD$는 마름모이다.
따라서 $\angle x = \angle DBC = 35°$,
$\angle y = \angle ACB = 55°$이므로
$\angle y - \angle x = 55° - 35° = 20°$

5 $\square ABCD$는 정사각형이므로
$\overline{AC} \perp \overline{BD}$이고,
$\overline{OA} = \dfrac{1}{2}\overline{AC} = \dfrac{1}{2}\overline{BD}$
$= \dfrac{1}{2} \times 6 = 3(cm)$
이므로
$\square ABCD = 2\triangle ABD$
$= 2 \times \left(\dfrac{1}{2} \times 6 \times 3\right)$
$= 18(cm^2)$

6 $\angle DAC = \angle DCA = 45°$이므로
$\angle CAE = \angle DAC + \angle DAE$
$= 45° + 13° = 58°$
이때 $\triangle ACE$는 $\overline{AC} = \overline{AE}$인 이등변
삼각형이므로
$\angle ACE = \dfrac{1}{2} \times (180° - 58°) = 61°$

$\therefore \angle DCE = \angle ACE - \angle ACD$
$= 61° - 45° = 16°$

7 다음 그림과 같이 꼭짓점 D에서 $\overline{BC}$에
내린 수선의 발을 F라 하면

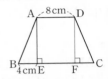

$\overline{EF} = \overline{AD} = 8 cm$
$\triangle ABE$와 $\triangle DCF$에서
$\angle AEB = \angle DFC = 90°$,
$\overline{AB} = \overline{DC}$, $\angle B = \angle C$이므로
$\triangle ABE \equiv \triangle DCF$ (RHA 합동)
즉, $\overline{CF} = \overline{BE} = 4 cm$
$\therefore \overline{BC} = \overline{BE} + \overline{EF} + \overline{FC}$
$= 4 + 8 + 4 = 16(cm)$

8 ⑤ 한 내각이 직각이거나 두 대각선의
길이가 같아야 한다.

9 ㄱ. 평행사변형 ➡ 평행사변형
ㄴ. 직사각형 ➡ 마름모
ㄷ. 마름모 ➡ 직사각형
ㄹ. 정사각형 ➡ 정사각형
ㅁ. 사다리꼴 ➡ 평행사변형
ㅂ. 등변사다리꼴 ➡ 마름모

10 $\square ABCD = \triangle ABC + \triangle ACD$에서
$\triangle ACD = \square ABCD - \triangle ABC$
$= 32 - 18 = 14(cm^2)$
이때 $\overline{AC} /\!/ \overline{DE}$이고, $\overline{AC}$가 공통이므로
$\triangle ACE = \triangle ACD = 14 cm^2$

| 다른 풀이 |
$\triangle ABE = \triangle ABC + \triangle ACE$
$= \triangle ABC + \triangle ACD$
$= \square ABCD$
$\therefore \triangle ACE = \triangle ABE - \triangle ABC$
$= \square ABCD - \triangle ABC$
$= 32 - 18 = 14(cm^2)$

11 $\overline{BD} = \overline{DC}$이므로 $\triangle ABD = \triangle ADC$
$\therefore \triangle ADC = \dfrac{1}{2}\triangle ABC$
$= \dfrac{1}{2} \times 30 = 15(cm^2)$
이때 $\overline{AE} : \overline{ED} = 2 : 3$이므로
$\triangle AEC : \triangle EDC = 2 : 3$
$\therefore \triangle EDC = \dfrac{3}{5}\triangle ADC$
$= \dfrac{3}{5} \times 15 = 9(cm^2)$

---

12 $\triangle DOC = \triangle ABO = 24\,cm^2$
이때 $\overline{CO} = 2\overline{AO}$에서
$\overline{AO} : \overline{CO} = 1 : 2$이므로
$\triangle ABO : \triangle OBC = 1 : 2$
즉, $24 : \triangle OBC = 1 : 2$
$\therefore \triangle OBC = 48\,(cm^2)$
$\therefore \triangle BCD = \triangle OBC + \triangle DOC$
$\qquad\quad = 48 + 24 = 72\,(cm^2)$

13 $\angle AEF = \angle CEF$ (접은 각),
$\angle CEF = \angle AFE$ (엇각)이므로
$\angle AEF = \angle AFE = \angle x$
이때 $\angle DAB = 90°$이므로
$\angle DAE = 90° - 24° = 66°$
따라서 $\triangle AEF$에서
$\angle x = \dfrac{1}{2} \times (180° - 66°) = 57°$

14 $\triangle AOE$와 $\triangle COF$에서
$\angle AOE = \angle COF$ (맞꼭지각),
$\overline{AO} = \overline{CO}$,
$\angle EAO = \angle FCO$ (엇각)이므로
$\triangle AOE \equiv \triangle COF$ (ASA 합동)
$\therefore \overline{EO} = \overline{FO}$
따라서 $\square AFCE$는 두 대각선이 서로
다른 것을 이등분하므로 평행사변형이
고 $\overline{AC} \perp \overline{EF}$이므로 마름모이다.
이때 $\overline{AD} = \overline{BC} = 14\,cm$이므로
$\overline{AE} = 14 - 5 = 9\,(cm)$
$\therefore (\square AFCE$의 둘레의 길이$)$
$\qquad = 4 \times 9 = 36\,(cm)$

15 $\triangle ABD$는 $\overline{AB} = \overline{AD}$인 이등변삼각
형이므로
$\angle ABD = \dfrac{1}{2} \times (180° - 116°) = 32°$
$\triangle EBF$에서
$\angle BFE = 180° - (90° + 32°) = 58°$
$\therefore \angle CFD = \angle BFE = 58°$ (맞꼭지각)

16 $\square ABCD$는 마름모이므로
$\angle DOC = 90°$,
$\overline{OC} = \dfrac{1}{2}\overline{AC} = \dfrac{1}{2} \times 10 = 5\,(cm)$,
$\overline{OD} = \dfrac{1}{2}\overline{BD} = \dfrac{1}{2} \times 8 = 4\,(cm)$
따라서 $\square EOCF$는 한 변의 길이가
$5\,cm$인 정사각형이다.
$\therefore$ (색칠한 부분의 넓이)
$\quad = \square EOCF - \triangle DOC$
$\quad = 5 \times 5 - \dfrac{1}{2} \times 5 \times 4$
$\quad = 25 - 10 = 15\,(cm^2)$

돌다리 두드리기 | 마름모의 두 대각선은 서
로 다른 것을 수직이등분하므로
$\overline{AO} = \overline{CO}$, $\overline{BO} = \overline{DO}$, $\angle DOC = 90°$

17 $\triangle ABE$에서 $\overline{AB} = \overline{AE}$이므로
$\angle AEB = \angle ABE = 30°$
$\therefore \angle EAB = 180° - (30° + 30°)$
$\qquad\qquad = 120°$
이때 $\angle DAB = 90°$이므로
$\angle EAD = 120° - 90° = 30°$
따라서 $\triangle ADE$에서 $\overline{AD} = \overline{AE}$이므로
$\angle ADE = \dfrac{1}{2} \times (180° - 30°) = 75°$

18 $\overline{AD} /\!/ \overline{BC}$이므로
$\angle DAC = \angle ACB = 35°$ (엇각)
$\overline{AD} = \overline{DC}$이므로
$\angle DCA = \angle DAC = 35°$
이때 $\triangle ABC$와 $\triangle DCB$에서
$\overline{AB} = \overline{DC}$, $\angle ABC = \angle DCB$,
$\overline{BC}$는 공통이므로
$\triangle ABC \equiv \triangle DCB$ (SAS 합동)
즉, $\angle DBC = \angle ACB = 35°$
따라서 $\triangle DBC$에서
$\angle x = 180° - (35° + 35° + 35°) = 75°$

19 다음 그림과 같이 꼭짓점 A를 지나고
$\overline{DC}$에 평행한 직선이 $\overline{BC}$와 만나는 점
을 E라 하면

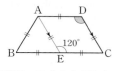

$\square ABCD$는 등변사다리꼴이므로
$\overline{DC} = \overline{AB}$
이때 $\overline{AE} /\!/ \overline{DC}$, $\overline{AD} /\!/ \overline{EC}$,
$\overline{AD} = \overline{AB} = \overline{DC}$이므로 $\square AECD$는
마름모이다.
$\therefore \overline{AE} = \overline{EC} = \overline{CD} = \overline{DA}$
또 $\overline{BC} = 2\overline{AD} = 2\overline{EC}$이므로
$\overline{BE} = \overline{EC}$
즉, $\triangle ABE$는 정삼각형이므로
$\angle AEB = 60°$
따라서 $\angle AEC = 180° - 60° = 120°$
이므로
$\angle D = \angle AEC = 120°$

20 $\angle ABC = 80°$이므로
$\angle BAD = 180° - 80° = 100°$
$\triangle ABP$가 정삼각형이므로
$\angle DAP = 100° - 60° = 40°$

이때 $\overline{AB} = \overline{AP} = \overline{AD}$이므로 $\triangle APD$
는 $\overline{AP} = \overline{AD}$인 이등변삼각형이다.
$\therefore \angle APD = \dfrac{1}{2} \times (180° - 40°)$
$\qquad\qquad = 70°$

21 $\overline{AD} /\!/ \overline{BC}$이고, $\overline{BE}$가 공통이므로
$\triangle ABE = \triangle DBE$
$\overline{EF} /\!/ \overline{BD}$이고, $\overline{DB}$가 공통이므로
$\triangle DBE = \triangle DBF$
$\overline{AB} /\!/ \overline{DC}$이고, $\overline{DF}$가 공통이므로
$\triangle DBF = \triangle DAF$
$\therefore \triangle ABE = \triangle DBE = \triangle DBF$
$\qquad = \triangle DAF$
따라서 삼각형의 넓이가 나머지 넷과
다른 하나는 ②이다.

돌다리 두드리기 | 평행선 사이에 있는 두 삼
각형은 높이가 같으므로 밑변의 길이가 같
으면 그 넓이가 같다.

22 다음 그림과 같이 $\overline{BD}$를 그으면

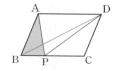

$\overline{AD} /\!/ \overline{BC}$이고, $\overline{BP}$가 공통이므로
$\triangle ABP = \triangle DBP$
이때 $\overline{BP} : \overline{PC} = 3 : 5$이므로
$\triangle DBP : \triangle DPC = 3 : 5$
$\therefore \triangle ABP = \triangle DBP = \dfrac{3}{8}\triangle DBC$
$\qquad = \dfrac{3}{8} \times \dfrac{1}{2}\square ABCD$
$\qquad = \dfrac{3}{16}\square ABCD$
$\qquad = \dfrac{3}{16} \times 48 = 9\,(cm^2)$

23 다음 그림과 같이 $\overline{FB} = a$라 하면

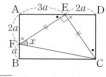

$\overline{AF} : \overline{FB} = 2 : 1$이므로
$\overline{AF} = 2a$, $\overline{AB} = 3a$이고,
$\overline{AB} : \overline{BC} = 3 : 5$이므로
$\overline{AD} = \overline{BC} = 5a$
또 $\overline{AE} : \overline{ED} = 3 : 2$이므로
$\overline{AE} = 3a$, $\overline{ED} = 2a$
$\triangle AFE$와 $\triangle DEC$에서

$\overline{AF}=\overline{DE}$, $\overline{AE}=\overline{DC}$,
$\angle A=\angle D=90°$이므로
△AFE≡△DEC (SAS 합동)
∴ $\overline{EF}=\overline{CE}$, $\angle AFE=\angle DEC$
△AFE에서
$\angle AFE+\angle FEA=90°$이므로
$\angle DEC+\angle FEA=90°$
∴ $\angle FEC=90°$
따라서 △EFC는 $\overline{EF}=\overline{EC}$인 직각이
등변삼각형이므로
$\angle x=45°$

24 $\angle POQ=\angle COD=90°$이므로
$\angle POC=\angle POQ-\angle COQ$
$\quad\quad\quad=\angle COD-\angle COQ$
$\quad\quad\quad=\angle QOD$
△OPC와 △OQD에서
$\angle OCP=\angle ODQ=45°$,
$\overline{OC}=\overline{OD}$, $\angle POC=\angle QOD$
이므로
△OPC≡△OQD (ASA 합동)
따라서 △OPC=△OQD이므로
색칠한 부분의 넓이는
□OPCQ=△OPC+△OCQ
$\quad\quad\quad=△OQD+△OCQ$
$\quad\quad\quad=△OCD$
$\quad\quad\quad=\dfrac{1}{4}$□ABCD
$\quad\quad\quad=\dfrac{1}{4}\times(6\times6)=9(\text{cm}^2)$

25 △ABH와 △DFH에서
$\overline{AB}=\overline{DC}=\overline{DF}$,
$\angle ABH=\angle DFH$ (엇각),
$\angle BAH=\angle FDH$ (엇각)이므로
△ABH≡△DFH (ASA 합동)
즉, $\overline{AH}=\overline{HD}$이므로
$\overline{AH}=\dfrac{1}{2}\overline{AD}=\overline{AB}$
같은 방법으로 하면
△ABG≡△ECG (ASA 합동)
이므로 $\overline{BG}=\overline{CG}$
그런데 $\overline{BC}=\overline{AD}$에서 $2\overline{BG}=2\overline{AH}$
이므로 $\overline{BG}=\overline{AH}$
따라서 $\overline{AH}\,/\!/\,\overline{BG}$, $\overline{AH}=\overline{BG}=\overline{AB}$
이므로 □ABGH는 마름모이다.
이때 마름모의 두 대각선은 직교하므로
$\angle HPG=90°$

26 $\overline{AD}\,/\!/\,\overline{BC}$이므로
△DOC=△ABO=10 cm²

△OBC=△ABC-△ABO
$\quad\quad\quad=30-10=20(\text{cm}^2)$
∴ △ABO : △OBC=10 : 20
$\quad\quad\quad\quad\quad\quad\quad=1 : 2$
즉, $\overline{AO} : \overline{OC}=1 : 2$이므로
△DAO : △DOC=1 : 2
∴ △DAO=$\dfrac{1}{2}$△DOC
$\quad\quad\quad=\dfrac{1}{2}\times10=5(\text{cm}^2)$
∴ □ABCD
$\quad=△ABC+△DOC+△DAO$
$\quad=30+10+5=45(\text{cm}^2)$

27 △ABE와 △BCF에서
$\overline{AB}=\overline{BC}$,
$\angle ABE=\angle BCF=90°$,
$\overline{BE}=\overline{CF}$이므로
△ABE≡△BCF (SAS 합동)…(i)
따라서 $\angle BAE=\angle CBF$이므로
△BEG에서
$\angle EBG+\angle BEG$
$=\angle BAG+\angle BEG$
$=90°$ …(ii)
즉, $\angle BGE=180°-90°=90°$이므로
$\angle x=\angle BGE=90°$ (맞꼭지각)…(iii)

채점 기준	비율
(i) △ABE≡△BCF임을 알기	40%
(ii) $\angle EBG+\angle BEG=90°$임을 알기	40%
(iii) $\angle x$의 크기 구하기	20%

28 다음 그림과 같이 점 B를 지나고 $\overline{AC}$에 평행한 직선 l을 긋자.

$\quad\quad\quad\quad\quad\quad\quad\quad\quad$…(i)
직선 l이 점 C를 지나는 땅의 한 변과
만나는 점을 P라 하면 $\overline{AC}\,/\!/\,l$이고,
$\overline{AC}$가 공통이므로
△ACB=△ACP
따라서 $\overline{AP}$를 새로운 경계선으로 하면
두 땅의 넓이가 변하지 않는다. …(ii)

채점 기준	비율
(i) 점 B를 지나고 $\overline{AC}$에 평행한 직선 긋기	50%
(ii) 새로운 경계선을 긋고 두 땅의 넓이가 변하지 않음을 설명하기	50%

09강 닮은 도형

예제 p. 42

1 (1) △ABC∽△DEF
(2) $\overline{EF}$, $\angle F$

2 (1) 2 : 1   (2) $\overline{DC}=8$, $\angle F=70°$
(1) $\overline{AD} : \overline{EH}=4 : 2=2 : 1$이므로
□ABCD와 □EFGH의 닮음비는
2 : 1
(2) $\overline{DC} : \overline{HG}=2 : 1$이므로
$\overline{DC} : 4=2 : 1$ ∴ $\overline{DC}=8$
□ABCD에서
$\angle B=360°-(120°+90°+80°)$
$\quad\quad\quad=70°$
∴ $\angle F=\angle B=70°$

3 (1) 2 : 3   (2) 6
(1) $\overline{AB} : \overline{GH}=4 : 6=2 : 3$이므로
두 삼각기둥의 닮음비는 2 : 3
(2) $\overline{CF} : \overline{IL}=2 : 3$이므로
$\overline{CF} : 9=2 : 3$, $3\overline{CF}=18$
∴ $\overline{CF}=6$

핵심 유형 익히기 p. 43

1 ㄷ, ㅂ
일정한 비율로 확대하거나 축소하였을
때 합동이 되는 두 도형은 서로 닮음이
다. 따라서 모든 정삼각형, 모든 구는
항상 닮은 도형이다.

2 $x=10$, $y=25$
△ABC와 △DEF의 닮음비는
$\overline{AB} : \overline{DE}=3 : 5$
$\overline{BC} : \overline{EF}=3 : 5$에서 $6 : x=3 : 5$
$3x=30$ ∴ $x=10$
$\angle C=\angle F=25°$ ∴ $y=25$

3 30 cm
$\overline{AD} : \overline{EH}=2 : 3$이므로
$2 : \overline{EH}=2 : 3$, $2\overline{EH}=6$
∴ $\overline{EH}=3(\text{cm})$
또 $\overline{BC} : \overline{FG}=2 : 3$이므로
$8 : \overline{FG}=2 : 3$, $2\overline{FG}=24$
∴ $\overline{FG}=12(\text{cm})$
∴ (□EFGH의 둘레의 길이)
$=\overline{EF}+\overline{FG}+\overline{HG}+\overline{EH}$
$=9+12+6+3=30(\text{cm})$

4 **18**

두 사각기둥의 닮음비는

$\overline{AD}:\overline{IL}=6:10=3:5$

즉, $\overline{GH}:\overline{OP}=3:5$이므로

$x:5=3:5$, $5x=15$ ∴ $x=3$

또 $\overline{DH}:\overline{LP}=3:5$이므로

$9:y=3:5$, $3y=45$ ∴ $y=15$

∴ $x+y=3+15=18$

5 **8π cm**

두 원뿔의 닮음비는 $8:12=2:3$

원뿔 ㈎의 밑면의 반지름의 길이를

x cm라 하면

$x:6=2:3$, $3x=12$

∴ $x=4$

따라서 원뿔 ㈎의 밑면의 둘레의 길이는

$2\pi\times4=8\pi$(cm)

10강 닮은 도형의 넓이와 부피

예제 p. 44

1 (1) **2:5** (2) **2:5** (3) **4:25**

(1) △ABC와 △DEF의 닮음비는

$\overline{AB}:\overline{DE}=2:5$

(2) △ABC와 △DEF의 닮음비가

$2:5$이므로 둘레의 길이의 비는

$2:5$

(3) △ABC와 △DEF의 닮음비가

$2:5$이므로 넓이의 비는

$2^2:5^2=4:25$

2 **64 cm²**

□ABCD와 □EFGH의 닮음비가

$\overline{AD}:\overline{EH}=15:10=3:2$이므로

넓이의 비는 $3^2:2^2=9:4$

즉, □ABCD : □EFGH $=9:4$이

므로

$144:$□EFGH $=9:4$

9□EFGH $=576$

∴ □EFGH $=64$(cm²)

3 (1) **3:4** (2) **9:16** (3) **27:64**

(1) 두 원기둥 A와 B의 닮음비는

$9:12=3:4$

(2) 두 원기둥 A와 B의 닮음비가 $3:4$

이므로 겉넓이의 비는

$3^2:4^2=9:16$

(3) 두 원기둥 A와 B의 닮음비가 $3:4$

이므로 부피의 비는

$3^3:4^3=27:64$

4 **250 cm³**

두 삼각기둥 A와 B의 닮음비는

$4:10=2:5$이므로 부피의 비는

$2^3:5^3=8:125$

삼각기둥 B의 부피를 x cm³라 하면

$16:x=8:125$, $8x=2000$

$x=250$

따라서 삼각기둥 B의 부피는 250 cm³

이다.

핵심 유형 익히기 p. 45

1 **36π cm²**

원 O의 반지름의 길이를 r cm라 하면

$2\pi r=6\pi$ ∴ $r=3$

∴ (원 O의 넓이)$=\pi\times3^2=9\pi$(cm²)

이때 원 O와 원 O′의 넓이의 비는

$1^2:2^2=1:4$이므로

$9\pi:$(원 O′의 넓이)$=1:4$

∴ (원 O′의 넓이)$=36\pi$(cm²)

2 **40 cm**

두 정사각형 ABCD와 EBFG의 넓

이의 비가 $25:9=5^2:3^2$이므로

닮음비는 $5:3$이고 둘레의 길이의 비

도 $5:3$이므로

(□ABCD의 둘레의 길이) : (6×4)

$=5:3$

∴ (□ABCD의 둘레의 길이)

$=40$(cm)

3 **32 cm²**

두 원뿔 A와 B의 닮음비는

$6:4=3:2$이므로

옆넓이의 비는 $3^2:2^2=9:4$

즉, $72:$(원뿔 B의 옆넓이)$=9:4$

∴ (원뿔 B의 옆넓이)$=32$(cm²)

4 **11**

두 원기둥 A와 B의 부피의 비가

$8:27=2^3:3^3$이므로 닮음비는 $2:3$

$x:3=2:3$, $3x=6$ ∴ $x=2$

$6:y=2:3$, $2y=18$ ∴ $y=9$

∴ $x+y=2+9=11$

5 **54 mL**

그릇의 높이와 수면의 높이의 비가

$4:3$이므로

(그릇의 부피) : (물의 부피)

$=4^3:3^3=64:27$

즉, $128:$(물의 부피)$=64:27$

∴ (물의 부피)$=54$(mL)

11강 삼각형의 닮음 조건

예제 p. 46

1 (1) △ABE∽△CDE (SAS 닮음)

(2) △ABC∽△AED (AA 닮음)

(1) △ABE와 △CDE에서

$\overline{AE}:\overline{CE}=\overline{BE}:\overline{DE}=2:3$,

∠AEB$=$∠CED (맞꼭지각)

∴ △ABE∽△CDE (SAS 닮음)

(2) △ABC와 △AED에서

∠A는 공통, ∠B$=$∠AED$=80°$

∴ △ABC∽△AED (AA 닮음)

2 (1) $\dfrac{9}{4}$ (2) $\dfrac{14}{3}$

(1) $\overline{AD}^2=\overline{DB}\times\overline{DC}$이므로

$3^2=4\times x$, $4x=9$

∴ $x=\dfrac{9}{4}$

(2) $\overline{AC}^2=\overline{CD}\times\overline{CB}$이므로

$8^2=6\times(6+x)$, $64=36+6x$

$6x=28$ ∴ $x=\dfrac{14}{3}$

3 **10 km**

(축척)$=\dfrac{(\text{축도에서의 거리})}{(\text{실제 거리})}$이므로

$\dfrac{1}{50000}=\dfrac{20\,\text{cm}}{(\text{실제 거리})}$

∴ (실제 거리)$=20\,\text{cm}\times50000$

$=1000000\,\text{cm}$

$=10000\,\text{m}$

$=10\,\text{km}$

핵심 유형 익히기 p. 47

1 ④

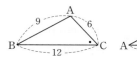

△ABC와 △DAC에서
$\overline{AC}:\overline{DC}=\overline{BC}:\overline{AC}=2:1$,
∠C는 공통이므로
△ABC∽△DAC (SAS 닮음)
따라서 $\overline{AB}:\overline{DA}=2:1$이므로
$9:\overline{AD}=2:1$, $2\overline{AD}=9$
∴ $\overline{AD}=\dfrac{9}{2}$

2 13

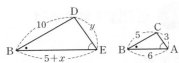

△DBE와 △CBA에서
∠E=∠CAB,
∠B는 공통이므로
△DBE∽△CBA (AA 닮음)
따라서 $\overline{BE}:\overline{BA}=\overline{DB}:\overline{CB}$이므로
$(5+x):6=10:5$, $25+5x=60$
$5x=35$ ∴ $x=7$
또 $\overline{DE}:\overline{CA}=\overline{DB}:\overline{CB}$이므로
$y:3=10:5$, $5y=30$ ∴ $y=6$
∴ $x+y=7+6=13$

3 $\dfrac{27}{5}$ cm

△ABE와 △ADF에서
∠AEB=∠AFD=90°,
∠ABE=∠ADF
∴ △ABE∽△ADF (AA 닮음)
따라서 $\overline{AB}:\overline{AD}=\overline{AE}:\overline{AF}$이므로
$6:10=\overline{AE}:9$, $10\overline{AE}=54$
∴ $\overline{AE}=\dfrac{27}{5}$ (cm)

4 $\dfrac{21}{5}$

$\overline{AC}^2=\overline{CD}\times\overline{CB}$이므로
$3^2=5\times x$ ∴ $x=\dfrac{9}{5}$
$\overline{AD}\times\overline{BC}=\overline{AB}\times\overline{AC}$이므로
$y\times5=4\times3$ ∴ $y=\dfrac{12}{5}$
∴ $x+y=\dfrac{9}{5}+\dfrac{12}{5}=\dfrac{21}{5}$

5 15 m

(축척)=$\dfrac{4\,cm}{20\,m}=\dfrac{4\,cm}{2000\,cm}=\dfrac{1}{500}$
∴ (실제 높이)=3 cm÷$\dfrac{1}{500}$
　　　　　　=3 cm×500
　　　　　　=1500 cm
　　　　　　=15 m

내공 다지기 p. 48~49

1 (1) 2 : 1 　(2) 8 　(3) $\dfrac{3}{2}$
　(4) 70° 　(5) 55°

2 (1) 3 : 5 　(2) 9 　(3) $\dfrac{20}{3}$
　(4) 66°

3 (1) 2 : 3 　(2) 2 : 3 　(3) 4 : 9
　(4) 21 cm 　(5) 8 cm²

4 (1) 4 : 3 　(2) 16 : 9 　(3) 64 : 27
　(4) 36π cm² 　(5) 128π cm³

5 (1) △ABC∽△DAC (SSS 닮음)
　(2) △ADE∽△ABC (AA 닮음)
　(3) △ABC∽△DEC (SAS 닮음)

6 (1) × (2) × (3) ◯ (4) × (5) ◯

7 (1) 2 　(2) $\dfrac{7}{2}$ 　(3) 12

8 (1) 9 　(2) 28 　(3) 12

---

1 (1) $\overline{DC}:\overline{HG}=4:2=2:1$이므로
　□ABCD와 □EFGH의 닮음비는
　2 : 1
(2) $\overline{BC}:\overline{FG}=2:1$이므로
　$\overline{BC}:4=2:1$ ∴ $\overline{BC}=8$
(3) $\overline{AB}:\overline{EF}=2:1$이므로
　$3:\overline{EF}=2:1$
　$2\overline{EF}=3$ ∴ $\overline{EF}=\dfrac{3}{2}$
(4) ∠B=∠F=70°
(5) ∠E=∠A=125°이므로
　∠G=360°−(70°+125°+110°)
　　=55°

2 (1) $\overline{AB}:\overline{EF}=6:10=3:5$이므로
　두 삼각뿔의 닮음비는 3 : 5
(2) $\overline{AD}:\overline{EH}=3:5$이므로
　$\overline{AD}:15=3:5$
　$5\overline{AD}=45$ ∴ $\overline{AD}=9$
(3) $\overline{BC}:\overline{FG}=3:5$이므로
　$4:\overline{FG}=3:5$
　$3\overline{FG}=20$ ∴ $\overline{FG}=\dfrac{20}{3}$
(4) ∠BDC=∠FHG=24°이므로
　△BCD에서
　∠CBD=180°−(90°+24°)
　　　=66°

3 (1) $\overline{BC}:\overline{EF}=4:6=2:3$이므로
　△ABC와 △DEF의 닮음비는
　2 : 3

---

(2) 두 삼각형의 둘레의 길이의 비는 닮음비와 같은 2 : 3이다.
(3) 두 삼각형의 넓이의 비는
　$2^2:3^2=4:9$
(4) 14 : (△DEF의 둘레의 길이)
　=2 : 3
　∴ (△DEF의 둘레의 길이)
　　=21(cm)
(5) △ABC : 18=4 : 9
　∴ △ABC=8(cm²)

4 (1) 두 원뿔의 높이가 12 cm, 9 cm이므로 닮음비는 12 : 9=4 : 3
(2) 두 원뿔 A와 B의 겉넓이의 비는
　$4^2:3^2=16:9$
(3) 두 원뿔 A와 B의 부피의 비는
　$4^3:3^3=64:27$
(4) 64π : (원뿔 B의 겉넓이)=16 : 9
　∴ (원뿔 B의 겉넓이)=36π(cm²)
(5) (원뿔 A의 부피) : 54π=64 : 27
　∴ (원뿔 A의 부피)=128π(cm³)

5 (1) △ABC와 △DAC에서
　$\overline{AB}:\overline{DA}=14:7=2:1$,
　$\overline{BC}:\overline{AC}=20:10=2:1$,
　$\overline{AC}:\overline{DC}=10:5=2:1$이므로
　△ABC∽△DAC (SSS 닮음)
(2) △ADE와 △ABC에서
　∠ADE=∠B, ∠A는 공통이므로
　△ADE∽△ABC (AA 닮음)
(3) △ABC와 △DEC에서
　$\overline{BC}:\overline{CE}=4:6=2:3$,
　$\overline{AC}:\overline{DC}=2:3$,
　∠ACB=∠DCE(맞꼭지각)이므로
　△ABC∽△DEC (SAS 닮음)

6 (3) △ABC와 △DEF에서
　$\overline{AC}:\overline{DF}=4:3$,
　$\overline{BC}:\overline{EF}=8:6=4:3$,
　∠C=∠F=70°이므로
　△ABC∽△DEF (SAS 닮음)
(5) △DEF에서 ∠E=50°이므로
　∠D=180°−(50°+70°)=60°
　△ABC와 △DEF에서
　∠A=∠D=60°,
　∠B=∠E=50°이므로
　△ABC∽△DEF (AA 닮음)

7 (1) △ABC와 △AED에서
　$\overline{AC}:\overline{AD}=12:4=3:1$,
　$\overline{AB}:\overline{AE}=9:3=3:1$,

∠A는 공통이므로
△ABC∽△AED (SAS 닮음)
따라서 $\overline{BC}:\overline{ED}=3:1$이므로
$6:x=3:1,\ 3x=6$
∴ $x=2$

(2) △ABC와 △DBA에서
$\overline{AB}:\overline{DB}=4:2=2:1$,
$\overline{BC}:\overline{BA}=8:4=2:1$,
∠B는 공통이므로
△ABC∽△DBA (SAS 닮음)
따라서 $\overline{AC}:\overline{DA}=2:1$이므로
$7:x=2:1,\ 2x=7$
∴ $x=\dfrac{7}{2}$

(3) △ABC와 △AED에서
∠ACB=∠ADE,
∠A는 공통이므로
△ABC∽△AED (AA 닮음)
따라서 $\overline{AB}:\overline{AE}=\overline{AC}:\overline{AD}$이므로
$(6+x):9=12:6$
$36+6x=108$
$6x=72$ ∴ $x=12$

8 (1) $\overline{AB}^2=\overline{BD}\times\overline{BC}$이므로
$6^2=3\times(3+x),\ 36=9+3x$
$3x=27$ ∴ $x=9$
(2) $\overline{AC}^2=\overline{CD}\times\overline{CB}$이므로
$14^2=7\times x$ ∴ $x=28$
(3) $\overline{AD}^2=\overline{DB}\times\overline{DC}$이므로
$x^2=8\times18=144$
이때 $x>0$이므로 $x=12$

족집게 문제   p. 50~53

1 ③	2 ⑤	3 ④
4 9π cm²	5 ③	6 ⑤
7 130분	8 ①, ④	9 ②
10 21 cm²	11 ③, ⑤	12 39 cm²
13 28 m	14 ②, ③	15 ④
16 지름의 길이가 30 cm인 피자		
17 8번	18 ②	19 8
20 16 cm²	21 $\dfrac{12}{5}$ cm	22 4:1
23 $\dfrac{7}{3}$ cm	24 $\dfrac{35}{4}$ cm	
25 76 cm³, 과정은 풀이 참조		
26 $\dfrac{15}{4}$ cm, 과정은 풀이 참조		

1 ① □ABCD와 □EFGH의 닮음비는
$\overline{BC}:\overline{FG}=6:9=2:3$

② $\overline{AB}:\overline{EF}=2:3$이므로
$4:\overline{EF}=2:3,\ 2\overline{EF}=12$
∴ $\overline{EF}=6$(cm)
③ $\overline{AD}:\overline{EH}=2:3$이므로
$\overline{AD}:12=2:3,\ 3\overline{AD}=24$
∴ $\overline{AD}=8$(cm)
④ ∠A=∠E=70°,
∠H=∠D=85°
⑤ $\overline{DC}:\overline{HG}=2:3$
따라서 옳은 것은 ③이다.

2 $\overline{BC}:\overline{FG}=3:4$이므로
$6:\overline{FG}=3:4,\ 3\overline{FG}=24$
∴ $\overline{FG}=8$(cm)
∴ (□EFGH의 둘레의 길이)
$=2\times(8+12)=40$(cm)

3 ① $\overline{AB}:\overline{GH}=8:4=2:1$
두 삼각기둥의 닮음비가 2:1이므로
$\overline{BC}:\overline{HI}=2:1$
② $\overline{AC}:\overline{GI}=2:1$이므로
$\overline{AC}:5=2:1$ ∴ $\overline{AC}=10$
③ △DEF와 △JKL은 서로 닮은 도형이다.
④ $\overline{AD}:\overline{GJ}=2:1$이므로
$14:\overline{GJ}=2:1,\ 2\overline{GJ}=14$
∴ $\overline{GJ}=7$
⑤ $\overline{BE}$에 대응하는 모서리는 $\overline{HK}$,
$\overline{CF}$에 대응하는 모서리는 $\overline{IL}$이므로
$\overline{BE}:\overline{HK}=\overline{CF}:\overline{IL}$
따라서 옳지 않은 것은 ④이다.

4 큰 원기둥의 밑면의 반지름의 길이를
r cm라 하면
$8:12=2:r,\ 8r=24$
∴ $r=3$
∴ (큰 원기둥의 밑면의 넓이)
$=\pi\times3^2=9\pi$(cm²)

5 가장 작은 원의 반지름의 길이를 a라 하면 세 원의 반지름의 길이는 각각 a, $2a$, $3a$이다.
즉, 세 원의 닮음비는
$a:2a:3a=1:2:3$이므로
넓이의 비는 $1^2:2^2:3^2=1:4:9$
따라서 색칠한 세 부분 A, B, C의 넓이의 비는
$1:(4-1):(9-4)=1:3:5$

6 두 직육면체의 겉넓이의 비가
$4:9=2^2:3^2$이므로
두 직육면체의 닮음비는 2:3이고,
부피의 비는 $2^3:3^3=8:27$이다.

즉, 40 : (큰 직육면체의 부피)=8 : 27
∴ (큰 직육면체의 부피)=135(cm³)

7 (수면의 높이) : (그릇의 높이)
$=4:12=1:3$
이므로
(물의 부피) : (그릇의 부피)
$=1^3:3^3=1:27$
빈 그릇에 물을 가득 채우는 데 걸리는 시간을 x분이라 하면
$1:27=5:x$ ∴ $x=135$
따라서 그릇에 물을 가득 채우려면
$135-5=130$(분) 동안 물을 더 넣어야 한다.

8 ① ∠A=75°이면 ∠B=45°이고,
∠D=45°이면 ∠F=75°
따라서 ∠A=∠F=75°,
∠B=∠D=45°이므로
△ABC∽△FDE (AA 닮음)
② ∠B=45°이면 ∠A=75°,
∠F=70°이면 ∠D=50°
따라서 ∠C=∠E로 한 쌍의 대응각의 크기만 같으므로 두 삼각형은 닮음이 될 수 없다.
④ $\overline{AC}:\overline{FE}=9:6=3:2$,
$\overline{BC}:\overline{DE}=12:8=3:2$,
∠C=∠E=60°이므로
△ABC∽△FDE (SAS 닮음)
⑤ $\overline{AC}:\overline{FE}=10:6=5:3$,
$\overline{BC}:\overline{DE}=12:9=4:3$이므로 두 삼각형은 닮음이 될 수 없다.
따라서 추가해야 할 조건은 ①, ④이다.

돌다리 두드리기 | 삼각형의 세 내각의 크기의 합은 180°이므로 두 내각의 크기를 알면 나머지 한 내각의 크기를 구할 수 있다.

9 △ABC와 △ACD에서
∠B=∠ACD, ∠A는 공통이므로
△ABC∽△ACD (AA 닮음)
따라서 $\overline{AB}:\overline{AC}=\overline{AC}:\overline{AD}$이므로
$\overline{AB}:6=6:3,\ 3\overline{AB}=36$
∴ $\overline{AB}=12$(cm)
∴ $\overline{BD}=\overline{AB}-\overline{AD}$
$=12-3=9$(cm)

10 △ABC와 △AED에서
∠B=∠AED,
∠A는 공통이므로
△ABC∽△AED (AA 닮음)

따라서 △ABC와 △AED의 닮음비는
$\overline{AB}:\overline{AE}=12:9=4:3$이므로
넓이의 비는 $4^2:3^2=16:9$
즉, △ABC$:27=16:9$
∴ △ABC$=48(\text{cm}^2)$
∴ □DBCE$=△ABC-△ADE$
$\qquad =48-27=21(\text{cm}^2)$

11

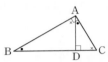

①, ④ △ABC∽△DBA (AA 닮음)
이므로
$\overline{AB}:\overline{DB}=\overline{BC}:\overline{BA}$
② △DBA∽△DAC (AA 닮음)
③ △ABC∽△DAC (AA 닮음)이
므로
$\overline{AC}:\overline{DC}=\overline{BC}:\overline{AC}$
∴ $\overline{AC}^2=\overline{DC}\times\overline{BC}$
⑤ $\frac{1}{2}\times\overline{AD}\times\overline{BC}=\frac{1}{2}\times\overline{AB}\times\overline{AC}$
이므로
$\overline{AD}\times\overline{BC}=\overline{AB}\times\overline{AC}$
따라서 옳지 않은 것은 ③, ⑤이다.

12 $\overline{AH}^2=\overline{BH}\times\overline{HC}$이므로
$6^2=4\times\overline{HC}$ ∴ $\overline{HC}=9(\text{cm})$
∴ △ABC$=\frac{1}{2}\times(4+9)\times6$
$\qquad =39(\text{cm}^2)$

13 (축척)$=\dfrac{2\,\text{cm}}{40\,\text{m}}=\dfrac{2\,\text{cm}}{4000\,\text{cm}}=\dfrac{1}{2000}$
∴ (실제 거리)$=1.4\,\text{cm}\div\dfrac{1}{2000}$
$\qquad =1.4\,\text{cm}\times2000$
$\qquad =2800\,\text{cm}$
$\qquad =28\,\text{m}$

14 ② 한 변의 길이가 같은 두 직각삼각형
은 다음 그림과 같이 닮은 도형이
아닐 수도 있다.

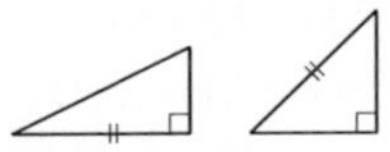

③ 넓이가 같은 두 직사각형은 다음 그
림과 같이 닮은 도형이 아닐 수도
있다.

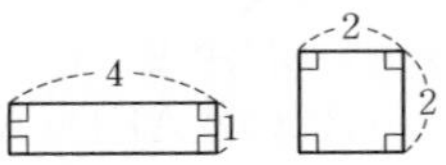

15 A4 용지의 짧은 변의 길이를 a라 하면
A6 용지의 짧은 변의 길이는 $\frac{1}{2}a$,
A8 용지의 짧은 변의 길이는
$\frac{1}{2}\times\frac{1}{2}a=\frac{1}{4}a$,
A10 용지의 짧은 변의 길이는
$\frac{1}{2}\times\frac{1}{4}a=\frac{1}{8}a$
따라서 A4 용지와 A10 용지의 닮음
비는 $a:\frac{1}{8}a=8:1$

확인 닮음비는 가장 간단한 자연수의 비
로 나타낸다.

16 작은 피자와 큰 피자의 닮음비는
$20:30=2:3$이므로
넓이의 비는 $2^2:3^2=4:9$
이때 작은 피자와 큰 피자의 $1\,\text{cm}^2$당
가격은 각각 $\dfrac{10000}{4}=2500(원)$,
$\dfrac{18000}{9}=2000(원)$이므로 큰 피자, 즉
지름의 길이가 $30\,\text{cm}$인 피자를 사는
것이 가격면에서 더 유리하다.

17 두 컵 A와 B의 닮음비는 $2:4=1:2$
이므로 부피의 비는 $1^3:2^3=1:8$
따라서 컵 B에 물을 가득 채우려면 컵
A로 물을 최소한 8번 부어야 한다.
돌다리 두드리기 | 컵 B의 높이가 컵 A의 높
이의 2배라고 해서 컵 A로 물을 최소한 2
번 부어야 하는 것이 아님을 주의하도록
한다.

18 △ABC와 △ECD에서
∠ABC$=$∠ECD (엇각),
∠ACB$=$∠EDC (엇각)이므로
△ABC∽△ECD (AA 닮음)
따라서 $\overline{AB}:\overline{EC}=\overline{BC}:\overline{CD}$이므로
$4:6=\overline{BC}:15$, $6\overline{BC}=60$
∴ $\overline{BC}=10(\text{cm})$

19 △ABD와 △ACE에서
∠ADB$=$∠AEC$=90°$,
∠A는 공통이므로
△ABD∽△ACE (AA 닮음)
따라서 $\overline{AB}:\overline{AC}=\overline{AD}:\overline{AE}$이므로
$12:8=(8-2):(12-x)$
$144-12x=48$
$12x=96$ ∴ $x=8$

20 △ABC와 △ADF에서
∠C$=$∠AFD$=90°$,
∠A는 공통이므로
△ABC∽△ADF (AA 닮음)
$\overline{DF}=\overline{FC}=x\,\text{cm}$라 하면
$\overline{BC}:\overline{DF}=\overline{AC}:\overline{AF}$이므로
$12:x=6:(6-x)$, $72-12x=6x$
$18x=72$ ∴ $x=4$
∴ □DECF$=4\times4=16(\text{cm}^2)$

21 $\overline{AB}^2=\overline{BH}\times\overline{BC}$이므로
$4^2=\overline{BH}\times5$ ∴ $\overline{BH}=\dfrac{16}{5}(\text{cm})$
$\overline{HC}=5-\dfrac{16}{5}=\dfrac{9}{5}(\text{cm})$
$\overline{AH}^2=\overline{HB}\times\overline{HC}$이므로
$\overline{AH}^2=\dfrac{16}{5}\times\dfrac{9}{5}=\dfrac{144}{25}$
이때 $\overline{AH}>0$이므로 $\overline{AH}=\dfrac{12}{5}(\text{cm})$

22 제1단계에서 지워지는 정삼각형의 한
변의 길이는 처음 정삼각형의 한 변의
길이의 $\frac{1}{2}$이다.
또 제2단계에서 지워지는 정삼각형의
한 변의 길이는 처음 정삼각형의 한 변
의 길이의 $\frac{1}{2^2}$이다.
즉, 제n단계에서 지워지는 정삼각형의
한 변의 길이는 처음 정삼각형의 한 변
의 길이의 $\dfrac{1}{2^n}$(n은 자연수)이다.
따라서 제8단계에서 지워지는 정삼각
형과 제10단계에서 지워지는 정삼각형
의 닮음비는
$\dfrac{1}{2^8}:\dfrac{1}{2^{10}}=2^2:1=4:1$

23 △ABE에서
∠ABE$+$∠BAE$=$∠AEF이고,
∠BAE$=$∠CBF이므로
∠ABC$=$∠ABE$+$∠CBF
$\qquad =$∠ABE$+$∠BAE
$\qquad =$∠DEF
또 △BCF에서
∠BCF$+$∠CBF$=$∠BFD이고,
∠CBF$=$∠ACD이므로
∠BCA$=$∠BCF$+$∠ACD
$\qquad =$∠BCF$+$∠CBF
$\qquad =$∠EFD
즉, △ABC와 △DEF에서
∠ABC$=$∠DEF,

∠BCA＝∠EFD이므로
△ABC∽△DEF (AA 닮음)
따라서 $\overline{AB}:\overline{DE}=\overline{AC}:\overline{DF}$이므로
$6:2=7:\overline{DF}$, $6\overline{DF}=14$
∴ $\overline{DF}=\dfrac{7}{3}$(cm)

24 △ABC는 정삼각형이므로
$\overline{AB}=\overline{BC}=5+10=15$(cm)
$\overline{DE}=\overline{AD}=15-8=7$(cm)
△DBE와 △ECF에서
∠B＝∠C＝60° ⋯ ㉠
∠B＋∠BDE＝∠DEF＋∠CEF
이고, ∠DEF＝∠A＝60°이므로
∠BDE＝∠CEF ⋯ ㉡
㉠, ㉡에 의해
△DBE∽△ECF (AA 닮음)
따라서 $\overline{DB}:\overline{EC}=\overline{DE}:\overline{EF}$이므로
$8:10=7:\overline{EF}$, $8\overline{EF}=70$
∴ $\overline{EF}=\dfrac{35}{4}$(cm)
∴ $\overline{AF}=\overline{EF}=\dfrac{35}{4}$ cm

25 세 원뿔의 닮음비가 $1:2:3$이므로
부피의 비는 $1^3:2^3:3^3=1:8:27$
⋯(ⅰ)
따라서 잘린 세 입체도형 A, B, C의
부피의 비는
$1:(8-1):(27-8)$
$=1:7:19$ ⋯(ⅱ)
입체도형 C의 부피를 x cm^{3}라 하면
$4:x=1:19$ ∴ $x=76$
따라서 입체도형 C의 부피는 76 cm^3
이다. ⋯(ⅲ)

채점 기준	비율
(ⅰ) 세 원뿔의 부피의 비 구하기	40%
(ⅱ) 세 입체도형 A, B, C의 부피의 비 구하기	30%
(ⅲ) 입체도형 C의 부피 구하기	30%

26 ∠PBD＝∠DBC (접은 각),
∠PDB＝∠DBC (엇각)이므로
∠PBD＝∠PDB
따라서 △PBD는 $\overline{PB}=\overline{PD}$인 이등변
삼각형이므로
$\overline{BH}=\dfrac{1}{2}\overline{BD}=\dfrac{1}{2}\times10=5$(cm)
⋯(ⅰ)
한편, △PBH와 △DBC에서
∠PBH＝∠DBC,

∠PHB＝∠DCB＝90°이므로
△PBH∽△DBC (AA 닮음) ⋯(ⅱ)
따라서 $\overline{BH}:\overline{BC}=\overline{PH}:\overline{DC}$이므로
$5:8=\overline{PH}:6$, $8\overline{PH}=30$
∴ $\overline{PH}=\dfrac{15}{4}$(cm) ⋯(ⅲ)

채점 기준	비율
(ⅰ) $\overline{BH}$의 길이 구하기	40%
(ⅱ) △PBH∽△DBC임을 보이기	40%
(ⅲ) $\overline{PH}$의 길이 구하기	20%

12강 삼각형과 평행선

예제 p. 54

1 (1) $x=15$, $y=8$ (2) $x=15$, $y=16$
(1) $\overline{AB}:\overline{AD}=\overline{BC}:\overline{DE}$이므로
$(2+4):2=x:5$
$2x=30$ ∴ $x=15$
$\overline{AD}:\overline{DB}=\overline{AE}:\overline{EC}$이므로
$2:4=4:y$, $2y=16$ ∴ $y=8$
(2) $\overline{AB}:\overline{AD}=\overline{BC}:\overline{DE}$이므로
$9:3=x:5$, $3x=45$ ∴ $x=15$
$\overline{AB}:\overline{AD}=\overline{AC}:\overline{AE}$이므로
$9:3=(y-4):4$, $3y-12=36$
$3y=48$ ∴ $y=16$

확인 오른쪽 그림에서
$a:a'\ne b:b'$임을 주의한다.
⇨ $a:(a+a')=b:b'$

2 ㄴ, ㄷ
ㄱ. $4:6\ne6:10$이므로 $\overline{BC}$와 $\overline{DE}$는
평행하지 않다.
ㄴ. $3:2=6:4$이므로 $\overline{BC}\,/\!/\,\overline{DE}$
ㄷ. $6:9=8:12$이므로 $\overline{BC}\,/\!/\,\overline{DE}$
따라서 $\overline{BC}\,/\!/\,\overline{DE}$인 것은 ㄴ, ㄷ이다.

3 (1) $\dfrac{16}{3}$ (2) 8
(1) $\overline{AB}:\overline{AC}=\overline{BD}:\overline{CD}$이므로
$8:6=x:4$, $6x=32$
∴ $x=\dfrac{16}{3}$
(2) $\overline{AB}:\overline{AC}=\overline{BD}:\overline{CD}$이므로
$12:x=(10+20):20$
$30x=240$ ∴ $x=8$

1 (1) $x=4$, $y=\dfrac{15}{2}$ (2) $x=6$, $y=4$
(1) $6:(6+x)=9:15$이므로
$54+9x=90$, $9x=36$
∴ $x=4$
$6:4=y:5$이므로
$4y=30$ ∴ $y=\dfrac{15}{2}$
(2) $6:(6+4)=x:10$이므로
$10x=60$ ∴ $x=6$
$6:4=6:y$이므로
$6y=24$ ∴ $y=4$

2 ⑤
① △ABC와 △ADE에서
∠B＝∠ADE (동위각),
∠A는 공통이므로
△ABC∽△ADE (AA 닮음)
② $\overline{AD}:\overline{DB}=\overline{AE}:\overline{EC}=3:2$
③ $\overline{DE}:\overline{BC}=\overline{AD}:\overline{AB}$
$=3:(3+2)=3:5$
④ $\overline{DE}:\overline{BC}=3:5$이므로
$\overline{DE}:10=3:5$, $5\overline{DE}=30$
∴ $\overline{DE}=6$(cm)
⑤ $\overline{AE}:\overline{AC}=\overline{DE}:\overline{BC}$
따라서 옳지 않은 것은 ⑤이다.

3 ③, ⑤
① $6:8\ne7:12$이므로 $\overline{BC}$와 $\overline{DE}$는
평행하지 않다.
② $(11-5):5\ne5:3$이므로 $\overline{BC}$와
$\overline{DE}$는 평행하지 않다.
③ $9:12=6:8$이므로 $\overline{BC}\,/\!/\,\overline{DE}$
④ $10:(10+6)\ne8:12$이므로 $\overline{BC}$와
$\overline{DE}$는 평행하지 않다.
⑤ $3:(3+12)=(25-20):25$이므
로 $\overline{BC}\,/\!/\,\overline{DE}$
따라서 $\overline{BC}\,/\!/\,\overline{DE}$인 것은 ③, ⑤이다.

4 (1) 6 (2) 4
(1) $12:9=(14-x):x$이므로
$12x=126-9x$, $21x=126$
∴ $x=6$
(2) $5:3=(x+6):6$이므로
$3x+18=30$, $3x=12$
∴ $x=4$

5 45 cm^2
$\overline{BD}:\overline{DC}=\overline{AB}:\overline{AC}$
$=12:15=4:5$
이므로 △ABD : △ADC＝4:5
$36:△ADC=4:5$, $4△ADC=180$
∴ △ADC＝45(cm^2)

13강 삼각형의 두 변의 중점을 연결한 선분의 성질

예제
p. 56

1 $x=40$, $y=8$

$\overline{AM}=\overline{MB}$, $\overline{AN}=\overline{NC}$이면

$\overline{MN} /\!/ \overline{BC}$, $\overline{MN}=\dfrac{1}{2}\overline{BC}$이므로

$\angle AMN=\angle ABC=40°$

$\therefore x=40$

$y=\dfrac{1}{2}\times 16=8$

2 $x=4$, $y=12$

$\overline{AM}=\overline{MB}$, $\overline{MN} /\!/ \overline{BC}$이면

$\overline{AN}=\overline{NC}$이므로 $x=4$

$\overline{BC}=2\overline{MN}$이므로 $y=2\times 6=12$

3 1

삼각형의 두 변의 중점을 연결한 선분의 성질에 의해 $\overline{AD} /\!/ \overline{MN} /\!/ \overline{BC}$이므로

$\triangle ABC$에서

$\overline{MQ}=\dfrac{1}{2}\overline{BC}=\dfrac{1}{2}\times 8=4$

$\triangle ABD$에서

$\overline{MP}=\dfrac{1}{2}\overline{AD}=\dfrac{1}{2}\times 6=3$

$\therefore \overline{PQ}=\overline{MQ}-\overline{MP}=4-3=1$

핵심 유형 익히기
p. 57

1 ④

삼각형의 두 변의 중점을 연결한 선분의 성질에 의해

$\overline{DE}=\dfrac{1}{2}\overline{AC}=\dfrac{1}{2}\times 8=4$

$\overline{EF}=\dfrac{1}{2}\overline{AB}=\dfrac{1}{2}\times 10=5$

$\overline{DF}=\dfrac{1}{2}\overline{BC}=\dfrac{1}{2}\times 12=6$

$\therefore$ ($\triangle DEF$의 둘레의 길이)

$\quad =4+5+6=15$

2 18

$\triangle AFD$에서

$\overline{AG}=\overline{GD}$, $\overline{EG} /\!/ \overline{FD}$이므로

$\overline{FD}=2\overline{EG}=2\times 6=12$

$\triangle BCE$에서

$\overline{BD}=\overline{DC}$, $\overline{EC} /\!/ \overline{FD}$이므로

$\overline{EC}=2\overline{FD}=2\times 12=24$

$\therefore \overline{GC}=\overline{EC}-\overline{EG}=24-6=18$

---

3 ④

$\triangle DMF$와 $\triangle EMC$에서

$\angle FDM=\angle CEM$ (엇각),

$\overline{DM}=\overline{EM}$,

$\angle DMF=\angle EMC$ (맞꼭지각)이므로

$\triangle DMF\equiv\triangle EMC$ (ASA 합동)

$\therefore \overline{DF}=\overline{EC}=5$

$\triangle ABC$에서

$\overline{AD}=\overline{DB}$, $\overline{DF} /\!/ \overline{BC}$이므로

$\overline{BC}=2\overline{DF}=2\times 5=10$

4 8

$\overline{AD} /\!/ \overline{EF} /\!/ \overline{BC}$이므로

$\triangle ABC$에서

$\overline{EQ}=\dfrac{1}{2}\overline{BC}=\dfrac{1}{2}\times 12=6$

$\therefore \overline{EP}=\overline{EQ}-\overline{PQ}=6-2=4$

$\triangle ABD$에서 $\overline{AD}=2\overline{EP}=2\times 4=8$

5 ⑤

다음 그림과 같이 $\overline{AC}$를 긋고, $\overline{AC}$와 $\overline{MN}$의 교점을 P라 하면

$\overline{AD} /\!/ \overline{MN} /\!/ \overline{BC}$이므로

$\triangle ACD$에서

$\overline{PN}=\dfrac{1}{2}\overline{AD}=\dfrac{1}{2}\times 6=3$

$\therefore \overline{MP}=\overline{MN}-\overline{PN}=8-3=5$

$\triangle ABC$에서

$\overline{BC}=2\overline{MP}=2\times 5=10$

14강 평행선과 선분의 길이의 비

예제
p. 58

1 (1) 6 (2) $\dfrac{30}{7}$

(1) $4:8=3:x$이므로

$\quad 4x=24$ $\quad \therefore x=6$

(2) $x:6=5:7$이므로

$\quad 7x=30$ $\quad \therefore x=\dfrac{30}{7}$

2 (1) 4 (2) 3 (3) 7

(1) $\square AGFD$, $\square GHCF$는 평행사변형이므로

$\overline{GF}=\overline{HC}=\overline{AD}=4$

---

(2) $\overline{BH}=\overline{BC}-\overline{HC}=9-4=5$

$\triangle ABH$에서

$\overline{AE}:\overline{AB}=\overline{EG}:\overline{BH}$이므로

$3:5=\overline{EG}:5$, $5\overline{EG}=15$

$\therefore \overline{EG}=3$

(3) $\overline{EF}=\overline{EG}+\overline{GF}=3+4=7$

3 (1) $2:3$ (2) 8 (3) 6

(1) $\overline{AB} /\!/ \overline{DC}$이므로

$\overline{BE}:\overline{DE}=\overline{AB}:\overline{CD}$

$\qquad =10:15=2:3$

(2) $\triangle BCD$에서

$\overline{BE}:\overline{BD}=\overline{BF}:\overline{BC}$이므로

$2:(2+3)=\overline{BF}:20$

$5\overline{BF}=40$ $\quad \therefore \overline{BF}=8$

(3) $\triangle BCD$에서

$\overline{BE}:\overline{BD}=\overline{EF}:\overline{DC}$이므로

$2:(2+3)=\overline{EF}:15$

$5\overline{EF}=30$ $\quad \therefore \overline{EF}=6$

핵심 유형 익히기
p. 59

1 $x=24$, $y=3$

$8:(x-8)=6:12$이므로

$6x-48=96$, $6x=144$

$\therefore x=24$

$24:4=(6+12):y$이므로

$24y=72$ $\quad \therefore y=3$

2 $x=\dfrac{10}{3}$, $y=6$

$\overline{AB}:\overline{AC}=\overline{BD}:\overline{CE}$이므로

$4:(4+8)=x:10$, $12x=40$

$\therefore x=\dfrac{10}{3}$

$\overline{AB}:\overline{BC}=\overline{AD}:\overline{DE}$이므로

$4:8=3:\overline{DE}$, $4\overline{DE}=24$

$\therefore \overline{DE}=6$

이때 $\square DEHG$는 평행사변형이므로

$\overline{GH}=\overline{DE}=6$ $\quad \therefore y=6$

3 ②

$\triangle ABC$에서

$6:(6+4)=x:10$이므로

$10x=60$ $\quad \therefore x=6$

$\triangle ACD$에서

$4:(4+6)=2:y$이므로

$4y=20$ $\quad \therefore y=5$

$\therefore x+y=6+5=11$

4 ②

다음 그림과 같이 꼭짓점 A를 지나고 $\overline{DC}$에 평행한 직선과 $\overline{EF}$, $\overline{BC}$의 교점을 각각 G, H라 하면

$\overline{GF}=\overline{HC}=\overline{AD}=6$,
$\overline{BH}=\overline{BC}-\overline{HC}=10-6=4$
$\triangle ABH$에서
$3:(3+5)=\overline{EG}:4$이므로
$8\overline{EG}=12$ $\therefore \overline{EG}=\dfrac{3}{2}$
$\therefore \overline{EF}=\overline{EG}+\overline{GF}=\dfrac{3}{2}+6=\dfrac{15}{2}$

5 14

$\overline{AB}\,/\!/\,\overline{DC}$이므로
$\overline{BE}:\overline{DE}=\overline{AB}:\overline{CD}=6:12=1:2$
$\triangle BCD$에서 $1:(1+2)=x:12$
$3x=12$ $\therefore x=4$
$1:2=5:y$ $\therefore y=10$
$\therefore x+y=4+10=14$

내공 다지기   p. 60~61

1 (1) 10   (2) 6   (3) 4
   (4) 12   (5) $\dfrac{20}{3}$ (6) 20

2 (1) 40   (2) 5   (3) 16

3 (1) 5   (2) 7   (3) 12

4 (1) 5   (2) 6   (3) 14
   (4) 3   (5) 8   (6) 14

5 (1) 6   (2) 5   (3) 8
   (4) 15   (5) 32   (6) 3

1 (1) $3:6=5:x$이므로
   $3x=30$ $\therefore x=10$
(2) $x:10=9:15$이므로
   $15x=90$ $\therefore x=6$
(3) $6:(8-6)=12:x$이므로
   $6x=24$ $\therefore x=4$
(4) $8:4=x:6$이므로
   $4x=48$ $\therefore x=12$
(5) $(15-6):6=10:x$이므로
   $9x=60$ $\therefore x=\dfrac{20}{3}$
(6) $x:32=10:(10+6)$이므로
   $16x=320$ $\therefore x=20$

---

2 (1) $\overline{MN}\,/\!/\,\overline{BC}$이므로
   $\angle AMN=\angle ABC=40°$ (동위각)
   $\therefore x=40$
(2) $x=\dfrac{1}{2}\overline{BC}=\dfrac{1}{2}\times10=5$
(3) $x=2\overline{MN}=2\times8=16$

3 (1) $\overline{AM}=\overline{BM}$, $\overline{MN}\,/\!/\,\overline{BC}$이므로
   $x=\overline{AN}=5$
(2) $x=\dfrac{1}{2}\overline{BC}=\dfrac{1}{2}\times14=7$
(3) $\overline{AN}=\overline{NC}$이므로
   $x=2\overline{NC}=2\times6=12$

4 (1) $\triangle ABC$에서
   $\overline{MP}=\dfrac{1}{2}\overline{BC}=\dfrac{1}{2}\times7=\dfrac{7}{2}$
   $\triangle ACD$에서
   $\overline{PN}=\dfrac{1}{2}\overline{AD}=\dfrac{1}{2}\times3=\dfrac{3}{2}$
   $\therefore x=\overline{MP}+\overline{PN}=\dfrac{7}{2}+\dfrac{3}{2}=5$
(2) $\triangle ABC$에서
   $\overline{MP}=\dfrac{1}{2}\overline{BC}=\dfrac{1}{2}\times12=6$
   $\therefore \overline{PN}=\overline{MN}-\overline{MP}=9-6=3$
   $\triangle ACD$에서
   $x=2\overline{PN}=2\times3=6$
(3) $\triangle ACD$에서
   $\overline{PN}=\dfrac{1}{2}\overline{AD}=\dfrac{1}{2}\times6=3$
   $\therefore \overline{MP}=\overline{MN}-\overline{PN}=10-3=7$
   $\triangle ABC$에서
   $x=2\overline{MP}=2\times7=14$
(4) $\triangle ABC$에서
   $\overline{MQ}=\dfrac{1}{2}\overline{BC}=\dfrac{1}{2}\times10=5$
   $\triangle ABD$에서
   $\overline{MP}=\dfrac{1}{2}\overline{AD}=\dfrac{1}{2}\times4=2$
   $\therefore x=\overline{MQ}-\overline{MP}=5-2=3$
(5) $\triangle DBC$에서
   $\overline{PN}=\dfrac{1}{2}\overline{BC}=\dfrac{1}{2}\times18=9$
   $\therefore \overline{QN}=\overline{PN}-\overline{PQ}=9-5=4$
   $\triangle ACD$에서
   $x=2\overline{QN}=2\times4=8$
(6) $\triangle ACD$에서
   $\overline{QN}=\dfrac{1}{2}\overline{AD}=\dfrac{1}{2}\times10=5$
   $\therefore \overline{PN}=\overline{PQ}+\overline{QN}=2+5=7$
   $\triangle DBC$에서
   $x=2\overline{PN}=2\times7=14$

5 (1) $6:4=9:x$이므로
   $6x=36$ $\therefore x=6$

---

(2) $4:8=x:10$이므로
   $8x=40$ $\therefore x=5$
(3) $2:(x-2)=3:9$이므로
   $3x-6=18$, $3x=24$
   $\therefore x=8$
(4) $6:x=4:10$이므로
   $4x=60$ $\therefore x=15$
(5) $8:(x-8)=5:15$이므로
   $5x-40=120$, $5x=160$
   $\therefore x=32$
(6) $x:(12-x)=4:(16-4)$이므로
   $48-4x=12x$, $16x=48$
   $\therefore x=3$

족집게 문제   p. 62~65

1 ④   **2** 35   **3** ①, ④
4 27 cm²   **5** 8 cm   **6** 3 cm
7 평행사변형   **8** ②
9 8   **10** 8   **11** ⑤
12 2 cm   **13** $\dfrac{15}{2}$ cm   **14** $\dfrac{56}{11}$ cm
15 3   **16** $\dfrac{10}{3}$ cm   **17** ③
18 8   **19** 5   **20** 8
21 ②   **22** 2   **23** 6
24 3:5   **25** ②   **26** $\dfrac{49}{6}$
27 ②
28 3 cm, 과정은 풀이 참조
29 (1) 직사각형 (2) 20 cm²,
    과정은 풀이 참조

1 $y:x=10:5$이므로
   $10x=5y$ $\therefore y=2x$

2 $\overline{AD}:9=4:6$이므로
   $6\overline{AD}=36$ $\therefore \overline{AD}=6$
   $4:\overline{BC}=4:(4+6)$이므로
   $4\overline{BC}=40$ $\therefore \overline{BC}=10$
   $\therefore \overline{AB}=6+9=15$,
   $\overline{AC}=4+6=10$
   따라서 $\triangle ABC$의 둘레의 길이는
   $\overline{AB}+\overline{BC}+\overline{AC}=15+10+10$
   $=35$

3 ① $\overline{AF}:\overline{FC}=\overline{BE}:\overline{EC}=3:4$
   이므로 $\overline{AB}\,/\!/\,\overline{FE}$

④ $\overline{AB} /\!/ \overline{FE}$이므로
$\angle B = \angle FEC$ (동위각)

4 $\overline{CD} = x$ cm라 하면
$\overline{AB} : \overline{AC} = \overline{BD} : \overline{CD}$이므로
$8 : 6 = (3+x) : x$
$8x = 18 + 6x,\ 2x = 18$ $\therefore x = 9$
따라서 $\overline{BC} : \overline{CD} = 3 : 9 = 1 : 3$이므로
$\triangle ABC : \triangle ACD = 1 : 3$
즉, $9 : \triangle ACD = 1 : 3$
$\therefore \triangle ACD = 27(\text{cm}^2)$

5 $\triangle ABC$에서
$\overline{AP} = \overline{PB},\ \overline{AQ} = \overline{QC}$이므로
$\overline{BC} = 2\overline{PQ} = 2 \times 8 = 16(\text{cm})$
$\triangle DBC$에서
$\overline{DM} = \overline{MB},\ \overline{DN} = \overline{NC}$이므로
$\overline{MN} = \frac{1}{2}\overline{BC} = \frac{1}{2} \times 16 = 8(\text{cm})$

6 다음 그림과 같이 점 F를 지나고 $\overline{DC}$에 평행한 직선을 그어 $\overline{AB}$와 만나는 점을 G라 하면

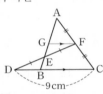

$\triangle GEF \equiv \triangle BED$ (ASA 합동)이므로
$\overline{GF} = \overline{BD}$
$\triangle ABC$에서
$\overline{AF} = \overline{FC},\ \overline{GF} /\!/ \overline{BC}$이므로
$\overline{BC} = 2\overline{GF} = 2\overline{DB}$
$\overline{DC} = \overline{DB} + \overline{BC} = 3\overline{DB} = 9(\text{cm})$
$\therefore \overline{DB} = 3(\text{cm})$

7 $\triangle ABD$에서 $\overline{EQ} = \frac{1}{2}\overline{AB}$
$\triangle ABC$에서 $\overline{PF} = \frac{1}{2}\overline{AB}$
$\triangle BCD$에서 $\overline{QF} = \frac{1}{2}\overline{DC}$
$\triangle ACD$에서 $\overline{EP} = \frac{1}{2}\overline{DC}$
따라서 $\square EQFP$는 두 쌍의 대변의 길이가 각각 같으므로 평행사변형이다.
| 다른 풀이 |
$\triangle ABD$에서 $\overline{AE} = \overline{ED},\ \overline{BQ} = \overline{QD}$이므로 $\overline{AB} /\!/ \overline{EQ}$
마찬가지로 $\triangle ABC$에서 $\overline{AB} /\!/ \overline{PF}$
$\triangle BCD$에서 $\overline{BF} = \overline{FC},\ \overline{BQ} = \overline{QD}$이므로 $\overline{CD} /\!/ \overline{QF}$
마찬가지로 $\triangle ACD$에서 $\overline{CD} /\!/ \overline{PE}$

따라서 $\square EQFP$는 두 쌍의 대변이 각각 평행하므로 평행사변형이다.

8 $\triangle ABC$와 $\triangle ACD$에서
$\overline{PQ} = \overline{SR} = \frac{1}{2}\overline{AC}$
$= \frac{1}{2} \times 5 = \frac{5}{2}(\text{cm})$
또 $\triangle ABD$와 $\triangle BCD$에서
$\overline{PS} = \overline{QR} = \frac{1}{2}\overline{BD}$
$= \frac{1}{2} \times 7 = \frac{7}{2}(\text{cm})$
$\therefore (\square PQRS$의 둘레의 길이$)$
$= 2 \times \left(\frac{5}{2} + \frac{7}{2}\right) = 12(\text{cm})$

9 다음 그림과 같이 $\overline{AC}$를 긋고, $\overline{AC}$와 $\overline{MN}$의 교점을 P라 하면

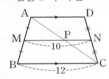

$\triangle ABC$에서
$\overline{AM} = \overline{BM},\ \overline{MP} /\!/ \overline{BC}$이므로
$\overline{MP} = \frac{1}{2}\overline{BC} = \frac{1}{2} \times 12 = 6$
$\therefore \overline{PN} = \overline{MN} - \overline{MP} = 10 - 6 = 4$
$\triangle ACD$에서
$\overline{DN} = \overline{NC},\ \overline{AD} /\!/ \overline{PN}$이므로
$\overline{AD} = 2\overline{PN} = 2 \times 4 = 8$

10 $x : 4 = 2 : 3$이므로
$3x = 8$ $\therefore x = \frac{8}{3}$
$4 : y = 3 : 4$이므로
$3y = 16$ $\therefore y = \frac{16}{3}$
$\therefore x + y = \frac{8}{3} + \frac{16}{3} = 8$

11 $3 : (3+4) = 4 : x$이므로
$3x = 28$ $\therefore x = \frac{28}{3}$
$3 : 4 = y : 5$이므로
$4y = 15$ $\therefore y = \frac{15}{4}$
$\therefore xy = \frac{28}{3} \times \frac{15}{4} = 35$

12 $\triangle AOD \backsim \triangle COB$ (AA 닮음)이고, 닮음비는 $1 : 2$이므로
$\overline{OD} : \overline{OB} = 1 : 2$
$\triangle DBC$에서 $1 : (1+2) = \overline{OF} : 6$
$3\overline{OF} = 6$ $\therefore \overline{OF} = 2(\text{cm})$

13 $\triangle CAB \backsim \triangle CEF$ (AA 닮음)이고, 닮음비는 $5 : 3$이므로
$\triangle CAB$에서 $\overline{CF} : \overline{CB} = 3 : 5$
$\therefore \overline{CF} : \overline{FB} = 3 : 2$
$\triangle BCD$에서 $2 : (2+3) = 3 : \overline{CD}$
$2\overline{CD} = 15$ $\therefore \overline{CD} = \frac{15}{2}(\text{cm})$

14 마름모 FBDE의 한 변의 길이를 x cm라 하면
$\overline{AF} = (14-x)$ cm이고,
$\overline{FE} /\!/ \overline{BC}$이므로
$(14-x) : 14 = x : 8$
$14x = 112 - 8x,\ 22x = 112$
$\therefore x = \frac{56}{11}$
$\therefore \overline{ED} = \frac{56}{11}$ cm

15 $\triangle AQC$에서
$\overline{AP} : \overline{AQ} = \overline{PE} : \overline{QC} = 6 : 10 = 3 : 5$
$\triangle ABQ$에서
$3 : 5 = \overline{DP} : 5,\ 5\overline{DP} = 15$
$\therefore \overline{DP} = 3$

16 $\overline{BE}$가 $\angle B$의 이등분선이므로
$\overline{AB} : \overline{BC} = \overline{AE} : \overline{CE}$
$\overline{AB} : 4 = 3 : 2,\ 2\overline{AB} = 12$
$\therefore \overline{AB} = 6(\text{cm})$
$\overline{CD}$는 $\angle C$의 이등분선이므로
$\overline{AD} : \overline{BD} = \overline{AC} : \overline{BC}$
$= (3+2) : 4 = 5 : 4$
$\therefore \overline{AD} = \frac{5}{9}\overline{AB}$
$= \frac{5}{9} \times 6 = \frac{10}{3}(\text{cm})$

돌다리 두드리기 | $\triangle ABC$에서 $\angle A$의 이등분선이 $\overline{BC}$와 만나는 점을 D라 할 때 $\overline{AB} : \overline{AC} = \overline{BD} : \overline{CD}$

17 $\triangle ACD$에서
$\overline{AM} = \overline{MD},\ \overline{DC} /\!/ \overline{MP}$이므로
$\overline{DC} = 2\overline{MP} = 2 \times 4 = 8$
$\therefore \overline{AB} = \overline{DC} = 8$
$\triangle ABC$에서
$\overline{AP} = \overline{PC},\ \overline{AB} /\!/ \overline{PN}$이므로
$\overline{PN} = \frac{1}{2}\overline{AB} = \frac{1}{2} \times 8 = 4$

18 $\triangle ABF$에서
$\overline{AD} = \overline{DB},\ \overline{AE} = \overline{EF}$이므로
$\overline{DE} /\!/ \overline{BF}$
$\therefore \overline{BF} = 2\overline{DE} = 2x$
또 $\triangle CED$에서
$\overline{EF} = \overline{FC},\ \overline{DE} /\!/ \overline{PF}$이므로

$\overline{PF}=\dfrac{1}{2}\overline{DE}=\dfrac{1}{2}x$

이때 $\overline{BP}=12$이므로

$\overline{BP}=\overline{BF}-\overline{PF}$

$\qquad =2x-\dfrac{1}{2}x=\dfrac{3}{2}x=12$

$\therefore x=8$

19 다음 그림과 같이 점 E를 지나고 $\overline{BC}$에 평행한 직선을 그어 $\overline{AD}$와 만나는 점을 P라 하면

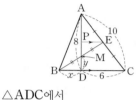

$\triangle ADC$에서

$\overline{AE}=\overline{EC}$, $\overline{PE}/\!/\overline{DC}$이므로

$\overline{PE}=\dfrac{1}{2}\overline{DC}=\dfrac{1}{2}\times6=3$,

$\overline{PD}=\dfrac{1}{2}\overline{AD}=\dfrac{1}{2}\times8=4$

이때 $\triangle EMP\equiv\triangle BMD$ (ASA 합동)

이므로

$x=\overline{PE}=3$, $y=\dfrac{1}{2}\overline{PD}=\dfrac{1}{2}\times4=2$

$\therefore x+y=3+2=5$

20 $\triangle AFG$에서

$\overline{AD}=\overline{DF}$, $\overline{AE}=\overline{EG}$이므로

$\overline{DE}/\!/\overline{FG}$

$\therefore \overline{FG}=2\overline{DE}=2\times8=16$

$\triangle DBE$에서

$\overline{DF}=\overline{FB}$, $\overline{DE}/\!/\overline{FP}$이므로

$\overline{FP}=\dfrac{1}{2}\overline{DE}=\dfrac{1}{2}\times8=4$

마찬가지로 $\triangle DCE$에서

$\overline{EG}=\overline{GC}$, $\overline{DE}/\!/\overline{QG}$이므로

$\overline{QG}=\dfrac{1}{2}\overline{DE}=\dfrac{1}{2}\times8=4$

$\therefore \overline{PQ}=\overline{FG}-(\overline{FP}+\overline{QG})$

$\qquad =16-(4+4)=8$

21 $(12-x):x=6:3$이므로

$6x=36-3x$, $9x=36$

$\therefore x=4$

$12:4=8:y$이므로

$12y=32$ $\therefore y=\dfrac{8}{3}$

$\therefore x+y=4+\dfrac{8}{3}=\dfrac{20}{3}$

22 $\triangle ABC$에서

$\overline{AE}:\overline{AB}=\overline{EQ}:\overline{BC}$이므로

$3:(3+4)=\overline{EQ}:14$

$7\overline{EQ}=42$ $\therefore \overline{EQ}=6$

$\triangle BDA$에서

$\overline{BE}:\overline{BA}=\overline{EP}:\overline{AD}$이므로

$4:(4+3)=\overline{EP}:7$

$7\overline{EP}=28$ $\therefore \overline{EP}=4$

$\therefore \overline{PQ}=\overline{EQ}-\overline{EP}=6-4=2$

23 $\overline{AB}/\!/\overline{DC}$이므로

$\overline{BE}:\overline{DE}=\overline{AB}:\overline{CD}$

$\qquad\qquad\quad =10:15=2:3$

$\triangle BCD$에서 $\overline{EF}/\!/\overline{DC}$이므로

$2:(2+3)=\overline{EF}:15$, $5\overline{EF}=30$

$\therefore \overline{EF}=6$

24 $\triangle ABC$에서 $\overline{BC}/\!/\overline{DE}$이므로

$\overline{AD}:\overline{DB}=\overline{AE}:\overline{EC}=3:2$

$\therefore \overline{DB}=\dfrac{2}{3}\overline{AD}$

$\triangle ADC$에서 $\overline{DC}/\!/\overline{FE}$이므로

$\overline{AF}:\overline{FD}=\overline{AE}:\overline{EC}=3:2$

$\therefore \overline{FD}=\dfrac{2}{3}\overline{AF}$

이때 $\overline{AF}:\overline{AD}=3:(3+2)=3:5$

이므로 $\overline{AF}=\dfrac{3}{5}\overline{AD}$

$\therefore \overline{FD}:\overline{DB}=\dfrac{2}{3}\overline{AF}:\dfrac{2}{3}\overline{AD}$

$\qquad\qquad =\dfrac{2}{3}\times\dfrac{3}{5}\overline{AD}:\dfrac{2}{3}\overline{AD}$

$\qquad\qquad =\dfrac{2}{5}\overline{AD}:\dfrac{2}{3}\overline{AD}$

$\qquad\qquad =3:5$

25 $\triangle DBA$와 $\triangle ABC$에서

$\angle BAD=\angle BCA$, $\angle B$는 공통

$\therefore \triangle DBA\backsim\triangle ABC$ (AA 닮음)

따라서 $\overline{BA}:\overline{BC}=\overline{DA}:\overline{AC}$이므로

$6:12=\overline{DA}:10$, $12\overline{DA}=60$

$\therefore \overline{DA}=5$

$\triangle AEC$에서

$\angle AEB=\angle EAC+\angle ECA$

$\qquad\quad =\angle BAE$

따라서 $\triangle ABE$는 이등변삼각형이므로

$\overline{BE}=\overline{AB}=6$

이때 $\triangle ADC$에서 $\overline{AE}$가 $\angle DAC$의

이등분선이므로 $\overline{AD}:\overline{AC}=\overline{DE}:\overline{EC}$

즉, $5:10=\overline{DE}:(12-6)$

$10\overline{DE}=30$ $\therefore \overline{DE}=3$

26 $\triangle ABD$에서

$\overline{AE}=\overline{EB}$, $\overline{EF}/\!/\overline{BD}$이므로

$\overline{EF}=\dfrac{1}{2}\overline{BD}=\dfrac{1}{2}\times4=2$,

$\overline{AF}=\overline{FD}=\dfrac{1}{2}\overline{AD}=\dfrac{1}{2}\times14=7$

$\overline{EF}/\!/\overline{DC}$이므로

$\overline{FP}:\overline{DP}=\overline{EF}:\overline{CD}=2:10=1:5$

$\overline{FP}=\dfrac{1}{6}\overline{FD}=\dfrac{1}{6}\times7=\dfrac{7}{6}$

$\therefore \overline{AP}=\overline{AF}+\overline{FP}=7+\dfrac{7}{6}=\dfrac{49}{6}$

27 다음 그림과 같이 점 A를 지나고 $\overline{DC}$에 평행한 직선을 그어 $\overline{PQ}$, $\overline{RS}$, $\overline{BC}$와 만나는 점을 각각 E, F, G라 하면

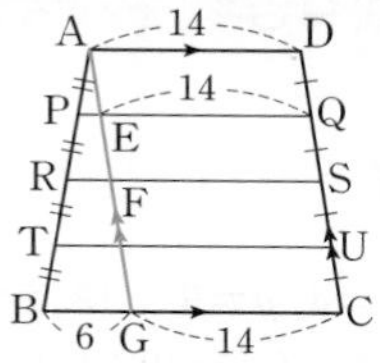

$\overline{EQ}=\overline{GC}=\overline{AD}=14$

$\overline{BG}=20-14=6$

$\triangle ABG$에서 $\overline{PE}/\!/\overline{BG}$이므로

$\overline{PE}:\overline{BG}=\overline{AP}:\overline{AB}$

즉, $\overline{PE}:6=1:4$, $4\overline{PE}=6$

$\therefore \overline{PE}=\dfrac{3}{2}$

$\therefore \overline{PQ}=\overline{PE}+\overline{EQ}=\dfrac{3}{2}+14=\dfrac{31}{2}$

28 $\triangle ABC$에서 $\overline{DE}/\!/\overline{BC}$이므로

$\overline{AD}:\overline{AB}=\overline{DE}:\overline{BC}$

즉, $2:(2+3)=\overline{DE}:15$

$5\overline{DE}=30$ $\therefore \overline{DE}=6(cm)$ $\cdots$(i)

이때 $\square DBGE$와 $\square DFCE$는 평행

사변형이므로

$\overline{BG}=\overline{FC}=\overline{DE}=6\,cm$ $\cdots$(ii)

$\therefore \overline{GF}=\overline{BC}-\overline{BG}-\overline{FC}$

$\qquad =15-6-6=3(cm)$ $\cdots$(iii)

채점 기준	비율
(i) $\overline{DE}$의 길이 구하기	40 %
(ii) $\overline{BG}$, $\overline{FC}$의 길이 구하기	30 %
(iii) $\overline{GF}$의 길이 구하기	30 %

29 (1) 네 점 P, Q, R, S는 각각 변의 중점이므로

$\overline{BD}/\!/\overline{PS}/\!/\overline{QR}$, $\overline{AC}/\!/\overline{PQ}/\!/\overline{SR}$

이때 $\square ABCD$는 마름모이므로

$\overline{AC}\perp\overline{BD}$이고, $\overline{PQ}/\!/\overline{AC}$,

$\overline{PS}/\!/\overline{BD}$이므로 $\overline{PQ}\perp\overline{PS}$

따라서 $\square PQRS$는 네 내각의 크기는

모두 $90°$이므로 직사각형이다. $\cdots$(i)

(2) $\overline{PS}=\dfrac{1}{2}\overline{BD}=\dfrac{1}{2}\times10=5(cm)$

$\overline{PQ}=\dfrac{1}{2}\overline{AC}=\dfrac{1}{2}\times8=4(cm)$

$\cdots$(ii)

$$\therefore \square PQRS = 5 \times 4$$
$$= 20(cm^2) \quad \cdots (iii)$$

채점 기준	비율
(i) $\square PQRS$가 어떤 사각형인지 말하기	40 %
(ii) $\overline{PS}$, $\overline{PQ}$의 길이 구하기	40 %
(iii) $\square PQRS$의 넓이 구하기	20 %

15강 삼각형의 무게중심

예제
p. 66

1 (1) $x=4$, $y=6$ (2) $x=7$, $y=8$
(1) $\overline{AG} : \overline{GD} = 2 : 1$이므로
$8 : x = 2 : 1$, $2x = 8$ $\therefore x = 4$
$\overline{BD} = \overline{DC}$이므로 $y = 6$
(2) $\overline{AE} = \overline{EB}$이므로
$x = \dfrac{1}{2}\overline{AB} = \dfrac{1}{2} \times 14 = 7$
$\overline{BG} : \overline{GD} = 2 : 1$이므로
$y : (12-y) = 2 : 1$, $y = 24 - 2y$
$3y = 24$ $\therefore y = 8$

2 $14 \, cm^2$
$\triangle ABG = \dfrac{1}{3}\triangle ABC$
$= \dfrac{1}{3} \times 42 = 14(cm^2)$

3 $24 \, cm$
두 점 P, Q는 각각 $\triangle ABC$, $\triangle ACD$의 무게중심이므로
$\triangle ABC$에서 $\overline{BP} = 2\overline{PO}$
$\triangle ACD$에서 $\overline{DQ} = 2\overline{QO}$
$\therefore \overline{BD} = \overline{BP} + \overline{PQ} + \overline{DQ}$
$= 2\overline{PO} + \overline{PO} + \overline{QO} + 2\overline{QO}$
$= 3(\overline{PO} + \overline{QO})$
$= 3\overline{PQ}$
$= 3 \times 8 = 24(cm)$

핵심 유형 익히기
p. 67

1 ①
점 G가 $\triangle ABC$의 무게중심이므로
$\overline{AG} : \overline{GD} = 2 : 1$
$\therefore \overline{GD} = \dfrac{1}{3}\overline{AD} = \dfrac{1}{3} \times 9 = 3(cm)$
점 G′이 $\triangle GBC$의 무게중심이므로
$\overline{GG'} : \overline{G'D} = 2 : 1$
$\therefore \overline{GG'} = \dfrac{2}{3}\overline{GD} = \dfrac{2}{3} \times 3 = 2(cm)$

2 ③
$\triangle ABN = \dfrac{1}{2}\triangle ABM$
$= \dfrac{1}{2} \times \dfrac{1}{2}\triangle ABC$
$= \dfrac{1}{4}\triangle ABC$
$= \dfrac{1}{4} \times 32 = 8(cm^2)$

3 $30 \, cm^2$
$\triangle ADG = \dfrac{1}{6}\triangle ABC$이므로
$\triangle ABC = 6\triangle ADG$
$= 6 \times 5 = 30(cm^2)$

4 ⑤
① $\overline{AD} : \overline{DB} = \overline{AF} : \overline{FC} = 1 : 1$이므로
$\overline{DF} /\!/ \overline{BC}$
② 점 G가 $\triangle ABC$의 무게중심이므로
$\overline{AG} : \overline{GE} = 2 : 1$
③ $\triangle ABG = \dfrac{1}{3}\triangle ABC$이므로
$3\triangle ABG = \triangle ABC$
④ $\triangle ADG = \triangle BEG = \dfrac{1}{6}\triangle ABC$
⑤ $\triangle GBC$와 $\triangle GFD$에서
$\overline{BG} : \overline{FG} = \overline{CG} : \overline{DG} = 2 : 1$,
$\angle BGC = \angle FGD$이므로
$\triangle GBC \backsim \triangle GFD$ (SAS 닮음)
$\therefore \triangle GBC : \triangle GFD = 2^2 : 1^2$
$= 4 : 1$
따라서 옳지 않은 것은 ⑤이다.

5 $4 \, cm$
평행사변형의 대각선은 서로 다른 것을 이등분하므로
$\overline{BO} = \dfrac{1}{2}\overline{BD} = \dfrac{1}{2} \times 12 = 6(cm)$
점 P는 $\triangle ABC$의 무게중심이므로
$\overline{BP} = \dfrac{2}{3}\overline{BO} = \dfrac{2}{3} \times 6 = 4(cm)$

기초 내공 다지기
p. 68

1 (1) $x=8$, $y=4$ (2) $x=4$, $y=8$
(3) $x=14$, $y=16$ (4) $x=10$, $y=21$
2 (1) $x=6$, $y=4$ (2) $x=8$, $y=36$
3 (1) $12 \, cm^2$ (2) $4 \, cm^2$ (3) $8 \, cm^2$
(4) $16 \, cm^2$
4 (1) 12 (2) 6

1 (1) $\overline{AG} : \overline{GD} = 2 : 1$이므로
$x = \dfrac{2}{3}\overline{AD} = \dfrac{2}{3} \times 12 = 8$

$y = \dfrac{1}{3}\overline{AD} = \dfrac{1}{3} \times 12 = 4$
(2) $\overline{AG} : \overline{GD} = 2 : 1$이므로
$x : 2 = 2 : 1$ $\therefore x = 4$
$y = 2\overline{DC} = 2 \times 4 = 8$
(3) $\overline{AG} : \overline{GD} = 2 : 1$이므로
$x : 7 = 2 : 1$ $\therefore x = 14$
$\overline{CG} : \overline{GE} = 2 : 1$이므로
$y : 8 = 2 : 1$ $\therefore y = 16$
(4) $\overline{AG} : \overline{GD} = 2 : 1$이므로
$x : 5 = 2 : 1$ $\therefore x = 10$
$\overline{BG} : \overline{GE} = 2 : 1$이므로
$(y-7) : 7 = 2 : 1$ $\therefore y = 21$

2 (1) $\overline{AG} : \overline{GD} = 2 : 1$이므로
$x = \dfrac{1}{2}\overline{AG} = \dfrac{1}{2} \times 12 = 6$
$\overline{GG'} : \overline{G'D} = 2 : 1$이므로
$y = \dfrac{2}{3}\overline{GD} = \dfrac{2}{3} \times 6 = 4$
(2) $\overline{GG'} : \overline{G'D} = 2 : 1$이므로
$x = 2\overline{G'D} = 2 \times 4 = 8$
$\overline{AG} : \overline{GD} = 2 : 1$이므로
$y = 3\overline{GD} = 3 \times 12 = 36$

3 (1) $\triangle ADC = \dfrac{1}{2}\triangle ABC$
$= \dfrac{1}{2} \times 24 = 12(cm^2)$
(2) $\triangle CGE = \dfrac{1}{6}\triangle ABC$
$= \dfrac{1}{6} \times 24 = 4(cm^2)$
(3) $\triangle GBC = \dfrac{1}{3}\triangle ABC$
$= \dfrac{1}{3} \times 24 = 8(cm^2)$
(4) (색칠한 부분의 넓이)
$= 4 \times \dfrac{1}{6}\triangle ABC = \dfrac{2}{3}\triangle ABC$
$= \dfrac{2}{3} \times 24 = 16(cm^2)$

4 (1) 두 점 P, Q는 각각 $\triangle ABC$,
$\triangle ACD$의 무게중심이므로
$\overline{BP} = 2\overline{PO}$, $\overline{DQ} = 2\overline{QO}$
$\therefore x = \overline{BP} + \overline{PO} + \overline{QO} + \overline{DQ}$
$= 2\overline{PO} + \overline{PO} + \overline{QO} + 2\overline{QO}$
$= 3(\overline{PO} + \overline{QO})$
$= 3 \times 4 = 12$
(2) 평행사변형의 두 대각선은 서로 다른 것을 이등분하므로
$\overline{BD} = 2\overline{BO} = 2 \times 9 = 18$
두 점 P, Q는 각각 $\triangle ABC$,
$\triangle ACD$의 무게중심이므로
$\overline{BP} = \overline{PQ} = \overline{QD}$
$\therefore x = \dfrac{1}{3}\overline{BD} = \dfrac{1}{3} \times 18 = 6$

1 16 cm	**2** 9 cm	**3** ⑤
4 ③	**5** ②	**6** 48 cm²
7 24 cm	**8** 10 cm	**9** 5 cm²
10 ①	**11** 6 cm	**12** ③
13 4 cm	**14** 10 cm²	**15** 72 cm²
16 ③	**17** 3 : 1 : 2	**18** 3 cm
19 84 cm²		
20 6 cm, 과정은 풀이 참조		
21 12 cm², 과정은 풀이 참조		

1 점 G가 △ABC의 무게중심이므로

$\overline{AG}=\dfrac{2}{3}\overline{AD}=\dfrac{2}{3}\times18=12\,(\text{cm})$

점 G′이 △GBC의 무게중심이므로

$\overline{GG'}=\dfrac{2}{3}\overline{GD}=\dfrac{2}{3}\times\dfrac{1}{3}\overline{AD}$

$\qquad=\dfrac{2}{9}\overline{AD}=\dfrac{2}{9}\times18=4\,(\text{cm})$

$\therefore \overline{AG'}=\overline{AG}+\overline{GG'}$

$\qquad=12+4=16\,(\text{cm})$

2 점 G가 △ABC의 무게중심이므로

$\overline{EG}=\dfrac{1}{2}\overline{CG}=\dfrac{1}{2}\times12=6\,(\text{cm})$

$\therefore \overline{CE}=\overline{EG}+\overline{GC}$

$\qquad=6+12=18\,(\text{cm})$

△BCE에서

$\overline{BF}=\overline{EF},\ \overline{BD}=\overline{CD}$이므로

$\overline{DF}=\dfrac{1}{2}\overline{CE}=\dfrac{1}{2}\times18=9\,(\text{cm})$

3 점 G가 △ABC의 무게중심이므로

$\overline{AG}:\overline{GD}=2:1$이므로

$x:6=2:1 \qquad \therefore x=12$

△ADC에서

$\overline{AG}:\overline{AD}=\overline{GF}:\overline{DC}$이므로

$2:3=6:y,\ 2y=18$

$\therefore y=9 \qquad \therefore x+y=12+9=21$

4 오른쪽 그림과 같
이 $\overline{CG}$를 그으면
점 G가 △ABC
의 무게중심이므로

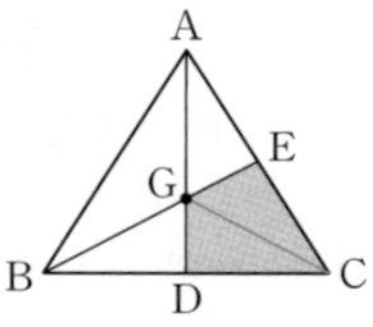

□GDCE

$=\triangle GDC+\triangle GCE$

$=\dfrac{1}{6}\triangle ABC+\dfrac{1}{6}\triangle ABC$

$=\dfrac{1}{3}\triangle ABC$

$=\dfrac{1}{3}\times42=14\,(\text{cm}^2)$

5 △ABG와 △DEG에서

$\overline{AG}:\overline{DG}=\overline{BG}:\overline{EG}=2:1$,

∠AGB=∠DGE (맞꼭지각)이므로

△ABG∽△DEG (SAS 닮음)

△ABG와 △DEG의 닮음비는 2:1

이므로 넓이의 비는 $2^2:1^2=4:1$

즉, 40 : △DEG=4 : 1

$\therefore \triangle DEG=10\,(\text{cm}^2)$

6 $\overline{ED}$가 △BDG의 중선이므로

△BDG=2△BDE

$\qquad=2\times4=8\,(\text{cm}^2)$

$\therefore \triangle ABC=6\triangle BDG$

$\qquad=6\times8=48\,(\text{cm}^2)$

7 다음 그림과 같이 $\overline{AC}$를 긋고, 두 대각
선 AC와 BD의 교점을 O라 하면

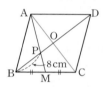

점 P는 △ABC의 무게중심이므로

$\overline{PO}=\dfrac{1}{2}\overline{BP}=\dfrac{1}{2}\times8=4\,(\text{cm})$이고,

$\overline{BO}=\overline{BP}+\overline{PO}=8+4=12\,(\text{cm})$

$\therefore \overline{BD}=2\overline{BO}=2\times12=24\,(\text{cm})$

8 △BCD에서

$\overline{BE}=\overline{CE},\ \overline{DF}=\overline{CF}$이므로

$\overline{BD}=2\overline{EF}=2\times15=30\,(\text{cm})$

두 점 P, Q는 각각 △ABC, △ACD
의 무게중심이므로

$\overline{PQ}=\dfrac{1}{3}\overline{BD}=\dfrac{1}{3}\times30=10\,(\text{cm})$

9 $\overline{OA}=\overline{OC}$이므로 점 F는 △ABC의
무게중심이다.

$\therefore \triangle AFO=\dfrac{1}{6}\triangle ABC$

$\qquad=\dfrac{1}{6}\times\dfrac{1}{2}\square ABCD$

$\qquad=\dfrac{1}{12}\square ABCD$

$\qquad=\dfrac{1}{12}\times60=5\,(\text{cm}^2)$

10 점 D는 $\overline{AC}$의 중점이므로 △ABC의
외심이다.

$\overline{BD}=\overline{AD}=\overline{CD}=\dfrac{1}{2}\times18=9\,(\text{cm})$

$\therefore \overline{GD}=\dfrac{1}{3}\overline{BD}=\dfrac{1}{3}\times9=3\,(\text{cm})$

11 △AEC에서

$\overline{AD}=\overline{DE},\ \overline{AF}=\overline{FC}$이므로

$\overline{EC}=2\overline{DF}=2\times9=18\,(\text{cm})$

△DBC에서

$\overline{EG}=\dfrac{1}{3}\overline{EC}=\dfrac{1}{3}\times18=6\,(\text{cm})$

12 점 G는 △ABC의 무게중심이므로

$\overline{GD}=\dfrac{1}{3}\overline{AD}$

△ABD에서

$\overline{BF}=\overline{FD},\ \overline{BE}=\overline{EA}$이므로

$\overline{EF}=\dfrac{1}{2}\overline{AD}$

$\therefore \overline{EF}:\overline{GD}=\dfrac{1}{2}\overline{AD}:\dfrac{1}{3}\overline{AD}=3:2$

13 △EGF와 △CGD에서

∠EGF=∠CGD (맞꼭지각),

∠EFG=∠CDG (엇각)이므로

△EGF∽△CGD (AA 닮음)

이때 $\overline{EG}:\overline{CG}=1:2$이므로 △EGF
와 △CGD의 닮음비는 1:2이다.

$\therefore \overline{FG}=\dfrac{1}{2}\overline{GD}=\dfrac{1}{2}\times\dfrac{1}{3}\overline{AD}$

$\qquad=\dfrac{1}{6}\overline{AD}=\dfrac{1}{6}\times24=4\,(\text{cm})$

14 $\triangle CGD=\dfrac{1}{6}\triangle ABC$

$\qquad=\dfrac{1}{6}\times48=8\,(\text{cm}^2)$

△ABD에서

$\overline{EB}=\overline{EA},\ \overline{BF}=\overline{FD}$이므로

$\overline{EF}\,/\!/\,\overline{AD}$

따라서 △CGD∽△CEF (AA 닮음)

이고, △CGD와 △CEF의 닮음비는

$\overline{CG}:\overline{CE}=2:3$이므로

넓이의 비는 $2^2:3^2=4:9$

즉, △CGD : △CEF=4 : 9

$8:\triangle CEF=4:9$

$\therefore \triangle CEF=18\,(\text{cm}^2)$

$\therefore \square EFDG=\triangle CEF-\triangle CGD$

$\qquad=18-8=10\,(\text{cm}^2)$

15 점 G′이 △GBC의 무게중심이므로

△GBC=6△G′BD

$\qquad=6\times4=24\,(\text{cm}^2)$

점 G가 △ABC의 무게중심이므로

△ABC=3△GBC

$\qquad=3\times24=72\,(\text{cm}^2)$

돌다리 두드리기 | △ABC의 무게중심인 점
G와 꼭짓점을 이어서 생기는 세 삼각형의
넓이는 같다.

➡ △GAB=△GBC=△GCA

16 점 P는 △ABC의 무게중심이고,
점 Q는 △ACD의 무게중심이므로

① $\overline{BP}=\overline{PQ}=\overline{QD}=\dfrac{1}{3}\overline{BD}$

② $\overline{BP}:\overline{PO}=2:1$,
$\overline{DQ}:\overline{QO}=2:1$이고,
$\overline{BO}=\overline{DO}$이므로 $\overline{PO}=\overline{QO}$

③ $\overline{AP}:\overline{PM}=\overline{AQ}:\overline{QN}=2:1$이고,
두 점 M, N은 각각 $\overline{BC}$, $\overline{CD}$의 중
점이므로 △CBD에서 $\overline{BD}\,/\!/\,\overline{MN}$
△AMN에서
$\overline{PQ}:\overline{MN}=\overline{AP}:\overline{AM}$
$\qquad\qquad =2:(2+1)=2:3$

④ $\overline{BP}=\overline{PQ}=\overline{QD}$이므로
$\triangle APQ=\dfrac{1}{3}\triangle ABD$

⑤ $\triangle QND=\dfrac{1}{6}\triangle ACD$
$\qquad\quad =\dfrac{1}{6}\times\dfrac{1}{2}\square ABCD$
$\qquad\quad =\dfrac{1}{12}\square ABCD$

따라서 옳지 않은 것은 ③이다.

17 $\overline{EF}\,/\!/\,\overline{BC}$이므로
△EHG∽△CDG (AA 닮음)
따라서 $\overline{HG}:\overline{DG}=\overline{EG}:\overline{CG}=1:2$
이므로 $\overline{HG}=a$라 하면 $\overline{GD}=2a$
또 $\overline{AG}:\overline{GD}=2:1$이므로
$\overline{AG}:2a=2:1$ ∴ $\overline{AG}=4a$
∴ $\overline{AH}=\overline{AG}-\overline{HG}=4a-a=3a$
∴ $\overline{AH}:\overline{HG}:\overline{GD}=3a:a:2a$
$\qquad\qquad\qquad\qquad =3:1:2$

18 다음 그림과 같이 $\overline{BC}$의 중점을 E라 하
고, $\overline{AE}$, $\overline{DE}$를 그으면

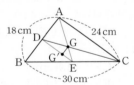

△DEA에서 $\overline{AG}:\overline{GE}=2:1$,
$\overline{DG'}:\overline{G'E}=2:1$이므로 $\overline{AD}\,/\!/\,\overline{GG'}$
∴ $\overline{GG'}=\dfrac{1}{3}\overline{AD}=\dfrac{1}{3}\times\dfrac{1}{2}\overline{AB}$
$\qquad\quad =\dfrac{1}{6}\overline{AB}=\dfrac{1}{6}\times18=3(cm)$

19 다음 그림과 같이 $\overline{BD}$를 긋고, $\overline{AC}$와
만나는 점을 O라 하면

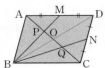

이때 $\overline{AM}=\overline{MD}$, $\overline{CN}=\overline{ND}$이므로
두 점 P, Q는 각각 △ABD, △BCD
의 무게중심이다.

∴ △BQP=△BOP+△BQO
$\qquad\quad =\dfrac{1}{6}\triangle ABD+\dfrac{1}{6}\triangle BCD$
$\qquad\quad =\dfrac{1}{6}\square ABCD$

∴ $\square ABCD=6\triangle BQP$
$\qquad\qquad\quad =6\times14=84(cm^2)$

20 두 점 E, F는 각각 $\overline{BD}$와 $\overline{DC}$의 중점
이므로
$\overline{EF}=\overline{ED}+\overline{DF}$
$\quad\;\; =\dfrac{1}{2}\overline{BD}+\dfrac{1}{2}\overline{DC}$
$\quad\;\; =\dfrac{1}{2}(\overline{BD}+\overline{DC})$
$\quad\;\; =\dfrac{1}{2}\overline{BC}$
$\quad\;\; =\dfrac{1}{2}\times18=9(cm)$ $\qquad\cdots$(i)
△AGG′과 △AEF에서
$\overline{AG}:\overline{AE}=\overline{AG'}:\overline{AF}=2:3$,
∠EAF는 공통이므로
△AGG′∽△AEF(SAS 닮음)
따라서 $\overline{GG'}:\overline{EF}=2:3$이므로
$\overline{GG'}:9=2:3$, $3\overline{GG'}=18$
∴ $\overline{GG'}=6(cm)$ $\qquad\qquad\cdots$(ii)

채점 기준	비율
(i) $\overline{EF}$의 길이 구하기	50 %
(ii) $\overline{GG'}$의 길이 구하기	50 %

21 점 G가 △ABC의 무게중심이므로
$\overline{AG}:\overline{GD}=2:1$
즉, $\overline{AG}:\overline{AD}=2:3$
이때 △AGE∽△ADC (AA 닮음)
이고, 닮음비는 2 : 3이므로 넓이의 비는
$2^2:3^2=4:9$ $\qquad\qquad\qquad\cdots$(i)
$\triangle ADC=\dfrac{1}{2}\triangle ABC$
$\qquad\quad =\dfrac{1}{2}\times54=27(cm^2)\cdots$(ii)
따라서 △AGE : 27=4 : 9이므로
$\triangle AGE=12(cm^2)$ $\qquad\qquad\cdots$(iii)

채점 기준	비율
(i) △AGE와 △ADC의 넓이의 비 구하기	40 %
(ii) △ADC의 넓이 구하기	40 %
(iii) △AGE의 넓이 구하기	20 %

16 피타고라스의 정리 (1)

예제 p. 72

1 (1) **13** (2) **6**
(1) $x^2=12^2+5^2=169$
이때 $x>0$이므로 $x=13$
(2) $x^2=10^2-8^2=36$
이때 $x>0$이므로 $x=6$

2 $\dfrac{32}{5}$
△ABC에서 $\overline{BC}^2=8^2+6^2=100$
이때 $\overline{BC}>0$이므로 $\overline{BC}=10$
$8^2=\overline{BH}\times10$이므로 $\overline{BH}=\dfrac{64}{10}=\dfrac{32}{5}$

3 **64 cm²**
$\square ADEB=\square BFGC-\square ACHI$
$\qquad\qquad =81-17=64(cm^2)$

핵심 유형 익히기 p. 73

1 (1) $x=15$, $y=13$
(2) $x=8$, $y=10$
(1) △ABD에서 $x^2=12^2+9^2=225$
이때 $x>0$이므로 $x=15$
△ACD에서 $y^2=12^2+5^2=169$
이때 $y>0$이므로 $y=13$
(2) △ABC에서
$x^2=17^2-(9+6)^2=64$
이때 $x>0$이므로 $x=8$
△ADC에서 $y^2=8^2+6^2=100$
이때 $y>0$이므로 $y=10$

2 **16 cm**
△AHC에서 $\overline{CH}^2=15^2-12^2=81$
이때 $\overline{CH}>0$이므로 $\overline{CH}=9(cm)$
$15^2=9\times\overline{CB}$이므로 $\overline{CB}=25(cm)$
∴ $\overline{BH}=\overline{CB}-\overline{CH}=25-9=16(cm)$

3 **15 cm**
다음 그림과 같이 $\overline{BD}$를 그으면

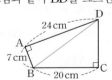

△ABD에서 $\overline{BD}^2=24^2+7^2=625$

이때 $\overline{BD}>0$이므로 $\overline{BD}=25(cm)$
$\triangle BCD$에서 $\overline{CD}^2=25^2-20^2=225$
이때 $\overline{CD}>0$이므로 $\overline{CD}=15(cm)$

4 **9 cm**
$\square ACHI=225-144=81(cm^2)$
이므로 $\overline{AC}^2=81$
이때 $\overline{AC}>0$이므로 $\overline{AC}=9(cm)$

5 ①
$\triangle AHI=\triangle ACH$이고,
$\overline{BI}\,/\!/\,\overline{CH}$이므로 $\triangle ACH=\triangle BCH$
$\therefore \triangle AHI=\triangle BCH$
$\triangle BCH$와 $\triangle GCA$에서
$\overline{BC}=\overline{GC}$, $\angle BCH=\angle GCA$,
$\overline{CH}=\overline{CA}$이므로
$\triangle BCH\equiv\triangle GCA$ (SAS 합동)
$\therefore \triangle BCH=\triangle GCA$
$\overline{AM}\,/\!/\,\overline{CG}$이므로
$\triangle GCA=\triangle GCL=\triangle LMG$
$\therefore \triangle AHI=\triangle BCH=\triangle GCA$
$\qquad\qquad =\triangle LMG$
따라서 넓이가 나머지 넷과 다른 하나는
①이다.

17강 피타고라스의 정리 (2)

예제   p. 74

1 **41 cm²**
$\triangle AEH\equiv\triangle BFE\equiv\triangle CGF$
$\qquad\qquad \equiv\triangle DHG$ (SAS 합동)
이므로 $\square EFGH$는 정사각형이다.
$\triangle AEH$에서 $\overline{EH}^2=5^2+4^2=41$
$\therefore \square EFGH=\overline{EH}^2=41(cm^2)$

2 ⑤
⑤ $9^2+12^2=15^2$

3 (1) **예각삼각형**   (2) **둔각삼각형**
(1) $9^2<5^2+8^2$이므로 예각삼각형이다.
(2) $13^2>6^2+8^2$이므로 둔각삼각형이다.

핵심 유형 익히기   p. 75

1 **169**
$\triangle AEH\equiv\triangle BFE\equiv\triangle CGF$
$\qquad\qquad \equiv\triangle DHG$ (SAS 합동)
이므로 $\square EFGH$는 정사각형이다.
$\therefore \square EFGH=\overline{EH}^2=x^2+y^2=169$

2 **6 cm**
$\triangle AEH\equiv\triangle BFE\equiv\triangle CGF$
$\qquad\qquad \equiv\triangle DHG$ (SAS 합동)
이므로 $\square EFGH$는 정사각형이다.
즉, $\square EFGH=\overline{EF}^2=100$
이때 $\overline{EF}>0$이므로 $\overline{EF}=10(cm)$
$\triangle EBF$에서 $\overline{EB}^2=10^2-8^2=36$
이때 $\overline{EB}>0$이므로 $\overline{EB}=6(cm)$

3 **1 cm²**
4개의 직각삼각형이 모두 합동이므로
$\square FGHC$는 정사각형이다.
$\triangle ABC$에서 $\overline{BC}^2=5^2-3^2=16$
이때 $\overline{BC}>0$이므로 $\overline{BC}=4(cm)$
$\therefore \overline{CF}=\overline{BC}-\overline{BF}=4-3=1(cm)$
이때 $\square CFGH$는 정사각형이므로
$\square CFGH=\overline{CF}^2=1^2=1(cm^2)$

4 **96 cm²**
$12^2+16^2=20^2$이므로 주어진 삼각형
은 빗변의 길이가 $20\,cm$인 직각삼각형
이다.
따라서 구하는 넓이는
$\dfrac{1}{2}\times12\times16=96(cm^2)$

5 ④
① $5^2>2^2+4^2$ ② $10^2=6^2+8^2$
③ $11^2>7^2+8^2$ ④ $12^2<8^2+9^2$
⑤ $17^2=8^2+15^2$
따라서 예각삼각형인 것은 ④이다.

18강 피타고라스 정리의 성질

예제   p. 76

1 **5**
$\overline{DE}^2+\overline{BC}^2=\overline{BE}^2+\overline{CD}^2$이므로
$\overline{DE}^2+6^2=5^2+4^2$ $\therefore \overline{DE}^2=5$

2 **128**
$\overline{AB}^2+\overline{CD}^2=\overline{AD}^2+\overline{BC}^2$이므로
$8^2+10^2=x^2+6^2$ $\therefore x^2=128$

3 (1) $4\pi\,cm^2$ (2) $3\pi\,cm^2$
(1) (색칠한 부분의 넓이)
$\qquad =\pi+3\pi=4\pi(cm^2)$
(2) (색칠한 부분의 넓이)
$\qquad =10\pi-7\pi=3\pi(cm^2)$

핵심 유형 익히기   p. 77

1 **104**
$\triangle ABC$에서 $\overline{AB}^2=12^2+9^2=225$
이때 $\overline{AB}>0$이므로 $\overline{AB}=15$
$\overline{DE}^2+\overline{AB}^2=\overline{AE}^2+\overline{BD}^2$이므로
$\overline{DE}^2+15^2=11^2+\overline{BD}^2$
$\therefore \overline{BD}^2-\overline{DE}^2=15^2-11^2=104$

2 **9**
$\overline{AB}^2+\overline{CD}^2=\overline{AD}^2+\overline{BC}^2$이므로
$x^2+13^2=5^2+15^2$, $x^2=81$
이때 $x>0$이므로 $x=9$

3 **24**
$\overline{AP}^2+\overline{CP}^2=\overline{BP}^2+\overline{DP}^2$이므로
$5^2+\overline{CP}^2=7^2+\overline{DP}^2$
$\therefore \overline{CP}^2-\overline{DP}^2=7^2-5^2=24$

4 $18\pi\,cm^2$
$\overline{BC}$를 지름으로 하는 반원의 넓이는
$\dfrac{1}{2}\times\pi\times\left(\dfrac{16}{2}\right)^2=32\pi(cm^2)$
따라서 색칠한 부분의 넓이는
$50\pi-32\pi=18\pi(cm^2)$

5 $54\,cm^2$
$\triangle ABC$에서 $\overline{AB}^2=15^2-9^2=144$
이때 $\overline{AB}>0$이므로 $\overline{AB}=12(cm)$
$\therefore$ (색칠한 부분의 넓이)
$\qquad =\triangle ABC$
$\qquad =\dfrac{1}{2}\times12\times9=54(cm^2)$

족집게 문제   p. 78~81

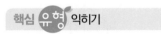

1 $30\,cm^2$	**2** $10\,cm$	**3** $12\,cm$
4 24	**5** ⑤	**6** ③
7 144	**8** $\dfrac{225}{2}\,cm^2$	**9** ⑤
10 ③, ⑤	**11** ③	**12** 365
13 125	**14** $9\,km$	**15** $15\,cm$
16 9	**17** $20\,cm$	**18** ③
19 $\dfrac{45}{2}\,cm^2$	**20** $20,\ 52$	**21** ④
22 164	**23** $\dfrac{1}{2}\pi\,cm^2$	**24** $72\,cm^2$
25 ②	**26** $90\,cm^2$	**27** $13\,cm$
28 $\dfrac{9}{2}\,cm$, 과정은 풀이 참조		
29 (1) 2개 (2) 6개, 과정은 풀이 참조		

1 △ABC에서
$\overline{AC}^2 = 13^2 - 5^2 = 144$
이때 $\overline{AC} > 0$이므로 $\overline{AC} = 12$(cm)
∴ △ABC $= \dfrac{1}{2} \times 12 \times 5 = 30$(cm²)

2 □ABCD $= 36$ cm²이고 $\overline{AB} > 0$이
므로 $\overline{AB} = \overline{BC} = 6$ cm
□ECGF $= 4$ cm²이고 $\overline{CG} > 0$이므로
$\overline{CG} = 2$ cm
△ABG에서
$\overline{AG}^2 = (6+2)^2 + 6^2 = 100$
이때 $\overline{AG} > 0$이므로 $\overline{AG} = 10$(cm)

3 다음 그림과 같이 원뿔의 높이를 x cm
라 하면

△AOB에서 $x^2 = 15^2 - 9^2 = 144$
이때 $x > 0$이므로 $x = 12$
따라서 원뿔의 높이는 12 cm이다.

4 △ABD에서 $\overline{AD}^2 = 17^2 - 15^2 = 64$
이때 $\overline{AD} > 0$이므로 $\overline{AD} = 8$
△ACD에서 $\overline{CD}^2 = 10^2 - 8^2 = 36$
이때 $\overline{CD} > 0$이므로 $\overline{CD} = 6$
따라서 △ADC의 둘레의 길이는
$\overline{AD} + \overline{DC} + \overline{AC} = 8 + 6 + 10 = 24$

5 다음 그림과 같이 꼭짓점 A에서 $\overline{BC}$에
내린 수선의 발을 H라 하면

$\overline{BH} = \overline{BC} - \overline{HC} = 12 - 6 = 6$(cm)
△ABH에서 $\overline{AH}^2 = 10^2 - 6^2 = 64$
이때 $\overline{AH} > 0$이므로 $\overline{AH} = 8$(cm)
∴ □ABCD $= \dfrac{1}{2} \times (6 + 12) \times 8$
$= 72$(cm²)

6 다음 그림과 같이 꼭짓점 A에서 $\overline{BC}$에
내린 수선의 발을 H라 하면

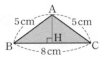

$\overline{BH} = \overline{CH} = \dfrac{1}{2}\overline{BC} = \dfrac{1}{2} \times 8 = 4$(cm)

△ABH에서 $\overline{AH}^2 = 5^2 - 4^2 = 9$
이때 $\overline{AH} > 0$이므로 $\overline{AH} = 3$(cm)
∴ △ABC $= \dfrac{1}{2} \times 8 \times 3 = 12$(cm²)

7 $\overline{AD}^2 = \overline{BD} \times \overline{CD}$이므로
$4^2 = 2 \times \overline{CD}$ ∴ $\overline{CD} = 8$
△ADC에서 $\overline{AC}^2 = 4^2 + 8^2 = 80$
∴ $\overline{AC}^2 + \overline{CD}^2 = 80 + 8^2 = 144$

8 △ABC에서 $\overline{AB}^2 = 17^2 - 8^2 = 225$
이때 $\overline{AB} > 0$이므로 $\overline{AB} = 15$(cm)
다음 그림과 같이 $\overline{EA}$, $\overline{EC}$를 그으면

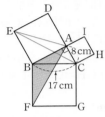

△ABF $=$ △EBC $=$ △EBA
$= \dfrac{1}{2}$□ADEB
$= \dfrac{1}{2} \times 15^2 = \dfrac{225}{2}$(cm²)

9 ⑤ □DBAE $= c^2 = a^2 + b^2$
4△ABC $= 4 \times \dfrac{1}{2} \times ab = 2ab$
∴ □DBAE $\neq 4$△ABC

10 ① $2^2 + 4^2 \neq 5^2$　② $2^2 + 6^2 \neq 7^2$
③ $3^2 + 4^2 = 5^2$　④ $4^2 + 7^2 \neq 10^2$
⑤ $5^2 + 12^2 = 13^2$
따라서 직각삼각형은 ③, ⑤이다.

11 $7^2 > 3^2 + 5^2$이므로 △ABC는
∠B $> 90°$인 둔각삼각형이다.
돌다리 두드리기 | △ABC에서 $\overline{AB} = c$,
$\overline{BC} = a$, $\overline{CA} = b$일 때
⑴ ∠C $< 90°$이면 $c^2 < a^2 + b^2$
⑵ ∠C $= 90°$이면 $c^2 = a^2 + b^2$
⑶ ∠C $> 90°$이면 $c^2 > a^2 + b^2$

12 △ADC에서 $\overline{DC}^2 = 5^2 + 12^2 = 169$
이때 $\overline{DC} > 0$이므로 $\overline{DC} = 13$
∴ $\overline{BC}^2 + \overline{DE}^2 = \overline{BE}^2 + \overline{DC}^2$
$= 14^2 + 13^2 = 365$

13 △AHD에서 $\overline{AD}^2 = 8^2 + 6^2 = 100$
이때 $\overline{AD} > 0$이므로 $\overline{AD} = 10$
$\overline{AD}^2 + \overline{BC}^2 = \overline{AB}^2 + \overline{CD}^2$이므로
$10^2 + y^2 = 15^2 + x^2$
∴ $y^2 - x^2 = 15^2 - 10^2 = 125$

14 $\overline{AO}^2 + \overline{CO}^2 = \overline{BO}^2 + \overline{DO}^2$이므로
$5^2 + 15^2 = 13^2 + \overline{DO}^2$
∴ $\overline{DO}^2 = 81$
이때 $\overline{DO} > 0$이므로 $\overline{DO} = 9$(km)
따라서 학교에서 집 D까지의 거리는
9 km이다.

15 (색칠한 부분의 넓이) $=$ △ABC이므로
$54 = \dfrac{1}{2} \times 12 \times \overline{AC}$
∴ $\overline{AC} = 9$(cm)
△ABC에서 $\overline{BC}^2 = 12^2 + 9^2 = 225$
이때 $\overline{BC} > 0$이므로 $\overline{BC} = 15$(cm)

16 $\overline{BD} : \overline{DC} = 3 : 2$이므로
$\overline{BD} = 3x$, $\overline{DC} = 2x$라 하면
△ADC에서
$\overline{AC}^2 = 10^2 - (2x)^2 = 100 - 4x^2$
△ABC에서
$\overline{AC}^2 = 17^2 - (5x)^2 = 289 - 25x^2$
즉, $100 - 4x^2 = 289 - 25x^2$이므로
$21x^2 = 189$ ∴ $x^2 = 9$
이때 $x > 0$이므로 $x = 3$
∴ $\overline{BD} = 3 \times 3 = 9$

17 다음 그림과 같이 두 꼭짓점 A, D에서
$\overline{BC}$에 내린 수선의 발을 각각 H, H′이
라 하면

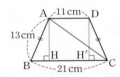

$\overline{BH} = \overline{CH'} = \dfrac{1}{2} \times (21 - 11) = 5$(cm)
이므로 $\overline{CH} = 11 + 5 = 16$(cm)
△ABH에서 $\overline{AH}^2 = 13^2 - 5^2 = 144$
이때 $\overline{AH} > 0$이므로 $\overline{AH} = 12$(cm)
△AHC에서 $\overline{AC}^2 = 12^2 + 16^2 = 400$
이때 $\overline{AC} > 0$이므로 $\overline{AC} = 20$(cm)

18 다음 그림과 같이 $\overline{AB}$를 한 변으로 하
는 정사각형 AHIB를 그리면

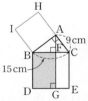

△ABC에서 $\overline{AB}^2 = 15^2 - 9^2 = 144$
∴ □BDGF $=$ □AHIB
$= \overline{AB}^2 = 144$(cm²)

19 $\triangle ABC \equiv \triangle CDE$이므로 $\triangle ACE$는 직각이등변삼각형이다.
$\therefore \overline{AC} = \overline{CE}$
이때 $\overline{AB} = \overline{CD} = 6\,cm$,
$\overline{DE} = \overline{BC} = 3\,cm$이므로
$\overline{AC}^2 = \overline{CE}^2 = 6^2 + 3^2 = 45$
$\therefore \triangle ACE = \dfrac{1}{2} \times \overline{AC} \times \overline{CE}$
$\qquad\qquad = \dfrac{1}{2} \times \overline{AC}^2$
$\qquad\qquad = \dfrac{45}{2}\,(cm^2)$

20 (i) x가 가장 긴 변의 길이일 때
$x^2 = 4^2 + 6^2 = 52$
(ii) 6이 가장 긴 변의 길이일 때
$x^2 + 4^2 = 6^2$ $\therefore x^2 = 20$
따라서 (i), (ii)에 의해 x^2의 값은 20, 52이다.

21 ④ c가 가장 긴 변의 길이라는 조건이 없으면 $\triangle ABC$는 예각삼각형이 아닐 수도 있다.
㉠ $a = 13$, $b = 8$, $c = 9$일 때,
$9^2 < 8^2 + 13^2 \Rightarrow \angle C < 90°$
$13^2 > 8^2 + 9^2 \Rightarrow \angle A > 90°$
(둔각삼각형)

22 $\triangle ABC$에서 삼각형의 두 변의 중점을 연결한 선분의 성질에 의해
$\overline{DE} = \dfrac{1}{2}\overline{AC} = \dfrac{1}{2} \times 14 = 7$
$\overline{DE}^2 + \overline{AC}^2 = \overline{AE}^2 + \overline{CD}^2$이므로
$7^2 + 14^2 = x^2 + 9^2$ $\therefore x^2 = 164$
돌다리 두드리기 | 삼각형의 두 변의 중점을 연결한 선분의 성질을 이용하여 $\overline{DE}$의 길이를 먼저 구한다.

23 $R = \dfrac{1}{2} \times \pi \times 2^2 = 2\pi\,(cm^2)$
$P : Q = 3 : 1$이고, $P + Q = R$이므로
$Q = \dfrac{1}{4}R = \dfrac{1}{4} \times 2\pi = \dfrac{1}{2}\pi\,(cm^2)$

24 $\triangle ABC$에서
$\overline{AB}^2 + \overline{AC}^2 = 12^2 = 144$
이때 $\overline{AB} = \overline{AC}$이므로 $2\overline{AB}^2 = 144$
$\therefore \overline{AB}^2 = 72$
$\therefore$ (색칠한 부분의 넓이)
$= 2\triangle ABC = 2 \times \left(\dfrac{1}{2} \times \overline{AB}^2\right)$
$= \overline{AB}^2 = 72\,(cm^2)$

25 $\triangle ABC$에서 $\overline{BC}^2 = 8^2 + 6^2 = 100$
이때 $\overline{BC} > 0$이므로 $\overline{BC} = 10\,(cm)$
$\overline{AC}^2 = \overline{CH} \times \overline{CB}$이므로
$6^2 = \overline{CH} \times 10$ $\therefore \overline{CH} = \dfrac{18}{5}\,(cm)$
이때
$\overline{MC} = \dfrac{1}{2}\overline{BC} = \dfrac{1}{2} \times 10 = 5\,(cm)$
이므로
$\overline{MH} = \overline{MC} - \overline{HC}$
$\qquad = 5 - \dfrac{18}{5} = \dfrac{7}{5}\,(cm)$

26 다음 그림과 같이 색칠한 부분의 넓이를 S_1, S_2, S_3, S_4라 하고, $\overline{BD}$를 그으면 $\triangle ABD$, $\triangle BCD$는 직각삼각형이므로

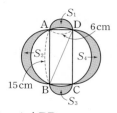

$S_1 + S_2 = \triangle ABD$
$S_3 + S_4 = \triangle BCD$
$\therefore$ (색칠한 부분의 넓이)
$= S_1 + S_2 + S_3 + S_4$
$= \triangle ABD + \triangle BCD$
$= \square ABCD$
$= 6 \times 15 = 90\,(cm^2)$

27 다음 그림의 전개도에서 구하는 최단 거리는 $\overline{BE}$의 길이이다.

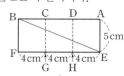

$\triangle BFE$에서 $\overline{BE}^2 = 12^2 + 5^2 = 169$
이때 $\overline{BE} > 0$이므로 $\overline{BE} = 13\,(cm)$
따라서 구하는 최단 거리는 $13\,cm$이다.

28 $\overline{AE} = \overline{AD} = 15\,(cm)$이므로
$\triangle ABE$에서 $\overline{BE}^2 = 15^2 - 12^2 = 81$
이때 $\overline{BE} > 0$이므로 $\overline{BE} = 9\,(cm)$
$\therefore \overline{EC} = 15 - 9 = 6\,(cm)$ $\cdots$ (i)
$\triangle ABE$와 $\triangle ECF$에서
$\angle B = \angle C = 90°$,
$\angle BAE = 90° - \angle AEB = \angle CEF$
$\therefore \triangle ABE \backsim \triangle ECF$ (AA 닮음)
$\cdots$ (ii)

따라서 $\overline{AB} : \overline{EC} = \overline{BE} : \overline{CF}$이므로
$12 : 6 = 9 : \overline{CF}$, $12\overline{CF} = 54$
$\therefore \overline{CF} = \dfrac{9}{2}\,(cm)$ $\cdots$ (iii)

채점 기준	비율
(i) $\overline{EC}$의 길이 구하기	40%
(ii) $\triangle ABE \backsim \triangle ECF$임을 알기	40%
(iii) $\overline{CF}$의 길이 구하기	20%

29 삼각형의 세 변의 길이 사이의 관계에 의해
$17 < x < 26$ $\cdots$ ㉠ $\cdots$ (i)
예각삼각형이 되려면 $x^2 < 9^2 + 17^2$
$\therefore x^2 < 370$ $\cdots$ ㉡
㉠, ㉡에서 자연수 x는 18, 19의 2개이다. $\cdots$ (ii)
둔각삼각형이 되려면 $x^2 > 9^2 + 17^2$
$\therefore x^2 > 370$ $\cdots$ ㉢
㉠, ㉢에서 자연수 x는 20, 21, 22, 23, 24, 25의 6개이다. $\cdots$ (iii)

채점 기준	비율
(i) 삼각형이 되기 위한 x의 값의 범위 구하기	20%
(ii) 예각삼각형이 되기 위한 x의 개수 구하기	40%
(iii) 둔각삼각형이 되기 위한 x의 개수 구하기	40%

19강 경우의 수

예제 p. 82

1 (1) 3 (2) 2 (3) 2
(1) 나오는 눈의 수가 짝수인 경우는
⚁, ⚃, ⚅이므로 경우의 수는 3이다.
(2) 나오는 눈의 수가 3의 배수인 경우는
⚂, ⚅이므로 경우의 수는 2이다.
(3) 나오는 눈의 수가 5의 약수인 경우는
⚀, ⚄이므로 경우의 수는 2이다.

2 9
빵을 사는 경우의 수는 5이고, 아이스크림을 사는 경우의 수는 4이다.
따라서 두 사건은 동시에 일어나지 않으므로 구하는 경우의 수는 $5 + 4 = 9$

3 8개

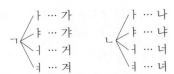

따라서 만들 수 있는 모든 글자의 개수
는 2×4=8(개)

4 (1) **4**　　　(2) **24**

(1) 한 개의 동전에 대하여 앞면, 뒷면
이 나오는 2가지의 경우가 일어날
수 있으므로 서로 다른 동전 두 개
를 동시에 던질 때, 일어나는 모든
경우의 수는 2×2=4

(2) 서로 다른 동전 두 개를 동시에 던
질 때 일어나는 모든 경우의 수는 4
이고, 주사위 한 개를 던질 때 일어
나는 모든 경우의 수는 6이다.
따라서 구하는 경우의 수는
4×6=24

핵심 유형 익히기　　　p. 83

1 **4**

구슬에 적힌 수가 10의 약수인 경우는
1, 2, 5, 10이므로 경우의 수는 4이다.

2 **6**

버스를 이용하는 경우의 수는 4이고,
지하철을 이용하는 경우의 수는 2이다.
따라서 두 사건은 동시에 일어날 수 없
으므로 구하는 경우의 수는
4+2=6

3 **5**

300원을 지불하는 경우는 다음과 같이
3가지이다.

100원짜리 동전	50원짜리 동전
3개	0개
2개	2개
1개	4개

500원을 지불하는 경우는 다음과 같이
2가지이다.

100원짜리 동전	50원짜리 동전
4개	2개
3개	4개

따라서 $a=3$, $b=2$이므로
$a+b=3+2=5$

4 **8**

두 눈의 수의 합이 5가 되는 경우는

(1, 4), (2, 3), (3, 2), (4, 1)
이므로 경우의 수는 4이다.
두 눈의 수의 합이 9가 되는 경우는
(3, 6), (4, 5), (5, 4), (6, 3)
이므로 경우의 수는 4이다.
따라서 두 사건은 동시에 일어나지 않
으므로 구하는 경우의 수는 4+4=8

5 **12**

집에서 학교까지 가는 경우의 수는 3이
고, 학교에서 공원까지 가는 경우의 수
는 4이다.
따라서 구하는 경우의 수는 3×4=12

6 **9**

4의 배수가 나오는 경우는 4, 8, 12이
므로 경우의 수는 3이고, 5의 배수가
나오는 경우는 5, 10, 15이므로 경우
의 수는 3이다.
따라서 구하는 경우의 수는
3×3=9

20강 여러 가지 경우의 수

예제　　　p. 84

1 **24**

A를 맨 앞에 고정시키고 B, C, D, E
4명을 한 줄로 세우는 경우의 수는
4×3×2×1=24

2 **16개**

십의 자리에 올 수 있는 숫자는 0을 제
외한 1, 2, 3, 4의 4개이고, 일의 자리
에 올 수 있는 숫자는 십의 자리의 숫
자를 제외한 4개이다.
따라서 만들 수 있는 두 자리의 자연수
의 개수는 4×4=16(개)

3 (1) **20**　　　(2) **10**

(1) 5명 중에서 자격이 다른 2명의 대표
를 뽑는 경우의 수이므로
5×4=20

(2) 5명 중에서 자격이 같은 3명의 대표
를 뽑는 경우의 수이므로
$\dfrac{5×4×3}{3×2×1}=10$

핵심 유형 익히기　　　p. 85

1 **⑤**

여학생 2명을 하나로 묶어 1명으로 생
각하고, 5명을 한 줄로 세우는 경우의
수는 5×4×3×2×1=120
이때 여학생 2명이 서로 자리를 바꿀
수 있으므로 구하는 경우의 수는
120×2=240

2 **4**

부모님이 가장자리에 앉고, 나머지 2명
을 한 줄로 세우는 경우의 수는
2×1=2
이때 부모님이 서로 자리를 바꿀 수 있
으므로 구하는 경우의 수는
2×2=4

3 **60개**

(ⅰ) 백의 자리에 올 수 있는 숫자는 1,
2, 3, 4, 5의 5개
(ⅱ) 십의 자리에 올 수 있는 숫자는 백
의 자리의 숫자를 제외한 4개
(ⅲ) 일의 자리에 올 수 있는 숫자는 백
의 자리와 십의 자리의 숫자를 제외
한 3개
따라서 (ⅰ)~(ⅲ)에 의해 구하는 자연수
의 개수는 5×4×3=60(개)

4 **①**

만들 수 있는 두 자리의 자연수 중에서
짝수는 □0 또는 □2 또는 □4이다.
(ⅰ) 일의 자리의 숫자가 0인 경우는
10, 20, 30, 40의 4개
(ⅱ) 일의 자리의 숫자가 2인 경우는
12, 32, 42의 3개
(ⅲ) 일의 자리의 숫자가 4인 경우는
14, 24, 34의 3개
따라서 (ⅰ)~(ⅲ)에 의해 구하는 짝수의
개수는 4+3+3=10(개)

5 **120**

6명 중에서 자격이 다른 대표 3명을 뽑
는 경우의 수이므로 6×5×4=120

6 **④**

10명 중에서 자격이 같은 대표 2명을
뽑는 경우의 수와 같으므로
$\dfrac{10×9}{2}=45$(번)

족집게 문제   p.86~89

1 ③	2 12	3 ②	4 9
5 12	6 6	7 ③	8 ⑤
9 ⑤	10 12	11 ④	12 ③
13 ④	14 60	15 ④	16 ①
17 9	18 2	19 ③	20 ②
21 ①	22 ⑤	23 10개	24 48
25 4	26 3	27 412	28 3번
29 8, 과정은 풀이 참조			
30 18개, 과정은 풀이 참조			

1 두 눈의 수의 합이 6이 되는 경우는
$(1, 5)$, $(2, 4)$, $(3, 3)$, $(4, 2)$, $(5, 1)$
이므로 경우의 수는 5이다.

2 장미를 사는 경우는 6가지, 국화를 사는 경우는 4가지, 튤립을 사는 경우는 2가지이므로 구하는 경우의 수는
$6+4+2=12$

3 250원을 지불할 때, 사용하는 동전의 개수는 다음과 같다.

100원짜리 동전	50원짜리 동전	10원짜리 동전
2개	1개	0개
2개	0개	5개
1개	3개	0개
1개	2개	5개
0개	5개	0개
0개	4개	5개

따라서 구하는 경우의 수는 6이다.

4 1부터 20까지의 자연수 중에서 3의 배수는 3, 6, 9, 12, 15, 18의 6개이고, 5의 배수는 5, 10, 15, 20의 4개이므로 구하는 경우의 수는 $6+4-1=9$

5 식사 4종류에 대하여 각각 음료 3종류를 주문할 수 있으므로 구하는 모든 경우의 수는 $4 \times 3 = 12$

6 입구에서 로비로 가는 방법은 2가지, 로비에서 공연장으로 가는 방법은 3가지이므로 구하는 방법의 수
$2 \times 3 = 6$

7 산의 정상까지 올라가는 경우의 수는 5, 정상에서 내려오는 경우의 수는 올라갈 때 택한 등산로를 제외한 4이므로 구하는 경우의 수는 $5 \times 4 = 20$

8 세 사람이 각각 가위, 바위, 보 중에서 하나를 낼 수 있으므로 구하는 경우의 수는 $3 \times 3 \times 3 = 27$

9 서로 다른 동전 2개와 서로 다른 주사위 2개를 동시에 던질 때, 일어나는 모든 경우의 수는 $2^2 \times 6^2 = 144$

10 (ⅰ) A가 맨 앞에 서는 경우의 수는
$3 \times 2 \times 1 = 6$
(ⅱ) A가 맨 뒤에 서는 경우의 수는
$3 \times 2 \times 1 = 6$
따라서 (ⅰ), (ⅱ)에 의해 구하는 경우의 수는 $6+6=12$

11 잡지책 2권을 하나로 묶어 한 권으로 생각하고, 4권을 나란히 꽂는 경우의 수는
$4 \times 3 \times 2 \times 1 = 24$
이때 잡지책 2권을 서로 자리를 바꿔서 꽂을 수 있으므로 구하는 경우의 수는
$24 \times 2 = 48$

돌다리 두드리기 | 잡지책 2권을 하나로 묶어 한 줄로 세우는 경우의 수를 구한 후, 잡지책 2권이 서로 자리를 바꾸는 경우를 생각하여 반드시 2를 곱한다.

12 (ⅰ) 십의 자리의 숫자가 3인 경우는
31, 32, 34의 3개
(ⅱ) 십의 자리의 숫자가 4인 경우는
41, 42, 43의 3개
따라서 (ⅰ), (ⅱ)에 의해 구하는 자연수의 개수는 $3+3=6$(개)

13 (ⅰ) 백의 자리에 올 수 있는 숫자는 0을 제외한 1, 2, 3, 4의 4개
(ⅱ) 십의 자리에 올 수 있는 숫자는 백의 자리의 숫자를 제외한 4개
(ⅲ) 일의 자리에 올 수 있는 숫자는 백의 자리와 십의 자리의 숫자를 제외한 3개
따라서 (ⅰ)~(ⅲ)에 의해 구하는 자연수의 개수는 $4 \times 4 \times 3 = 48$(개)

14 5명 중에서 자격이 다른 대표 3명을 뽑는 경우의 수이므로 $5 \times 4 \times 3 = 60$

15 6명 중에서 자격이 같은 대표 2명을 뽑는 경우의 수와 같으므로
$\dfrac{6 \times 5}{2} = 15$(번)

16 c를 반드시 뽑고 나머지 a, b, d, e 4개의 문자 중에서 2개를 뽑는 경우의 수와 같으므로 $\dfrac{4 \times 3}{2} = 6$

확인 a, b, d, e에서 2개를 뽑는 경우인 (a, b), (a, d), (a, e), (b, d), (b, e), (d, e)에 각각 c를 포함시켜 주면 c가 반드시 뽑히는 경우가 된다.

17 목요일을 선택하는 경우는 3, 10, 17, 24, 31일이므로 경우의 수는 5이고, 일요일을 선택하는 경우는 6, 13, 20, 27일이므로 경우의 수는 4이다.
따라서 구하는 경우의 수는 $5+4=9$

18 점 (a, b)가 직선 $3x-y=6$ 위의 점이므로 $x=a$, $y=b$를 대입하면
$3a-b=6$
즉, $b=3a-6$을 만족시키는 경우를 순서쌍 (a, b)로 나타내면 $(3, 3)$, $(4, 6)$이므로 구하는 경우의 수는 2이다.

19 (ⅰ) A → B → C로 가는 경우의 수는
$2 \times 3 = 6$
(ⅱ) A → C로 가는 경우의 수는 2
따라서 (ⅰ), (ⅱ)에 의해 구하는 경우의 수는 $6+2=8$

확인 A → B → C로 가는 경우와 A → C로 가는 경우는 동시에 일어날 수 없으므로 각각의 경우의 수를 더한다.

20 오른쪽 그림에서 A 지점에서 P 지점까지 최단 거리로 가는 경우의 수는 3, P 지점에서 B 지점까지 최단 거리로 가는 경우의 수는 2이다. 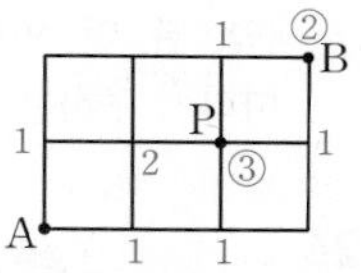
따라서 구하는 경우의 수는 $3 \times 2 = 6$

확인 A → P로 가는 경우의 수는 3
❶ A의 위와 오른쪽에 각각 1을 쓴다.
❷ 두 도로가 만나는 지점에 두 수의 합을 쓴다.

21 A가 B에게 배턴을 넘기려면 A 뒤에 B가 달려야 한다. 이때 A와 B를 하나로 묶어 1명으로 생각하고, 3명을 한 줄로 세우는 경우의 수는 $3 \times 2 \times 1 = 6$

22 남학생과 여학생이 여 남 여 남 여 의 순으로 서면 되므로 먼저 여학생이 서고 여학생과 여학생 사이에 남학생이 서면 된다.

(i) 여학생이 서는 경우의 수는

$3\times2\times1=6$

(ii) 남학생이 서는 경우의 수는

$2\times1=2$

따라서 (i), (ii)에 의해 구하는 경우의 수는 $6\times2=12$

23 5명 중에서 자격이 같은 대표 3명을 뽑는 경우의 수와 같으므로 구하는 삼각형의 개수는 $\dfrac{5\times4\times3}{3\times2\times1}=10$(개)

| 다른 풀이 |

세 점을 연결하여 만들 수 있는 삼각형은 △ABC, △ABD, △ABE, △ACD, △ACE, △ADE, △BCD, △BCE, △BDE, △CDE 이므로 모두 10개이다.

24 A에 칠할 수 있는 색은 4가지이고, B에는 A에 칠한 색을 제외한 3가지, C에는 A, B에 칠한 색을 제외한 2가지, D에는 A, C에 칠한 색을 제외한 2가지의 색을 칠할 수 있다.
따라서 구하는 경우의 수는
$4\times3\times2\times2=48$

25 점 P에 대응하는 수가 2인 경우는 앞면이 3번, 뒷면이 1번 나오는 경우이므로 이를 순서쌍으로 나타내면 다음과 같다.
(앞, 앞, 앞, 뒤), (앞, 앞, 뒤, 앞),
(앞, 뒤, 앞, 앞), (뒤, 앞, 앞, 앞)
따라서 구하는 경우의 수는 4이다.

26
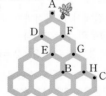

위의 그림에서 꿀벌이 A 지점에서 B 지점을 지나 C 지점까지 최단 거리로 가는 경우는 다음과 같다.

(i) A → D → E → B → H → C로 가는 경우: 1가지

(ii) A → F → E → B → H → C로 가는 경우: 1가지

(iii) A → F → G → B → H → C로 가는 경우: 1가지

따라서 (i)~(iii)에 의해 구하는 경우의 수는 $1+1+1=3$

27 (i) 백의 자리의 숫자가 1인 경우는

$3\times2=6$(개)

(ii) 백의 자리의 숫자가 2인 경우는

$3\times2=6$(개)

(iii) 백의 자리의 숫자가 3인 경우는

$3\times2=6$(개)

따라서 (i)~(iii)에 의해 작은 수부터 크기 순으로 19번째인 수는 백의 자리의 숫자가 4인 수 중에서 가장 작은 수인 412이다.

28 동아리 행사에 참여한 학생 수를 n명이라 하면
$\dfrac{n\times(n-1)}{2}=21$이므로
$n\times(n-1)=42=7\times6$
$\therefore n=7$
따라서 동아리 행사에 참여한 학생은 모두 7명이고, 민정이는 지금까지 3명과 악수를 하였으므로 앞으로
$7-3-1=3$(번)의 악수를 더 해야 한다.

29 방정식 $ax=b$의 해 $x=\dfrac{b}{a}$가 자연수가 되려면 b가 a의 배수이어야 한다.
··· (i)
따라서 이를 만족시키는 경우를 순서쌍 (a, b)로 나타내면
$(1, 1), (1, 2), (1, 3), (1, 4),$
$(2, 2), (2, 4), (3, 3), (4, 4)$
이므로 구하는 경우의 수는 8이다.
··· (ii)

채점 기준	비율
(i) a, b의 조건 구하기	50 %
(ii) 방정식 $ax=b$의 해가 자연수가 되는 경우의 수 구하기	50 %

30 홀수가 나오는 경우는 ☐☐1 또는 ☐☐3이다.
일의 자리의 숫자가 1인 경우
백의 자리에 올 수 있는 숫자는 1과 0을 제외한 3개, 십의 자리에 올 수 있는 숫자는 1과 백의 자리의 숫자를 제외한 3개이므로
$3\times3=9$(개)
··· (i)
일의 자리의 숫자가 3인 경우
백의 자리에 올 수 있는 숫자는 3과 0을 제외한 3개, 십의 자리에 올 수 있는 숫자는 3과 백의 자리의 숫자를 제외한 3개이므로
$3\times3=9$(개)
··· (ii)

따라서 만들 수 있는 홀수의 개수는
$9+9=18$(개)
··· (iii)

채점 기준	비율
(i) 일의 자리의 숫자가 1인 세 자리의 자연수의 개수 구하기	40 %
(ii) 일의 자리의 숫자가 3인 세 자리의 자연수의 개수 구하기	40 %
(iii) 홀수의 개수 구하기	20 %

 21강 **확률의 뜻과 성질**

예제 p. 90

1 $\dfrac{5}{12}$

모든 경우의 수는 12이고, 눈의 수가 소수인 경우는 2, 3, 5, 7, 11이므로 경우의 수는 5이다.
따라서 구하는 확률은 $\dfrac{5}{12}$

2 (1) $\dfrac{3}{7}$ (2) 0 (3) 1

주머니 속에 들어 있는 공의 개수는 모두 $3+4=7$(개)이다.

(1) 흰 공은 3개이므로 구하는 확률은 $\dfrac{3}{7}$이다.

(2) 빨간 공은 없으므로 구하는 확률은 0이다.

(3) 흰 공 또는 검은 공은 $3+4=7$(개)이므로 구하는 확률은 $\dfrac{7}{7}=1$

3 $\dfrac{3}{8}$

(비가 오지 않을 확률)
$=1-$(비가 올 확률)
$=1-\dfrac{5}{8}=\dfrac{3}{8}$

핵심 유형 익히기 p. 91

1 $\dfrac{1}{9}$

모든 경우의 수는 $6\times6=36$
나오는 두 눈의 수의 합이 5가 되는 경우는 $(1, 4), (2, 3), (3, 2), (4, 1)$
이므로 경우의 수는 4이다.
따라서 구하는 확률은 $\dfrac{4}{36}=\dfrac{1}{9}$

2 $\dfrac{1}{12}$

모든 경우의 수는 $6 \times 6 = 36$

$2x + y = 9$를 만족시키는 순서쌍 (x, y)는 $(2, 5), (3, 3), (4, 1)$이므로 경우의 수는 3이다.

따라서 구하는 확률은 $\dfrac{3}{36} = \dfrac{1}{12}$

3 ①

각각의 확률은 다음과 같다.

② $\dfrac{1}{10}$ ③ $\dfrac{1}{10}$ ④ 1 ⑤ $\dfrac{1}{10}$

4 1

만들어지는 두 자리의 자연수는 항상 50 이하이므로 구하는 확률은 1이다.

5 $\dfrac{97}{100}$

(불량품이 나올 확률) $= \dfrac{15}{500} = \dfrac{3}{100}$

∴ (불량품이 아닐 확률)
$= 1 - $ (불량품이 나올 확률)
$= 1 - \dfrac{3}{100} = \dfrac{97}{100}$

6 $\dfrac{7}{8}$

모든 경우의 수는 $2 \times 2 \times 2 = 8$

동전 3개가 모두 뒷면이 나오는 경우는 (뒤, 뒤, 뒤)의 1가지이므로 그 확률은 $\dfrac{1}{8}$

∴ (적어도 한 개는 앞면이 나올 확률)
$= 1 - $ (세 동전 모두 뒷면이 나올 확률)
$= 1 - \dfrac{1}{8} = \dfrac{7}{8}$

22강 확률의 계산

예제 p. 92

1 $\dfrac{1}{3}$

모든 경우의 수는 15이고, 5의 배수가 나오는 경우는 5, 10, 15의 3가지이므로 그 확률은 $\dfrac{3}{15}$

7의 배수가 나오는 경우는 7, 14의 2가지이므로 그 확률은 $\dfrac{2}{15}$

따라서 구하는 확률은
$\dfrac{3}{15} + \dfrac{2}{15} = \dfrac{5}{15} = \dfrac{1}{3}$

---

2 $\dfrac{16}{25}$

이 선수가 자유투를 한 번 던질 때, 성공할 확률은 $\dfrac{80}{100} = \dfrac{4}{5}$

따라서 자유투를 두 번 던질 때, 두 번 모두 성공할 확률은 $\dfrac{4}{5} \times \dfrac{4}{5} = \dfrac{16}{25}$

3 (1) $\dfrac{1}{25}$ (2) $\dfrac{1}{45}$

(1) 뽑은 제비를 다시 넣고, 연속하여 2개의 제비를 뽑을 때

(A가 당첨될 확률) $= \dfrac{2}{10} = \dfrac{1}{5}$

(B가 당첨될 확률) $= \dfrac{2}{10} = \dfrac{1}{5}$

따라서 구하는 확률은
$\dfrac{1}{5} \times \dfrac{1}{5} = \dfrac{1}{25}$

(2) 뽑은 제비를 다시 넣지 않고, 연속하여 2개의 제비를 뽑을 때

(A가 당첨될 확률) $= \dfrac{2}{10} = \dfrac{1}{5}$

(B가 당첨될 확률) $= \dfrac{1}{9}$

따라서 구하는 확률은
$\dfrac{1}{5} \times \dfrac{1}{9} = \dfrac{1}{45}$

| 다른 풀이 |
모든 경우의 수는 $10 \times 9 = 90$,
A, B 두 사람 모두 당첨 제비를 뽑는 경우의 수는 $2 \times 1 = 2$

따라서 구하는 확률은 $\dfrac{2}{90} = \dfrac{1}{45}$

핵심 유형 익히기 p. 93

1 $\dfrac{13}{25}$

2학년 전체 학생 수는
$52 + 68 + 44 + 36 = 200$(명)

혈액형이 B형일 확률은 $\dfrac{68}{200}$이고,

혈액형이 AB형일 확률은 $\dfrac{36}{200}$이다.

따라서 구하는 확률은
$\dfrac{68}{200} + \dfrac{36}{200} = \dfrac{104}{200} = \dfrac{13}{25}$

2 $\dfrac{3}{16}$

모든 경우의 수는 $8 \times 8 = 64$

(i) 두 눈의 수의 차가 4가 되는 경우는
$(1, 5), (2, 6), (3, 7), (4, 8)$
$(5, 1), (6, 2), (7, 3), (8, 4)$
의 8가지이므로 그 확률은 $\dfrac{8}{64}$

(ii) 두 눈의 수의 차가 6이 되는 경우는
$(1, 7), (2, 8), (7, 1), (8, 2)$
의 4가지이므로 그 확률은 $\dfrac{4}{64}$

따라서 (i), (ii)에 의해 구하는 확률은
$\dfrac{8}{64} + \dfrac{4}{64} = \dfrac{12}{64} = \dfrac{3}{16}$

3 $\dfrac{1}{6}$

(i) 나오는 눈의 수가 4 이상인 경우는 4, 5, 6의 3가지이므로 그 확률은
$\dfrac{3}{6} = \dfrac{1}{2}$

(ii) 나오는 눈의 수가 3의 배수인 경우는 3, 6의 2가지이므로 그 확률은
$\dfrac{2}{6} = \dfrac{1}{3}$

따라서 (i), (ii)에 의해 구하는 확률은
$\dfrac{1}{2} \times \dfrac{1}{3} = \dfrac{1}{6}$

4 $\dfrac{11}{12}$

(A가 불합격할 확률) $= 1 - \dfrac{3}{4} = \dfrac{1}{4}$

(B가 불합격할 확률) $= 1 - \dfrac{2}{3} = \dfrac{1}{3}$

∴ (A, B 모두 불합격할 확률)
$= \dfrac{1}{4} \times \dfrac{1}{3} = \dfrac{1}{12}$

따라서 A와 B 중 적어도 한 사람은 합격할 확률은
$1 - $ (A, B 모두 불합격할 확률)
$= 1 - \dfrac{1}{12} = \dfrac{11}{12}$

5 $\dfrac{9}{100}$

꺼낸 공을 다시 주머니에 넣으므로 처음에 빨간 구슬을 꺼낼 확률은 $\dfrac{3}{10}$이고, 두 번째에 빨간 구슬을 꺼낼 확률도 $\dfrac{3}{10}$이다.

따라서 구하는 확률은
$\dfrac{3}{10} \times \dfrac{3}{10} = \dfrac{9}{100}$

6 $\dfrac{1}{12}$

처음 꺼낸 카드가 3의 배수일 확률은
$\dfrac{3}{9} = \dfrac{1}{3}$

한 번 꺼낸 카드는 다시 넣지 않으므로 두 번째 꺼낸 카드가 3의 배수일 확률은
$\dfrac{2}{8} = \dfrac{1}{4}$

따라서 구하는 확률은 $\dfrac{1}{3} \times \dfrac{1}{4} = \dfrac{1}{12}$

족집게 문제　　　　p. 94~97

1 $\dfrac{3}{8}$	**2** ②	**3** $\dfrac{5}{9}$	**4** ⑤
5 ④	**6** ①, ③	**7** ①	**8** $\dfrac{3}{4}$
9 ④	**10** $\dfrac{4}{5}$	**11** $\dfrac{1}{4}$	**12** ③
13 $\dfrac{4}{25}$	**14** ④	**15** ④	**16** 5
17 $\dfrac{7}{18}$	**18** ⑤	**19** $\dfrac{7}{25}$	**20** $\dfrac{7}{36}$
21 $\dfrac{7}{10}$	**22** $\dfrac{3}{4}$	**23** ③	**24** ③
25 $\dfrac{3}{10}$	**26** $\dfrac{3}{8}$	**27** $\dfrac{8}{9}$	**28** $\dfrac{8}{15}$

29 $\dfrac{3}{10}$, 과정은 풀이 참조

30 $\dfrac{10}{21}$, 과정은 풀이 참조

1 모든 경우의 수는 $2 \times 2 \times 2 = 8$
한 개만 앞면이 나오는 경우는
(앞, 뒤, 뒤), (뒤, 앞, 뒤), (뒤, 뒤, 앞)
이므로 경우의 수는 3이다.
따라서 구하는 확률은 $\dfrac{3}{8}$

2 모든 경우의 수는 $6 \times 6 = 36$
나오는 두 눈의 수의 차가 3이 되는 경우는 (1, 4), (2, 5), (3, 6), (4, 1), (5, 2), (6, 3)이므로 경우의 수는 6이다.
따라서 구하는 확률은 $\dfrac{6}{36} = \dfrac{1}{6}$

3 세 원의 반지름의 길이의 비가 $1 : 2 : 3$이므로 각 원의 반지름의 길이를 x, $2x$, $3x$라 하면 세 원의 넓이는 각각 πx^2, $4\pi x^2$, $9\pi x^2$
따라서 구하는 확률은
$\dfrac{(1\text{점 부분의 넓이})}{(\text{전체 과녁의 넓이})} = \dfrac{9\pi x^2 - 4\pi x^2}{9\pi x^2}$
$= \dfrac{5}{9}$

4 모든 경우의 수는 $3 \times 3 = 9$
만든 자연수가 20 이상인 경우는 20, 21, 23, 30, 31, 32이므로 경우의 수는 6이다.
따라서 구하는 확률은 $\dfrac{6}{9} = \dfrac{2}{3}$

5 모든 경우의 수는 $\dfrac{5 \times 4}{2} = 10$
A가 대표로 뽑히는 경우는
(A, B), (A, C), (A, D), (A, E)
이므로 경우의 수는 4이다.
따라서 구하는 확률은 $\dfrac{4}{10} = \dfrac{2}{5}$

돌다리 두드리기 | A가 대표로 뽑히는 경우의 수는 A를 먼저 대표로 뽑고, 나머지 4명의 후보 중에서 대표 1명을 뽑는 경우의 수와 같으므로 4이다.

6 ② $p + q = 1$
④ $p = 0$이면 사건 A는 절대로 일어나지 않는다.
⑤ $q = 0$이면 $p = 1$이므로 사건 A는 반드시 일어난다.
따라서 옳은 것은 ①, ③이다.

7 상자 안에서 흰 모자는 나올 수 없으므로 구하는 확률은 0이다.

8 모든 경우의 수는 $4 \times 3 \times 2 \times 1 = 24$
C가 맨 뒤에 서는 경우의 수는 A, B, D 3명을 한 줄로 세우는 경우의 수와 같으므로 $3 \times 2 \times 1 = 6$
즉, C가 맨 뒤에 설 확률은 $\dfrac{6}{24} = \dfrac{1}{4}$
따라서 C가 맨 뒤에 서지 않을 확률은
$1 - \dfrac{1}{4} = \dfrac{3}{4}$

9 모든 경우의 수는 $3 \times 3 = 9$
두 사람이 비기는 경우는 (가위, 가위), (바위, 바위), (보, 보)의 3가지이므로 두 사람이 비길 확률은 $\dfrac{3}{9} = \dfrac{1}{3}$
∴ (한 번에 승부가 결정될 확률)
$= 1 - (\text{두 사람이 비길 확률})$
$= 1 - \dfrac{1}{3} = \dfrac{2}{3}$

10 모든 경우의 수는 $5 \times 3 = 15$
버스만 타고 가는 경우의 수는 $3 \times 1 = 3$이므로 버스만 타고 갈 확률은 $\dfrac{3}{15} = \dfrac{1}{5}$
따라서 적어도 한 번은 지하철을 타고 갈 확률은 $1 - \dfrac{1}{5} = \dfrac{4}{5}$

11 모든 경우의 수는 $6 \times 6 = 36$
ⅵ) 두 눈의 수의 합이 4 이하인 경우는 (1, 1), (1, 2), (1, 3), (2, 1), (2, 2), (3, 1)의 6가지이므로 그 확률은 $\dfrac{6}{36}$

ⅶ) 두 눈의 수의 합이 11 이상인 경우는 (5, 6), (6, 5), (6, 6)의 3가지이므로 그 확률은 $\dfrac{3}{36}$
따라서 ⅵ), ⅶ)에 의해 구하는 확률은
$\dfrac{6}{36} + \dfrac{3}{36} = \dfrac{9}{36} = \dfrac{1}{4}$

12 (토요일에 비가 올 확률) $= \dfrac{20}{100} = \dfrac{1}{5}$
(일요일에 비가 올 확률) $= \dfrac{60}{100} = \dfrac{3}{5}$
따라서 구하는 확률은 $\dfrac{1}{5} \times \dfrac{3}{5} = \dfrac{3}{25}$
이므로 $\dfrac{3}{25} \times 100 = 12 (\%)$

13 10점을 맞힐 확률이 $\dfrac{3}{5}$이므로 10점을 맞히지 못할 확률은 $1 - \dfrac{3}{5} = \dfrac{2}{5}$
따라서 구하는 확률은 $\dfrac{2}{5} \times \dfrac{2}{5} = \dfrac{4}{25}$

14 혜정이가 한 문제의 답을 쓸 때, 맞힐 확률과 틀릴 확률은 모두 $\dfrac{1}{2}$이다.
∴ (적어도 한 문제를 맞힐 확률)
$= 1 - (4\text{문제 모두 틀릴 확률})$
$= 1 - \dfrac{1}{2} \times \dfrac{1}{2} \times \dfrac{1}{2} \times \dfrac{1}{2}$
$= 1 - \dfrac{1}{16} = \dfrac{15}{16}$

15 첫 번째에 불량품을 꺼낼 확률은 $\dfrac{5}{15} = \dfrac{1}{3}$이고, 두 번째에 불량품을 꺼낼 확률은 $\dfrac{4}{14} = \dfrac{2}{7}$
따라서 구하는 확률은 $\dfrac{1}{3} \times \dfrac{2}{7} = \dfrac{2}{21}$

16 꺼낸 공이 흰 공일 확률이 $\dfrac{1}{5}$이므로
$\dfrac{2}{2+3+x} = \dfrac{1}{5}$, $5 + x = 10$
∴ $x = 5$

17 모든 경우의 수는 $6 \times 6 = 36$
$\dfrac{a}{b}$의 값이 자연수가 되려면 a가 b의 배수이어야 하므로
$b = 1$일 때, $a = 1, 2, 3, 4, 5, 6$의 6가지
$b = 2$일 때, $a = 2, 4, 6$의 3가지
$b = 3$일 때, $a = 3, 6$의 2가지
$b = 4$일 때, $a = 4$의 1가지
$b = 5$일 때, $a = 5$의 1가지
$b = 6$일 때, $a = 6$의 1가지
즉, $\dfrac{a}{b}$의 값이 자연수인 경우의 수는

$6+3+2+1+1+1=14$

따라서 구하는 확률은 $\dfrac{14}{36}=\dfrac{7}{18}$

18 모든 경우의 수는 $\dfrac{7\times6}{2}=21$

대표 2명 모두 남학생이 뽑히는 경우의

수는 $\dfrac{3\times2}{2}=3$이므로 그 확률은

$\dfrac{3}{21}=\dfrac{1}{7}$

∴ (적어도 한 명은 여학생이 뽑힐 확률)

$=1-$(2명 모두 남학생이 뽑힐 확률)

$=1-\dfrac{1}{7}=\dfrac{6}{7}$

19 모든 경우의 수는 $5\times5=25$

(ⅰ) 두 수의 합이 5가 되는 경우는

$(1,4)$, $(2,3)$, $(3,2)$, $(4,1)$의

4가지이므로 그 확률은 $\dfrac{4}{25}$

(ⅱ) 두 수의 합이 8이 되는 경우는

$(3,5)$, $(4,4)$, $(5,3)$의 3가지

이므로 그 확률은 $\dfrac{3}{25}$

따라서 (ⅰ), (ⅱ)에 의해 구하는 확률은

$\dfrac{4}{25}+\dfrac{3}{25}=\dfrac{7}{25}$

20 모든 경우의 수는 $6\times6=36$

점 P가 꼭짓점 D에 위치하려면 두 눈

의 수의 합이 3 또는 8이어야 한다.

(ⅰ) 두 눈의 수의 합이 3인 경우는

$(1,2)$, $(2,1)$의 2가지이므로 그

확률은 $\dfrac{2}{36}$

(ⅱ) 두 눈의 수의 합이 8인 경우는

$(2,6)$, $(3,5)$, $(4,4)$, $(5,3)$,

$(6,2)$의 5가지이므로 그 확률은

$\dfrac{5}{36}$

따라서 (ⅰ), (ⅱ)에 의해 구하는 확률은

$\dfrac{2}{36}+\dfrac{5}{36}=\dfrac{7}{36}$

21 두 스위치 A, B가 모두 닫혀 있을 때

전구에 불이 들어오므로 전구에 불이

들어올 확률은 $\dfrac{3}{4}\times\dfrac{2}{5}=\dfrac{3}{10}$

∴ (전구에 불이 들어오지 않을 확률)

$=1-$(전구에 불이 들어올 확률)

$=1-\dfrac{3}{10}=\dfrac{7}{10}$

22 두 사격 선수가 동시에 쏜 총에 목표물

이 맞지 않을 확률은

$\left(1-\dfrac{2}{3}\right)\times\left(1-\dfrac{1}{4}\right)=\dfrac{1}{3}\times\dfrac{3}{4}=\dfrac{1}{4}$

∴ (목표물이 총에 맞을 확률)

$=1-$(목표물이 총에 맞지 않을 확률)

$=1-\dfrac{1}{4}=\dfrac{3}{4}$

23 처음에 뽑은 카드를 다시 넣으므로 나중

에 카드를 뽑을 때 조건에 변화가 없다.

두 수의 곱이 홀수이려면 두 수 모두 홀

수이어야 하고, 카드 한 장을 뽑을 때

홀수가 나올 확률은 $\dfrac{4}{7}$이므로

(두 수의 곱이 홀수일 확률)

$=\dfrac{4}{7}\times\dfrac{4}{7}=\dfrac{16}{49}$

24 A가 당첨될 확률은 $\dfrac{4}{10}=\dfrac{2}{5}$이고, 뽑

은 제비를 다시 넣지 않으므로 B가 당

첨되지 않을 확률은 $\dfrac{6}{9}=\dfrac{2}{3}$

따라서 구하는 확률은

$\dfrac{2}{5}\times\dfrac{2}{3}=\dfrac{4}{15}$

돌다리 두드리기 ǀ A가 뽑은 제비를 다시 넣

지 않고, A만 당첨 제비를 뽑는 것에 주의

한다.

25 모든 경우의 수는 $\dfrac{5\times4\times3}{3\times2\times1}=10$

삼각형이 만들어지려면 가장 긴 막대의

길이가 나머지 두 막대의 길이의 합보

다 작아야 하므로 삼각형이 만들어지는

경우는 $(2\,\text{cm}, 3\,\text{cm}, 4\,\text{cm})$,

$(2\,\text{cm}, 4\,\text{cm}, 5\,\text{cm})$,

$(3\,\text{cm}, 4\,\text{cm}, 5\,\text{cm})$의 3가지이다.

따라서 구하는 확률은 $\dfrac{3}{10}$

26 모든 경우의 수는 $4\times4=16$

부등식 $2x>8-y$, 즉 $2x+y>8$을

만족시키는 순서쌍 (x,y)는 $(3,3)$,

$(3,4)$, $(4,1)$, $(4,2)$, $(4,3)$,

$(4,4)$의 6가지이므로 구하는 확률은

$\dfrac{6}{16}=\dfrac{3}{8}$

27 현정이네 가족이 1박 2일로 여행을 떠

날 수 있는 날은 28일, 29일, 30일의 3

가지이고, 영오네 가족이 3박 4일로 여

행을 떠날 수 있는 날은 26일, 27일,

28일의 3가지이므로 모든 경우의 수는

$3\times3=9$

두 가족의 여행 날짜가 하루도 겹치지

않는 경우는 현정이네 가족이 30일, 영

오네 가족이 26일에 여행을 떠나는 경

우의 1가지이므로 그 확률은 $\dfrac{1}{9}$

따라서 두 가족의 여행 날짜가 하루 이

상 겹치게 될 확률은

$1-$(하루도 겹치지 않을 확률)

$=1-\dfrac{1}{9}=\dfrac{8}{9}$

28 동전의 앞면이 나오고, A 주머니에서

검은 공을 꺼낼 확률은 $\dfrac{1}{2}\times\dfrac{2}{5}=\dfrac{1}{5}$

동전의 뒷면이 나오고, B 주머니에서

검은 공을 꺼낼 확률은 $\dfrac{1}{2}\times\dfrac{2}{3}=\dfrac{1}{3}$

따라서 구하는 확률은

$\dfrac{1}{5}+\dfrac{1}{3}=\dfrac{8}{15}$

29 십의 자리의 숫자가 5이고, 일의 자리

의 숫자가 5의 약수인 경우는 51, 55

의 2가지이므로

$\dfrac{2}{20}$ ····· (ⅰ)

십의 자리의 숫자가 6이고, 일의 자리

의 숫자가 6의 약수인 경우는 61, 62,

63, 66의 4가지이므로 그 확률은

$\dfrac{4}{20}$ ····· (ⅱ)

따라서 (ⅰ), (ⅱ)에 의해 구하는 확률은

$\dfrac{2}{20}+\dfrac{4}{20}=\dfrac{6}{20}=\dfrac{3}{10}$ ····· (ⅲ)

채점 기준	비율
(ⅰ) 십의 자리의 숫자가 5일 때의 확률 구하기	40 %
(ⅱ) 십의 자리의 숫자가 6일 때의 확률 구하기	40 %
(ⅲ) 일의 자리의 숫자가 십의 자리의 숫자의 약수일 확률 구하기	20 %

30 두 상자 A, B에서 모두 빨간 구슬을

꺼낼 확률은 $\dfrac{3}{7}\times\dfrac{4}{6}=\dfrac{2}{7}$ ····· (ⅰ)

두 상자 A, B에서 모두 파란 구슬을

꺼낼 확률은 $\dfrac{4}{7}\times\dfrac{2}{6}=\dfrac{4}{21}$ ····· (ⅱ)

따라서 꺼낸 구슬의 색이 같을 확률은

$\dfrac{2}{7}+\dfrac{4}{21}=\dfrac{10}{21}$ ····· (ⅲ)

채점 기준	비율
(ⅰ) 두 상자 A, B에서 모두 빨간 구슬을 꺼낼 확률 구하기	40 %
(ⅱ) 두 상자 A, B에서 모두 파란 구슬을 꺼낼 확률 구하기	40 %
(ⅲ) 꺼낸 두 구슬의 색이 같을 확률 구하기	20 %

1~2강			p. 100~102
1 75°	**2** 40°	**3** 90°	**4** ②
5 28°	**6** ⑤	**7** 5 cm	**8** 5 cm
9 21 cm		**10** ③	**11** ⑤
12 ③	**13** ④	**14** 30°	

15 26 cm
16 50°, 과정은 풀이 참조
17 36°, 과정은 풀이 참조
18 34°, 과정은 풀이 참조
19 8 cm², 과정은 풀이 참조

1 △ABC에서 $\overline{AB}=\overline{AC}$이므로
$\angle ABC=\dfrac{1}{2}\times(180°-40°)=70°$
$\therefore \angle ABD=\dfrac{1}{2}\angle ABC$
$=\dfrac{1}{2}\times70°=35°$
△ABD에서
$\angle BDC=35°+40°=75°$

2 $\angle A=\angle x$라 하면
$\angle DBE=\angle A=\angle x$ (접은 각)이므로
$\angle DBC=\angle x+30°$
$\angle C=\angle DBC=\angle x+30°$
△ABC에서
$\angle x+(\angle x+30°)+(\angle x+30°)$
$=180°$
$3\angle x=120°$ $\therefore \angle x=40°$
$\therefore \angle A=40°$

3

△ABC 그림: 정점 A, 밑변 BC, 중점 M

$\angle BAM=\angle a$, $\angle CAM=\angle b$라 하면
$\overline{AM}=\overline{BM}$이므로
$\angle ABM=\angle BAM=\angle a$
$\overline{AM}=\overline{CM}$이므로
$\angle ACM=\angle CAM=\angle b$
따라서 $\angle a+\angle b+\angle a+\angle b=180°$
이므로
$2(\angle a+\angle b)=180°$
$\therefore \angle a+\angle b=\angle A=90°$

4 $\overline{BE}=\overline{ED}$이므로
$\angle EDB=\angle B=25°$

△EBD에서
$\angle AED=25°+25°=50°$
$\overline{ED}=\overline{DA}$이므로
$\angle EAD=\angle AED=50°$
△ABD에서
$\angle ADC=25°+50°=75°$
$\overline{AD}=\overline{AC}$이므로
$\angle ACD=\angle ADC=75°$
따라서 △ADC에서
$\angle DAC=180°-(75°+75°)=30°$

5 △ABC에서 $\overline{AB}=\overline{AC}$이므로
$\angle ACB=\dfrac{1}{2}\times(180°-44°)=68°$
$\therefore \angle DCE=\dfrac{1}{2}\angle ACE$
$=\dfrac{1}{2}\times(180°-68°)$
$=56°$
△BCD에서 $\overline{BC}=\overline{CD}$이므로
$\angle DBC=\angle BDC=\angle x$
따라서 △BCD에서
$\angle x+\angle x=56°$, $2\angle x=56°$
$\therefore \angle x=28°$

6 이등변삼각형의 꼭지각의 이등분선은
밑변을 수직이등분하므로
$\angle ADC=90°$
$\angle CAD=\angle BAD=25°$이므로
△ADC에서
$\angle C=180°-(90°+25°)=65°$

7 이등변삼각형의 꼭지각의 이등분선은
밑변을 수직이등분하므로
△PBD와 △PCD에서
$\overline{BD}=\overline{CD}$, $\angle PDB=\angle PDC=90°$,
$\overline{PD}$는 공통이므로
△PBD≡△PCD (SAS 합동)
$\therefore \overline{PB}=\overline{PC}=5$ cm

8 △ABC에서 $\overline{AB}=\overline{AC}$이므로
$\angle B=\angle C=\dfrac{1}{2}\times(180°-36°)=72°$
$\therefore \angle ABD=\angle DBC$
$=\dfrac{1}{2}\angle B$
$=\dfrac{1}{2}\times72°=36°$

즉, △ABD는 $\overline{AD}=\overline{BD}$인 이등변삼
각형이다.
또 △ABD에서
$\angle BDC=36°+36°=72°$
즉, △BCD는 $\overline{BD}=\overline{BC}$인 이등변삼
각형이다.
$\therefore \overline{AD}=\overline{BD}=\overline{BC}=5$ cm

9 $\overline{AD}\,/\!/\,\overline{BC}$이므로
$\angle GEF=\angle BFE$ (엇각),
$\angle GFE=\angle BFE$ (접은 각)
$\therefore \angle GEF=\angle GFE$
따라서 △GEF는 $\overline{EG}=\overline{FG}$인 이등
변삼각형이므로
$\overline{FG}=\overline{EG}=8$ cm
$\therefore$ (△GEF의 둘레의 길이)
$=8+5+8$
$=21$(cm)

10 ㄴ. ㅂ.

ㄴ: 밑변 5, 양 끝각 45°, 45°인 삼각형
ㅂ: 빗변 5, 한 각 45°인 삼각형

즉, 두 직각삼각형의 빗변의 길이가 5
로 같고, 한 예각의 크기가 45°로 같으
므로 RHA 합동이다.

11 ① RHS 합동   ② RHA 합동
③ SAS 합동   ④ ASA 합동
따라서 서로 합동이 되는 조건이 아닌
것은 ⑤이다.

12 △BEC와 △CDB에서
$\overline{AB}=\overline{AC}$이므로
$\angle ABC=\angle ACB$ (④),
$\angle BEC=\angle CDB=90°$,
$\overline{BC}$는 공통이므로
△BEC≡△CDB(RHA 합동) (⑤)
$\therefore \overline{BD}=\overline{CE}$ (①), $\overline{BE}=\overline{CD}$ (②)
따라서 옳지 않은 것은 ③이다.

13 △ABD와 △CAE에서
$\angle ADB=\angle CEA=90°$,
$\overline{AB}=\overline{CA}$,
$\angle BAD=90°-\angle CAE=\angle ACE$
이므로
△ABD≡△CEA (RHA 합동)

따라서 $\overline{AE}=\overline{BD}=4$ cm이므로
$$\begin{aligned}\overline{CE}&=\overline{AD}=\overline{DE}-\overline{AE}\\&=7-4=3(\text{cm})\end{aligned}$$

14 △ABD와 △AED에서
$\angle ABD=\angle AED=90°$,
$\overline{AD}$는 공통, $\overline{BD}=\overline{ED}$이므로
△ABD≡△AED (RHS 합동)
∴ $\angle DAE=\angle DAB=30°$
또 △AED와 △CED에서
$\angle AED=\angle CED=90°$,
$\overline{ED}$는 공통, $\overline{AE}=\overline{CE}$이므로
△AED≡△CED (SAS 합동)
∴ $\angle C=\angle DAE=30°$

15 △OQP와 △ORP에서
$\angle OQP=\angle ORP=90°$,
$\overline{OP}$는 공통, $\angle QOP=\angle ROP$이므로
△OQP≡△ORP (RHA 합동)
∴ $\overline{OQ}=\overline{OR}=8$ cm,
$\overline{RP}=\overline{QP}=5$ cm
따라서 사각형 QORP의 둘레의 길이는
$8+8+5+5=26(\text{cm})$

16 △BED에서 $\overline{BD}=\overline{BE}$이므로
$$\begin{aligned}\angle BED&=\angle BDE\\&=\frac{1}{2}\times(180°-30°)\\&=75°\qquad\cdots\text{(i)}\end{aligned}$$
△AEC에서 $\overline{CA}=\overline{CE}$이므로
$$\begin{aligned}\angle CEA&=\angle CAE\\&=\frac{1}{2}\times(180°-70°)\\&=55°\qquad\cdots\text{(ii)}\end{aligned}$$
이때
$\angle BED+\angle AED+\angle CEA=180°$
이므로 $75°+\angle AED+55°=180°$
$$\begin{aligned}\therefore\angle AED&=180°-(75°+55°)\\&=50°\qquad\cdots\text{(iii)}\end{aligned}$$

채점 기준	비율
(i) $\angle BED$의 크기 구하기	30%
(ii) $\angle CEA$의 크기 구하기	30%
(iii) $\angle AED$의 크기 구하기	40%

17 △BED와 △CFE에서
$\overline{BE}=\overline{CF}$, $\angle B=\angle C$, $\overline{BD}=\overline{CE}$
이므로 △BED≡△CFE (SAS 합동)
따라서 $\overline{DE}=\overline{EF}$이므로
△DEF에서
$\angle EFD=\angle EDF=54°$

$$\begin{aligned}\therefore\angle DEF&=180°-(54°+54°)\\&=72°\qquad\cdots\text{(i)}\end{aligned}$$
또 $\angle BDE=\angle CEF$,
$\angle BED=\angle CFE$이므로
$$\begin{aligned}\angle B&=180°-(\angle BDE+\angle BED)\\&=180°-(\angle CEF+\angle BED)\\&=\angle DEF\\&=72°\qquad\cdots\text{(ii)}\end{aligned}$$
따라서 △ABC에서
$$\begin{aligned}\angle A&=180°-(72°+72°)\\&=36°\qquad\cdots\text{(iii)}\end{aligned}$$

채점 기준	비율
(i) $\angle DEF$의 크기 구하기	30%
(ii) $\angle B$의 크기 구하기	30%
(iii) $\angle A$의 크기 구하기	40%

18 △BED와 △CFD에서
$\angle BED=\angle CFD=90°$,
$\overline{BD}=\overline{CD}$, $\overline{ED}=\overline{FD}$이므로
△BED≡△CFD (RHS 합동)···(i)
따라서 $\angle B=\angle C$이므로
△ABC에서
$\angle B=\frac{1}{2}\times(180°-68°)=56°\cdots\text{(ii)}$
$$\begin{aligned}\therefore\angle BDE&=180°-(90°+56°)\\&=34°\qquad\cdots\text{(iii)}\end{aligned}$$

채점 기준	비율
(i) △BED≡△CFD임을 보이기	30%
(ii) $\angle B$의 크기 구하기	30%
(iii) $\angle BDE$의 크기 구하기	40%

19 △ABD와 △AED에서
$\angle ABD=\angle AED=90°$,
$\overline{AD}$는 공통,
$\angle DAB=\angle DAE$이므로
△ABD≡△AED (RHA 합동)
∴ $\overline{ED}=\overline{BD}=4$ cm $\cdots\text{(i)}$
△ABC는 직각이등변삼각형이므로
$\angle C=45°$이고,
△EDC에서
$\angle EDC=180°-(90°+45°)=45°$
따라서 △EDC는 직각이등변삼각형
이므로
$\overline{EC}=\overline{ED}=4$ cm $\cdots\text{(ii)}$
$$\begin{aligned}\therefore\triangle EDC&=\frac{1}{2}\times4\times4\\&=8(\text{cm}^2)\qquad\cdots\text{(iii)}\end{aligned}$$

채점 기준	비율
(i) $\overline{ED}$의 길이 구하기	40%
(ii) $\overline{EC}$의 길이 구하기	40%
(iii) △EDC의 넓이 구하기	20%

3~4강   p. 103~105

1 30 cm	**2** ①	**3** 50°	**4** 12
5 70°	**6** 42°	**7** ②, ④	**8** 64°
9 ②	**10** 110°	**11** ④	**12** 2 cm
13 ①	**14** ⑤	**15** 115°	**16** 6π cm

17 30°, 과정은 풀이 참조
18 118°, 과정은 풀이 참조
19 $\dfrac{5}{2}$ cm², 과정은 풀이 참조
20 54 cm², 과정은 풀이 참조

1 $\overline{BD}=\overline{AD}=4$ cm, $\overline{CE}=\overline{BE}=5$ cm,
$\overline{AF}=\overline{CF}=6$ cm이므로
$$\begin{aligned}&(\triangle ABC\text{의 둘레의 길이})\\&=\overline{AB}+\overline{BC}+\overline{CA}\\&=2\overline{AD}+2\overline{BE}+2\overline{CF}\\&=2\times(4+5+6)=30(\text{cm})\end{aligned}$$

2 점 O가 △ABC의 외심이므로
$$\begin{aligned}\overline{OA}&=\overline{OB}=\overline{OC}\\&=(\text{외접원의 반지름의 길이})\end{aligned}$$
△AOC의 둘레의 길이가 18 cm이므로
$\overline{OA}+\overline{OC}+8=18$
$2\overline{OA}+8=18$ ∴ $\overline{OA}=5(\text{cm})$
∴ (외접원의 반지름의 길이)$=5$ cm

3 점 M은 직각삼각형 ABC의 외심이므
로 △ABM은 $\overline{AM}=\overline{BM}$인 이등변
삼각형이다.
∴ $\angle MAB=\angle MBA=25°$
따라서 △ABM에서
$\angle AMC=25°+25°=50°$

4 점 O가 △ABC의 외심이므로
△OCA는 $\overline{OC}=\overline{OA}$인 이등변삼각
형이다.
∴ $\angle OAC=\angle OCA=48°$
$\angle OBA+\angle OCB+\angle OAC=90°$
이므로 $\angle OBA+30°+48°=90°$
∴ $\angle OBA=12°$

5 $\angle AOB:\angle BOC:\angle COA$
$=7:5:6$이므로
$\angle AOB=360°\times\dfrac{7}{18}=140°$
$$\begin{aligned}\therefore\angle ACB&=\frac{1}{2}\angle AOB\\&=\frac{1}{2}\times140°=70°\end{aligned}$$

6 $\angle C=\dfrac{1}{2}\angle AOB=\dfrac{1}{2}\times136°=68°$
따라서 △ABC에서
$\angle ABC=180°-(70°+68°)=42°$

7 ②, ④ 점 I가 △ABC의 외심일 때 성립한다.

8 다음 그림과 같이 $\overline{IA}$를 그으면

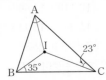

$\angle IAB+35°+23°=90°$
$\therefore \angle IAB=32°$
$\therefore \angle A=2\angle IAB=2\times 32°=64°$

9 점 I가 △ABC의 내심이므로
$\angle AIC=90°+\dfrac{1}{2}\angle B$
$=90°+36°=126°$

10

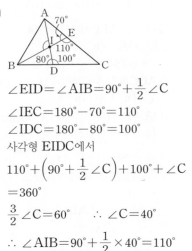

$\angle EID=\angle AIB=90°+\dfrac{1}{2}\angle C$
$\angle IEC=180°-70°=110°$
$\angle IDC=180°-80°=100°$
사각형 EIDC에서
$110°+\left(90°+\dfrac{1}{2}\angle C\right)+100°+\angle C$
$=360°$
$\dfrac{3}{2}\angle C=60°$ $\therefore \angle C=40°$
$\therefore \angle AIB=90°+\dfrac{1}{2}\times 40°=110°$

11 △ABC의 내접원의 반지름의 길이를 r cm라 하면
$\triangle ABC=\dfrac{1}{2}\times r\times(6+4+5)$
$=\dfrac{15}{2}r\,(\text{cm}^2)$
$\triangle IBC=\dfrac{1}{2}\times r\times 6=3r\,(\text{cm}^2)$
$\therefore \triangle ABC:\triangle IBC=\dfrac{15}{2}r:3r$
$=5:2$

12 $\overline{AD}=\overline{AF}=x$ cm라 하면
$\overline{BE}=\overline{BD}=(9-x)$ cm,
$\overline{CE}=\overline{CF}=(8-x)$ cm
따라서 $\overline{BC}=\overline{BE}+\overline{CE}$이므로
$13=(9-x)+(8-x)$
$2x=4$ $\therefore x=2$
$\therefore \overline{AD}=2$ cm

13 점 I가 △ABC의 내심이므로
$\angle ABI=\angle IBC$ (③)
또 $\overline{DE}\,/\!/\,\overline{BC}$이므로
$\angle DIB=\angle IBC$ (엇각)
따라서 $\angle DBI=\angle DIB$이므로
△DBI는 이등변삼각형이다. (⑤)
$\therefore \overline{DB}=\overline{DI}$
같은 방법으로 하면 $\angle ECI=\angle ICB$,
$\angle EIC=\angle ICB$ (엇각)
따라서 $\angle ECI=\angle EIC$ (④)이므로
△ECI는 이등변삼각형이다. (⑤)
$\therefore \overline{IE}=\overline{EC}$
$\therefore \overline{DE}=\overline{DI}+\overline{IE}=\overline{DB}+\overline{EC}$ (②)
따라서 옳지 않은 것은 ①이다.

14 ⑤ 삼각형의 세 변의 수직이등분선의 교점은 외심이고, 외심은 삼각형의 외접원의 중심이다.

15 점 O가 △ABC의 외심이므로
$\angle A=\dfrac{1}{2}\angle BOC=\dfrac{1}{2}\times 100°=50°$
점 I가 △ABC의 내심이므로
$\angle BIC=90°+\dfrac{1}{2}\angle A$
$=90°+\dfrac{1}{2}\times 50°=115°$

16 △ABC의 외접원의 반지름의 길이를 R cm라 하면
$R=\dfrac{1}{2}\overline{AB}=\dfrac{1}{2}\times 10=5$
$\therefore$ (외접원의 둘레의 길이)
$=2\pi\times 5=10\pi\,(\text{cm})$
△ABC의 내접원의 반지름의 길이를 r cm라 하면
$\triangle ABC=\dfrac{1}{2}\times r\times(10+6+8)$
$=12r\,(\text{cm}^2)$
이때 $\triangle ABC=\dfrac{1}{2}\times 6\times 8=24\,(\text{cm}^2)$
이므로
$12r=24$ $\therefore r=2$
$\therefore$ (내접원의 둘레의 길이)$=2\pi\times 2$
$=4\pi\,(\text{cm})$
따라서 외접원과 내접원의 둘레의 길이의 차는 $10\pi-4\pi=6\pi\,(\text{cm})$

17 다음 그림과 같이 $\overline{OA}$를 그으면

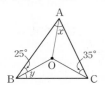

△OAB에서 $\overline{OA}=\overline{OB}$이므로
$\angle OAB=\angle OBA=25°$
△OCA에서 $\overline{OA}=\overline{OC}$이므로
$\angle OAC=\angle OCA=35°$
$\therefore \angle x=\angle OAB+\angle OAC$
$=25°+35°=60°$ $\cdots$(i)
$\angle OAB+\angle y+\angle OCA=90°$이므로
$25°+\angle y+35°=90°$
$\therefore \angle y=30°$ $\cdots$(ii)
$\therefore \angle x-\angle y=60°-30°$
$=30°$ $\cdots$(iii)

채점 기준	비율
(i) $\angle x$의 크기 구하기	40%
(ii) $\angle y$의 크기 구하기	40%
(iii) $\angle x-\angle y$의 크기 구하기	20%

18 △OAB에서 $\overline{OA}=\overline{OB}$이므로
$\angle OBA=\angle OAB$
$=32°+28°=60°$ $\cdots$(i)
$\therefore \angle AOB=180°-(60°+60°)$
$=60°$
△OAC에서 $\overline{OA}=\overline{OC}$이므로
$\angle OCA=\angle OAC=28°$
$\therefore \angle AOC=180°-(28°+28°)$
$=124°$
$\angle BOC=\angle AOC-\angle AOB$
$=124°-60°=64°$
△OBC에서 $\overline{OB}=\overline{OC}$이므로
$\angle OBC=\dfrac{1}{2}\times(180°-64°)$
$=58°$ $\cdots$(ii)
$\therefore \angle ABC=\angle OBA+\angle OBC$
$=60°+58°$
$=118°$ $\cdots$(iii)

채점 기준	비율
(i) $\angle OBA$의 크기 구하기	30%
(ii) $\angle OBC$의 크기 구하기	40%
(iii) $\angle ABC$의 크기 구하기	30%

19 △ABC의 내접원 I의 반지름의 길이를 r cm라 하면
$\triangle ABC=\dfrac{1}{2}\times r\times(5+4+3)$
$=6r\,(\text{cm}^2)$
이때 $\triangle ABC=\dfrac{1}{2}\times 4\times 3=6\,(\text{cm}^2)$
이므로
$6r=6$ $\therefore r=1$ $\cdots$(i)
$\therefore \triangle IAB=\dfrac{1}{2}\times 5\times 1=\dfrac{5}{2}\,(\text{cm}^2)$
$\cdots$(ii)

채점 기준	비율
(i) △ABC의 내접원의 반지름의 길이 구하기	60 %
(ii) △IAB의 넓이 구하기	40 %

20 $\overline{BD}=\overline{BE}=15-6=9(cm)$
$\overline{CF}=\overline{CE}=6\ cm$이므로
$\overline{AD}=\overline{AF}=9-6=3(cm)$
$\therefore \overline{AB}=\overline{AD}+\overline{DB}$
$=3+9=12(cm)$ ···(i)
$\therefore \triangle ABC=\dfrac{1}{2}\times3\times(12+15+9)$
$=54(cm^2)$ ···(ii)

채점 기준	비율
(i) $\overline{AB}$의 길이 구하기	50 %
(ii) △ABC의 넓이 구하기	50 %

5강 p. 106~107

1 ④	2 115	3 10 cm
4 20 cm	5 ④	6 90°
7 50°	8 ①	9 $x=8, y=60$
10 ⑤	11 32 cm²	12 ①

13 3 cm, 과정은 풀이 참조
14 15 cm², 과정은 풀이 참조

1 $\overline{BC}=\overline{AD}=8\ cm$이고, $\overline{AB}=\overline{DC}$
이므로
$2\times8+2\overline{DC}=34$
$2\overline{DC}=18$ $\therefore \overline{DC}=9(cm)$

2 $\overline{AB}=\overline{DC}$이므로
$2x-1=x+4$ $\therefore x=5$
△ABD에서
$\angle A=180°-(30°+40°)=110°$
이때 평행사변형에서 두 쌍의 대각의
크기는 각각 같으므로
$\angle C=\angle A=110°$ $\therefore y=110$
$\therefore x+y=5+110=115$

3 $\angle BAE=\angle DAE$이고, $\overline{AD}//\overline{BC}$
이므로 $\angle BEA=\angle DAE$ (엇각)
따라서 $\angle BAE=\angle BEA$이므로
△ABE는 $\overline{BA}=\overline{BE}$인 이등변삼각형
이므로 $\overline{BE}=\overline{BA}=7\ cm$
$\therefore \overline{AD}=\overline{BC}$
$=\overline{BE}+\overline{EC}$
$=7+3=10(cm)$

4

$\overline{AB}=\overline{AC}$이므로 $\angle B=\angle C$이고,
$\overline{QP}//\overline{AC}$이므로
$\angle C=\angle QPB$ (동위각)
따라서 $\angle B=\angle QPB$이므로
$\overline{BQ}=\overline{PQ}$
이때 □AQPR는 두 쌍의 대변이 각
각 평행하므로 평행사변형이다.
$\therefore \overline{AQ}=\overline{RP}$
$\therefore \overline{PQ}+\overline{PR}=\overline{BQ}+\overline{AQ}$
$=\overline{AB}=20(cm)$

5 $\angle B+\angle C=180°$이고,
$\angle B:\angle C=2:3$이므로
$\angle C=180°\times\dfrac{3}{5}=108°$
$\therefore \angle A=\angle C=108°$

6 $\angle A+\angle B=180°$이므로
$2(\angle BAP+\angle ABP)=180°$
$\therefore \angle BAP+\angle ABP=90°$
따라서 △ABP에서
$\angle APB$
$=180°-(\angle BAP+\angle ABP)$
$=180°-90°=90°$

7 $\angle ABG=\angle BGC=40°$ (엇각)이므로
$\angle GBC=\angle ABG=40°$
$\therefore \angle B=2\angle GBC=2\times40°=80°$
또 $\angle B+\angle C=180°$이므로
$\angle C=180°-80°=100°$
이때 $\angle EFH=\angle HCB$ (엇각)이므로
$\angle EFH=\dfrac{1}{2}\angle C=\dfrac{1}{2}\times100°=50°$

8 ① $\angle D=360°-(100°+80°+100°)$
$=80°$
이므로 $\angle A=\angle C$, $\angle B=\angle D$
즉, 두 쌍의 대각의 크기가 각각 같으
므로 □ABCD는 평행사변형이다.

9 평행사변형이 되려면 한 쌍의 대변이
평행하고 그 길이가 같아야 하므로
$\overline{AB}=\overline{DC}$에서 $x=8$
$\overline{AB}//\overline{DC}$에서
$\angle BAC=\angle ACD$ (엇각)
이때 △ACD에서

$\angle ACD=180°-(55°+65°)=60°$
이므로 $\angle BAC=60°$
$\therefore y=60$

10 ⑤ $\overline{AD}//\overline{BC}$이므로 $\overline{ED}//\overline{BF}$
$\overline{AD}=\overline{BC}$, $\overline{AE}=\overline{FC}$이므로
$\overline{ED}=\overline{BF}$
따라서 한 쌍의 대변이 평행하고 그
길이가 같으므로 □EBFD는 평행
사변형이 된다.

11 $\triangle BCD=2\triangle AOB$
$=2\times4=8(cm^2)$
□BFED는 두 대각선이 서로 다른
것을 이등분하므로 평행사변형이다.
$\therefore$ □BFED$=4\triangle BCD$
$=4\times8=32(cm^2)$

12 $\triangle PDA+\triangle PBC$
$=\dfrac{1}{2}$□ABCD
$=\dfrac{1}{2}\times60=30(cm^2)$
$\therefore \triangle PBC=30-\triangle PDA$
$=30-15=15(cm^2)$

13 $\overline{AB}//\overline{DE}$이므로
$\angle AED=\angle BAE$ (엇각)
이때 $\angle BAE=\angle DAE$이므로
$\angle DAE=\angle AED$
따라서 △DAE는 $\overline{DA}=\overline{DE}$인 이등
변삼각형이다.
$\therefore \overline{DE}=\overline{DA}=12\ cm$ ···(i)
□ABCD는 평행사변형이므로
$\overline{DC}=\overline{AB}=9\ cm$ ···(ii)
$\therefore \overline{CE}=\overline{DE}-\overline{DC}$
$=12-9=3(cm)$ ···(iii)

채점 기준	비율
(i) $\overline{DE}$의 길이 구하기	30 %
(ii) $\overline{DC}$의 길이 구하기	30 %
(iii) $\overline{CE}$의 길이 구하기	40 %

14 △BOE와 △DOF에서
$\angle EBO=\angle FDO$ (엇각),
$\overline{BO}=\overline{DO}$,
$\angle BOE=\angle DOF$ (맞꼭지각)이므로
△BOE≡△DOF (ASA 합동)
···(i)
따라서 색칠한 부분의 넓이는
$\triangle BOE+\triangle COF$
$=\triangle DOF+\triangle COF=\triangle COD$
$=\dfrac{1}{4}$□ABCD$=\dfrac{1}{4}\times60$
$=15(cm^2)$ ···(ii)

채점 기준	비율
(i) △BOE≡△DOF임을 알기	50%
(ii) 색칠한 부분의 넓이 구하기	50%

6~8강   p. 108~110

1 ②   **2** ④   **3** 50°   **4** 60°

5 ③   **6** 4 cm   **7** 35°   **8** 45°

9 ④   **10** ③   **11** ㄴ, ㄹ, ㅂ

12 ①   **13** ⑤   **14** 27 cm²

15 9 cm²   **16** 4 cm²

17 120°, 과정은 풀이 참조

18 34 cm, 과정은 풀이 참조

19 직사각형, 과정은 풀이 참조

20 9 cm², 과정은 풀이 참조

1 △BCO에서 $\overline{BO}=\overline{CO}$이므로
$\angle x=\angle OBC=34°$
$\angle y=34°+34°=68°$
∴ $\angle x+\angle y=34°+68°=102°$

2 ④ 평행사변형 ABCD가 $\overline{AB}=\overline{BC}$ 또는 $\overline{AC}\perp\overline{BD}$를 만족시키면 마름모가 된다.

3 △ABP와 △ADQ에서
$\angle APB=\angle AQD=90°$,
$\overline{AB}=\overline{AD}$, $\angle ABP=\angle ADQ$
이므로
△ABP≡△ADQ (RHA 합동)
∴ $\angle BAP=\angle DAQ$
$=180°-(90°+80°)$
$=10°$
이때 $\angle BAD=100°$이므로
$\angle PAQ=100°-(10°+10°)=80°$
따라서 $\overline{AP}=\overline{AQ}$이므로
△APQ에서
$\angle AQP=\dfrac{1}{2}\times(180°-80°)=50°$

4 평행사변형에서 이웃하는 두 변의 길이가 같으므로 □ABCD는 마름모이다.
마름모의 두 대각선은 서로 수직이므로
$\angle COD=90°$
△BCD는 $\overline{BC}=\overline{CD}$인 이등변삼각형이므로 $\angle BDC=\angle DBC=30°$
따라서 △OCD에서
$\angle OCD=180°-(90°+30°)=60°$

5 $\overline{AB}=\overline{AD}=\overline{AE}$이므로 △ABE는
$\overline{AB}=\overline{AE}$인 이등변삼각형이다.
즉, $\angle AEB=\angle ABE=40°$이므로
$\angle EAB=180°-(40°+40°)=100°$
∴ $\angle EAD=\angle EAB-\angle DAB$
$=100°-90°=10°$

6 △DEF에서 $\angle EDF=45°$이므로
$\angle EFD=180°-(90°+45°)=45°$
∴ $\overline{DE}=\overline{EF}$
또 △BEF와 △BCF에서
$\angle BEF=\angle BCF=90°$,
$\overline{BF}$는 공통, $\overline{BE}=\overline{BC}$이므로
△BEF≡△BCF (RHS 합동)
∴ $\overline{EF}=\overline{CF}$
∴ $\overline{DE}+\overline{DF}=\overline{EF}+\overline{DF}$
$=\overline{CF}+\overline{DF}$
$=\overline{DC}=4(cm)$

7

$\angle DAC=\angle ACB=\angle x$ (엇각)
$\overline{AD}=\overline{DC}$이므로
$\angle DCA=\angle DAC=\angle x$
이때 □ABCD는 등변사다리꼴이므로
$\angle B=\angle DCB=2\angle x$
따라서 △ABC에서
$75°+2\angle x+\angle x=180°$
$3\angle x=105°$ ∴ $\angle x=35°$

8 △AEH≡△BFE
$≡$△CGF
$≡$△DHG (SAS 합동)
이므로 $\overline{HE}=\overline{EF}=\overline{FG}=\overline{GH}$, ⋯ ㉠
$\angle AHE=\angle BEF$
한편, △AEH에서
$\angle AEH+\angle AHE=90°$이므로
$\angle AEH+\angle BEF=90°$
∴ $\angle HEF=90°$
같은 방법으로 하면 □EFGH의 네 내각의 크기는 모두 90°이다. ⋯ ㉡
따라서 ㉠, ㉡에서 □EFGH는 정사각형이므로 △EFH에서
$\angle EHF=\dfrac{1}{2}\times(180°-90°)=45°$

9 ㉠ $\angle A=90°$ 또는 $\overline{AC}=\overline{BD}$
㉡ $\overline{AB}=\overline{BC}$ 또는 $\overline{AC}\perp\overline{BD}$

10 ③ 이웃하는 두 변의 길이가 같은 평행사변형은 마름모가 된다.

11 직사각형, 정사각형, 등변사다리꼴은 두 대각선의 길이가 같다.

12 $\overline{AD}=\overline{BC}$, $\overline{AB}=\overline{DC}$이므로
△AEF≡△BGF≡△CGH
$≡$△DEH (SAS 합동)
이므로 $\overline{EF}=\overline{GF}=\overline{GH}=\overline{EH}$
따라서 □EFGH는 마름모이다.

13 ① $\overline{AC}/\!/\overline{DE}$이고, 밑변 AC가 공통이므로 △ACD=△ACE
② △AFD=△ACD-△ACF
$=△ACE-△ACF$
$=△CEF$
③ □ABCD=△ABC+△ACD
$=△ABC+△ACE$
$=△ABE$
④ $\overline{AC}/\!/\overline{DE}$이고, 밑변 ED가 공통이므로 △AED=△CED
따라서 옳지 않은 것은 ⑤이다.

14 $\overline{BC}:\overline{CE}=5:4$이므로
△ABC:△ACE=5:4
즉, △ABC:12=5:4
∴ △ABC=15(cm²)
∴ □ABCD=△ABC+△ACD
$=△ABC+△ACE$
$=15+12=27(cm²)$

15 $\overline{AD}/\!/\overline{BC}$이고, 밑변 BC가 공통이므로
△ABC=△DBC
∴ △DOC=△DBC-△OBC
$=△ABC-△OBC$
$=24-15=9(cm²)$

16 $\overline{AB}/\!/\overline{DC}$이므로 △BED=△AED
△BEF=△BED-△DFE
$=△AED-△DFE$
$=△AFD$
이때 △ABD=△DBC이므로
△ABF+△AFD
$=△DFE+△BEF+△BCE$
$20+△AFD$
$=△DFE+△BEF+16$
$20=△DFE+16$
∴ △DFE=4(cm²)

17 $\overline{EB}=\overline{ED}$이므로 $\angle EDB=\angle EBD$
$\overline{ED}\,/\!/\,\overline{BF}$이므로
$\angle DBF=\angle EDB$ (엇각)
즉, $\angle ABE=\angle EBD=\angle DBF$
이므로
$\angle EBD=\dfrac{1}{3}\angle B$
$=\dfrac{1}{3}\times90°=30°$ ⋯(ⅰ)
따라서 △EBD에서
$\angle BED=180°-(30°+30°)$
$=120°$ ⋯(ⅱ)

채점 기준	비율
(ⅰ) ∠EBD의 크기 구하기	60 %
(ⅱ) ∠BED의 크기 구하기	40 %

18 다음 그림과 같이 점 D를 지나고 $\overline{AB}$
에 평행한 직선이 $\overline{BC}$와 만나는 점을
E라 하면

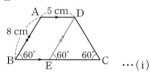

⋯(ⅰ)
□ABED는 평행사변형이므로
$\overline{BE}=\overline{AD}=5\,\text{cm}$
또 $\overline{AB}\,/\!/\,\overline{DE}$이므로
$\angle DEC=\angle B=60°$ (동위각)
□ABCD가 등변사다리꼴이므로
$\angle C=\angle B=60°,\ \overline{DC}=\overline{AB}=8\,\text{cm}$
따라서 △DEC는 정삼각형이므로
$\overline{CE}=\overline{DC}=8\,\text{cm}$
$\therefore\ \overline{BC}=\overline{BE}+\overline{CE}$
$=5+8=13\,(\text{cm})$ ⋯(ⅱ)
$\therefore\ (\text{□ABCD의 둘레의 길이})$
$=\overline{AB}+\overline{BC}+\overline{CD}+\overline{DA}$
$=8+13+8+5=34\,(\text{cm})$ ⋯(ⅲ)

채점 기준	비율
(ⅰ) 보조선 DE 긋기	20 %
(ⅱ) $\overline{BC}$의 길이 구하기	50 %
(ⅲ) □ABCD의 둘레의 길이 구하기	30 %

19 $\angle A+\angle B=180°$이므로
$\angle EAB+\angle EBA=90°$
△ABE에서
$\angle AEB$
$=180°-(\angle EAB+\angle EBA)$
$=180°-90°=90°$
즉, $\angle HEF=\angle AEB=90°$
같은 방법으로 하면
$\angle HGF=90°$ ⋯(ⅰ)

$\angle B+\angle C=180°$이므로
$\angle HBC+\angle HCB=90°$
△BCH에서
$\angle BHC$
$=180°-(\angle HBC+\angle HCB)$
$=180°-90°=90°$
즉, $\angle EHG=90°$
같은 방법으로 하면
$\angle EFG=90°$ ⋯(ⅱ)
따라서 □EFGH는 네 내각의 크기가
모두 90°이므로 직사각형이다. ⋯(ⅲ)

채점 기준	비율
(ⅰ) ∠HEF와 ∠HGF의 크기 각각 구하기	40 %
(ⅱ) ∠EHG와 ∠EFG의 크기 각각 구하기	40 %
(ⅲ) □EFGH가 어떤 사각형인지 말하기	20 %

20 $\overline{BD}:\overline{CD}=3:2$이므로
$\triangle ABD:\triangle ACD=3:2$ ⋯(ⅰ)
$\therefore\ \triangle ABD=\dfrac{3}{5}\triangle ABC=\dfrac{3}{5}\times45$
$=27\,(\text{cm}^2)$ ⋯(ⅱ)
이때 $\overline{AP}=\overline{PQ}=\overline{QD}$이므로
$\triangle ABP=\triangle PBQ=\triangle QBD$ ⋯(ⅲ)
$\therefore\ \triangle PBQ=\dfrac{1}{3}\triangle ABD=\dfrac{1}{3}\times27$
$=9\,(\text{cm}^2)$ ⋯(ⅳ)

채점 기준	비율
(ⅰ) △ABD : △ACD=3 : 2임을 알기	20 %
(ⅱ) △ABD의 넓이 구하기	30 %
(ⅲ) △ABP=△PBQ=△QBD 임을 알기	20 %
(ⅳ) △PBQ의 넓이 구하기	30 %

9~11강   p. 111~113

1 ④	2 $\dfrac{20}{3}$ cm	3 ②
4 75 cm²	5 125π cm³	6 38 mL
7 ④	8 ④	9 6 cm
10 3 cm	11 $\dfrac{64}{5}$ cm	12 ㄴ, ㄷ, ㄹ
13 $\dfrac{32}{5}$ cm	14 12 m	15 20 cm

16 36 cm, 과정은 풀이 참조
17 27개, 과정은 풀이 참조
18 $\dfrac{7}{2}$ cm, 과정은 풀이 참조
19 300 cm², 과정은 풀이 참조

1

① $\angle A=\angle D=100°$
② $\angle E=\angle C$
$=180°-(30°+100°)=50°$
③ $\angle F=\angle B=30°$
④ $\overline{AC}:\overline{DE}=\overline{AB}:\overline{DF}$이므로
$\overline{AC}:3=3:5,\ 5\overline{AC}=9$
$\therefore\ \overline{AC}=\dfrac{9}{5}$
⑤ 두 삼각형의 닮음비는 3 : 5이므로
$\overline{BC}:\overline{FE}=3:5$
따라서 옳지 않은 것은 ④이다.

2 □ABCD∽□DEFC이므로
$\overline{AD}:\overline{DC}=\overline{AB}:\overline{DE}$
즉, $12:8=8:\overline{DE},\ 12\overline{DE}=64$
$\therefore\ \overline{DE}=\dfrac{16}{3}\,(\text{cm})$
$\therefore\ \overline{AE}=\overline{AD}-\overline{DE}$
$=12-\dfrac{16}{3}=\dfrac{20}{3}\,(\text{cm})$

3 큰 원기둥의 밑면의 반지름의 길이를
$r\,\text{cm}$라 하면
$3:r=9:15,\ 9r=45$ $\therefore\ r=5$
$\therefore\ (\text{큰 원기둥의 밑면의 둘레의 길이})$
$=2\pi\times5=10\pi\,(\text{cm})$

4 △ABC와 △ADE의 닮음비는
$6:15=2:5$이므로
넓이의 비는 $2^2:5^2=4:25$
이때 △ABC의 넓이가 $12\,\text{cm}^2$이므로
$12:\triangle ADE=4:25$
$\therefore\ \triangle ADE=75\,(\text{cm}^2)$

5 두 원뿔 A, B의 닮음비가 3 : 5이므로
부피의 비는 $3^3:5^3=27:125$
즉, $27\pi:(\text{원뿔 B의 부피})=27:125$
$\therefore\ (\text{원뿔 B의 부피})=125\pi\,(\text{cm}^3)$

6 수면의 높이와 그릇의 높이의 비가
2 : 3이므로 부피의 비는
$2^3:3^3=8:27$
더 부어야 할 물의 양을 $x\,\text{mL}$라 하면
$16:x=8:(27-8),\ 8x=304$
$\therefore\ x=38$
따라서 물 38 mL를 더 부어야 한다.

7 ①, ② AA 닮음
③ SSS 닮음

④ 두 쌍의 대응변의 길이의 비가 같고,
그 끼인각의 크기가 같으면 닮음이다.
즉, $\dfrac{a}{d}=\dfrac{b}{e}$, $\angle C=\angle F$이어야
SAS 닮음이 된다.
⑤ SAS 닮음
따라서 닮은 도형이 되는 조건이 아닌
것은 ④이다.

8 △ABC와 △EBD에서
$\overline{AB}:\overline{EB}=(6+6):8=3:2$,
$\overline{BC}:\overline{BD}=(8+1):6=3:2$,
∠B는 공통이므로
△ABC∽△EBD (SAS 닮음)
따라서 $\overline{AC}:\overline{ED}=3:2$이므로
$\overline{AC}:4=3:2$, $2\overline{AC}=12$
∴ $\overline{AC}=6$(cm)

9 △ABC와 △CBD에서
∠A=∠BCD, ∠B는 공통이므로
△ABC∽△CBD (AA 닮음)
따라서 $\overline{BC}:\overline{BD}=\overline{AB}:\overline{BC}$이므로
$\overline{BC}:3=(9+3):\overline{BC}$, $\overline{BC}^2=36$
이때 $\overline{BC}>0$이므로 $\overline{BC}=6$(cm)

10 △AOE와 △COB에서
∠EAO=∠BCO (엇각),
∠AEO=∠CBO (엇각)이므로
△AOE∽△COB (AA 닮음)
따라서 $\overline{AO}:\overline{CO}=\overline{AE}:\overline{CB}$이므로
$6:8=\overline{AE}:12$, $8\overline{AE}=72$
∴ $\overline{AE}=9$(cm)
∴ $\overline{ED}=\overline{AD}-\overline{AE}$
$=12-9=3$(cm)

11 $\overline{MC}=\dfrac{1}{2}\overline{BC}=\dfrac{1}{2}\times16=8$(cm)
△ABC와 △MDC에서
∠A=∠DMC=90°, ∠C는 공통
∴ △ABC∽△MDC (AA 닮음)
따라서 $\overline{BC}:\overline{DC}=\overline{AC}:\overline{MC}$이므로
$16:10=\overline{AC}:8$, $10\overline{AC}=128$
∴ $\overline{AC}=\dfrac{64}{5}$(cm)

12

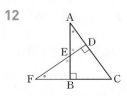

△ADE와 △FBE에서

∠ADE=∠FBE=90°,
∠AED=∠FEB (맞꼭지각)이므로
△ADE∽△FBE (AA 닮음) … ㉠
△ADE와 △ABC에서
∠ADE=∠ABC=90°,
∠A는 공통이므로
△ADE∽△ABC (AA 닮음) … ㉡
△FBE와 △FDC에서
∠FBE=∠FDC=90°,
∠F는 공통이므로
△FBE∽△FDC (AA 닮음) … ㉢
따라서 ㉠~㉢에 의해
△ABC∽△ADE∽△FBE∽△FDC
ㄱ. △ABC와 닮은 삼각형은 모두 3개
이다.

13 점 G는 직각삼각형 ABC의 외심이므로
$\overline{AG}=\overline{BG}=\overline{CG}$
$=\dfrac{1}{2}\overline{BC}$
$=\dfrac{1}{2}\times(4+16)=10$(cm)
직각삼각형 ABC에서
$\overline{AD}^2=\overline{DB}\times\overline{DC}$이므로
$\overline{AD}^2=4\times16=64$
이때 $\overline{AD}>0$이므로 $\overline{AD}=8$(cm)
직각삼각형 DGA에서
$\overline{DA}^2=\overline{AH}\times\overline{AG}$이므로
$8^2=10\times\overline{AH}$ ∴ $\overline{AH}=\dfrac{32}{5}$(cm)

14 △ABC와 △DEC에서
∠ACB=∠DCE (맞꼭지각),
∠ABC=∠DEC=90°이므로
△ABC∽△DEC (AA 닮음)
이때 $\overline{AB}:\overline{DE}=\overline{BC}:\overline{EC}$이므로
$\overline{AB}:3=24:6$, $6\overline{AB}=72$
∴ $\overline{AB}=12$(m)
따라서 강의 폭은 12 m이다.

15 △AEF와 △DCE에서
∠EAF=∠CDE=90°
∠AFE=90°−∠AEF=∠DEC
이므로
△AEF∽△DCE (AA 닮음)
따라서 $\overline{EF}:\overline{CE}=\overline{AE}:\overline{DC}$이고,
$\overline{EF}=\overline{BF}=16-6=10$(cm)이므로
$10:\overline{CE}=8:16$, $8\overline{CE}=160$
∴ $\overline{CE}=20$(cm)

16 △ABC와 △DEF의 닮음비가 3:2
이므로

$\overline{AB}:\overline{DE}=3:2$, 즉 $\overline{AB}:6=3:2$
$2\overline{AB}=18$ ∴ $\overline{AB}=9$(cm) ···(i)
또 $\overline{BC}:\overline{EF}=3:2$, 즉 $\overline{BC}:8=3:2$
$2\overline{BC}=24$ ∴ $\overline{BC}=12$(cm) ···(ii)
따라서 △ABC의 둘레의 길이는
$9+12+15=36$(cm) ···(iii)

채점 기준	비율
(i) $\overline{AB}$의 길이 구하기	40%
(ii) $\overline{BC}$의 길이 구하기	40%
(iii) △ABC의 둘레의 길이 구하기	20%

17 큰 쇠구슬과 작은 쇠구슬의 닮음비는
$9:3=3:1$이므로
부피의 비는 $3^3:1^3=27:1$ ···(i)
따라서 큰 쇠구슬 1개를 녹이면 작은
쇠구슬을 최대 27개까지 만들 수 있다.
···(ii)

채점 기준	비율
(i) 큰 쇠구슬과 작은 쇠구슬의 부피의 비 구하기	60%
(ii) 큰 쇠구슬 1개를 녹여서 만들 수 있는 작은 쇠구슬의 최대 개수 구하기	40%

18 △ABC와 △EDC에서
∠A=∠DEC,
∠C는 공통이므로
△ABC∽△EDC (AA 닮음) ···(i)
따라서 $\overline{AC}:\overline{EC}=\overline{BC}:\overline{DC}$이므로
$6:4=(\overline{BE}+4):5$
$4\overline{BE}+16=30$, $4\overline{BE}=14$
∴ $\overline{BE}=\dfrac{7}{2}$(cm) ···(ii)

채점 기준	비율
(i) △ABC∽△EDC임을 알기	60%
(ii) $\overline{BE}$의 길이 구하기	40%

19 직각삼각형 ABD에서
$\overline{AH}^2=\overline{BH}\times\overline{DH}$이므로
$\overline{AH}^2=9\times16=144$
이때 $\overline{AH}>0$이므로
$\overline{AH}=12$(cm) ···(i)
$\triangle ABD=\dfrac{1}{2}\times(9+16)\times12$
$=150$(cm²) ···(ii)
∴ □ABCD=2△ABD
$=2\times150$
$=300$(cm²) ···(iii)

채점 기준	비율
(i) $\overline{AH}$의 길이 구하기	40%
(ii) △ABD의 넓이 구하기	30%
(iii) □ABCD의 넓이 구하기	30%

12~14강   p. 114~116

1 $x=\dfrac{24}{5},\ y=\dfrac{18}{5}$		2 6
3 9	4 $\dfrac{27}{5}$ cm	5 ①, ⑤
6 16 cm²	7 8	8 3
9 ⑤	10 ③	11 42 cm
12 14 cm	13 ②	
14 $x=\dfrac{9}{2},\ y=\dfrac{18}{5}$		15 6

16 4

17 12 cm, 과정은 풀이 참조

18 16, 과정은 풀이 참조

19 14, 과정은 풀이 참조

20 10, 과정은 풀이 참조

1 $\overline{AB}:\overline{AD}=\overline{BC}:\overline{DE}$이므로

$6:(6+4)=x:8,\ 10x=48$

$\therefore x=\dfrac{24}{5}$

또 $\overline{AE}:\overline{CE}=\overline{AD}:\overline{BD}$이므로

$9:y=(6+4):4,\ 10y=36$

$\therefore y=\dfrac{18}{5}$

2 $\overline{AD}/\!/\overline{BM}$이고,

$\overline{AD}:\overline{MB}=2:1$이므로

$\overline{DP}:\overline{BP}=2:1$

$\therefore \overline{BP}=\dfrac{1}{3}\overline{BD}=\dfrac{1}{3}\times 18=6$

3 $\overline{BC}/\!/\overline{DE}$이므로

$\overline{BC}:\overline{DE}=\overline{AC}:\overline{AE}$

즉, $(12+8):8=\overline{AC}:6$

$8\overline{AC}=120$ $\therefore \overline{AC}=15$

또 $\triangle ABC$에서 $\overline{AC}/\!/\overline{PQ}$이므로

$\overline{BQ}:\overline{BC}=\overline{PQ}:\overline{AC}$

즉, $12:(12+8)=\overline{PQ}:15$

$20\overline{PQ}=180$ $\therefore \overline{PQ}=9$

4 $\triangle ABC$에서 $\overline{DE}/\!/\overline{BC}$이므로

$\overline{AE}:\overline{EC}=\overline{AD}:\overline{DB}$

$\qquad\qquad =9:6=3:2$

$\triangle ADC$에서 $\overline{FE}/\!/\overline{DC}$이므로

$\overline{AF}:\overline{FD}=\overline{AE}:\overline{EC}=3:2$

$\therefore \overline{AF}=\dfrac{3}{5}\times 9=\dfrac{27}{5}(\text{cm})$

5 ① $4:6\neq 5:7$이므로 $\overline{BC}$와 $\overline{DE}$는 평행하지 않다.

② $6:(10-6)=4.5:3$이므로 $\overline{BC}/\!/\overline{DE}$

③ $3:6=3:6$이므로 $\overline{BC}/\!/\overline{DE}$

④ $9:6=6:4$이므로 $\overline{BC}/\!/\overline{DE}$

⑤ $5:4\neq 3:2.5$이므로 $\overline{BC}$와 $\overline{DE}$는 평행하지 않다.

따라서 $\overline{BC}/\!/\overline{DE}$가 아닌 것은 ①, ⑤이다.

6 $\overline{AB}:\overline{AC}=\overline{BD}:\overline{DC}$이므로

$5:8=\overline{BD}:\overline{DC}$

$\triangle ABD$와 $\triangle ADC$는 높이가 같으므로 넓이의 비는 밑변의 길이의 비와 같다.

즉, $\triangle ABD:\triangle ADC=5:8$이므로

$10:\triangle ADC=5:8$

$\therefore \triangle ADC=16(\text{cm}^2)$

7 $\overline{AB}:\overline{AC}=\overline{BD}:\overline{CD}$이므로

$10:6=(x+12):12$

$6x+72=120,\ 6x=48$

$\therefore x=8$

8 $\triangle DBC$에서

$\overline{DM}=\overline{MB},\ \overline{DN}=\overline{NC}$이므로

$\overline{MN}/\!/\overline{BC}$,

$\overline{MN}=\dfrac{1}{2}\overline{BC}=\dfrac{1}{2}\times 12=6$

$\triangle ACD$에서

$\overline{PN}/\!/\overline{AD},\ \overline{DN}=\overline{NC}$이므로

$\overline{PN}=\dfrac{1}{2}\overline{AD}=\dfrac{1}{2}\times 6=3$

$\therefore \overline{MP}=\overline{MN}-\overline{PN}=6-3=3$

9 $\triangle BGE$에서

$\overline{BC}=\overline{CG},\ \overline{DC}/\!/\overline{EG}$이므로

$\overline{EG}=2\overline{DC}=2\times 6=12$

$\therefore \overline{FG}=\overline{EG}-\overline{EF}=12-4=8$

10 $\triangle AFD$에서

$\overline{AE}=\overline{EF},\ \overline{AP}=\overline{PD}$이므로

$\overline{EP}/\!/\overline{FD},\ \overline{FD}=2\overline{EP}=2\times 3=6$

또 $\triangle BCE$에서

$\overline{BF}=\overline{FE},\ \overline{FD}/\!/\overline{EP}$이므로

$\overline{EC}=2\overline{FD}=2\times 6=12$

따라서 $\overline{EC}=\overline{EP}+\overline{PC}$이므로

$12=3+x$ $\therefore x=9$

11 $\overline{AB}=2\overline{EF}=2\times 7=14(\text{cm})$

$\overline{BC}=2\overline{DF}=2\times 6=12(\text{cm})$

$\overline{AC}=2\overline{DE}=2\times 8=16(\text{cm})$

$\therefore (\triangle ABC\text{의 둘레의 길이})$

$\qquad =\overline{AB}+\overline{BC}+\overline{AC}$

$\qquad =14+12+16=42(\text{cm})$

12 $\triangle ABC$와 $\triangle ACD$에서

$\overline{EF}=\overline{GH}=\dfrac{1}{2}\overline{AC}$

$\qquad\quad =\dfrac{1}{2}\times 8=4(\text{cm})$

$\triangle ABD$와 $\triangle BCD$에서

$\overline{EH}=\overline{FG}=\dfrac{1}{2}\overline{BD}$

따라서 $\square EFGH$의 둘레의 길이는

$2\left(4+\dfrac{1}{2}\overline{BD}\right)=8+\overline{BD}(\text{cm})$

즉, $8+\overline{BD}=22$이므로

$\overline{BD}=14(\text{cm})$

13 $x:5=6:4,\ 4x=30$ $\therefore x=\dfrac{15}{2}$

$5:2=4:y,\ 5y=8$ $\therefore y=\dfrac{8}{5}$

$\therefore xy=\dfrac{15}{2}\times\dfrac{8}{5}=12$

14 $\triangle ABC$에서

$3:(3+5)=x:12,\ 8x=36$

$\therefore x=\dfrac{9}{2}$

$\overline{AD}/\!/\overline{EF}/\!/\overline{BC}$이므로

$3:5=y:6,\ 5y=18$

$\therefore y=\dfrac{18}{5}$

15 $\triangle AOD\backsim\triangle COB$ (AA 닮음)이므로

$\overline{AO}:\overline{CO}=10:15=2:3$

$\triangle ABC$에서

$\overline{AO}:\overline{AC}=\overline{PO}:\overline{BC}$이므로

$2:(2+3)=\overline{PO}:15$,

$5\overline{PO}=30$ $\therefore \overline{PO}=6$

16 $\overline{AB}/\!/\overline{DC}$이므로

$\overline{BE}:\overline{DE}=6:9=2:3$

$\triangle BCD$에서 $\overline{EF}/\!/\overline{DC}$이므로

$\overline{BF}:\overline{BC}=\overline{BE}:\overline{BD}$

즉, $\overline{BF}:10=2:(2+3)$

$5\overline{BF}=20$ $\therefore \overline{BF}=4$

17 $\overline{AB}:\overline{AC}=\overline{BD}:\overline{CD}$이므로

$12:6=6:\overline{CD},\ 12\overline{CD}=36$

$\therefore \overline{CD}=3(\text{cm})$ $\qquad\qquad \cdots(\text{i})$

$\overline{AB}:\overline{AC}=\overline{BE}:\overline{CE}$이므로

$12:6=(9+\overline{CE}):\overline{CE}$

$12\overline{CE}=54+6\overline{CE}$

$6\overline{CE}=54$ $\therefore \overline{CE}=9(\text{cm}) \cdots(\text{ii})$

$\therefore \overline{DE}=\overline{CD}+\overline{CE}$

$\qquad =3+9=12(\text{cm})$ $\qquad\cdots(\text{iii})$

채점 기준	비율
(i) $\overline{CD}$의 길이 구하기	40%
(ii) $\overline{CE}$의 길이 구하기	40%
(iii) $\overline{DE}$의 길이 구하기	20%

18 다음 그림과 같이 점 A를 지나고 $\overline{BC}$에 평행한 직선을 그어 $\overline{DE}$와 만나는 점을 F라 하자.

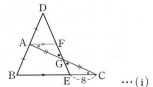

               $\cdots$ (i)

$\triangle AGF$와 $\triangle CGE$에서

$\angle FAG = \angle ECG$ (엇각),

$\overline{AG} = \overline{CG}$,

$\angle AGF = \angle CGE$ (맞꼭지각)이므로

$\triangle AGF \equiv \triangle CGE$ (ASA 합동)

$\therefore \overline{AF} = \overline{CE} = 8$ $\cdots$ (ii)

한편, $\triangle DBE$에서

$\overline{DA} = \overline{AB}$, $\overline{AF} \parallel \overline{BE}$이므로

$\overline{BE} = 2\overline{AF} = 2 \times 8 = 16$ $\cdots$ (iii)

채점 기준	비율
(i) 보조선 긋기	30%
(ii) $\overline{AF}$의 길이 구하기	30%
(iii) $\overline{BE}$의 길이 구하기	40%

19 $\triangle ABD$에서

$\overline{AM} = \overline{MB}$, $\overline{AD} \parallel \overline{MP}$이므로

$\overline{MP} = \dfrac{1}{2}\overline{AD} = \dfrac{1}{2} \times 8 = 4$ $\cdots$ (i)

$\therefore \overline{MQ} = \overline{MP} + \overline{PQ}$

         $= 4 + 3 = 7$ $\cdots$ (ii)

$\triangle ABC$에서

$\overline{AM} = \overline{MB}$, $\overline{MQ} \parallel \overline{BC}$이므로

$\overline{BC} = 2\overline{MQ}$

      $= 2 \times 7 = 14$ $\cdots$ (iii)

채점 기준	비율
(i) $\overline{MP}$의 길이 구하기	40%
(ii) $\overline{MQ}$의 길이 구하기	20%
(iii) $\overline{BC}$의 길이 구하기	40%

20 다음 그림과 같이 점 A에서 $\overline{DC}$에 평행한 직선을 그어 $\overline{PQ}$, $\overline{BC}$와 만나는 점을 각각 E, F라 하면

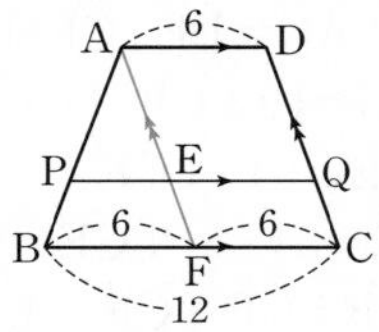

$\overline{EQ} = \overline{FC} = \overline{AD} = 6$, $\cdots$ (i)

$\overline{BF} = \overline{BC} - \overline{FC} = 12 - 6 = 6$

$\triangle ABF$에서

$\overline{AP} : \overline{AB} = \overline{PE} : \overline{BF}$이므로

$2 : (2+1) = \overline{PE} : 6$, $3\overline{PE} = 12$

$\therefore \overline{PE} = 4$ $\cdots$ (ii)

$\therefore \overline{PQ} = \overline{PE} + \overline{EQ}$

         $= 4 + 6 = 10$ $\cdots$ (iii)

채점 기준	비율
(i) $\overline{EQ}$의 길이 구하기	40%
(ii) $\overline{PE}$의 길이 구하기	40%
(iii) $\overline{PQ}$의 길이 구하기	20%

15강   p. 117~118

1 $\dfrac{14}{3}$ cm   **2** 4 cm   **3** ③

4 4 cm   **5** 3 cm   **6** ②   **7** ①

8 5 cm²   **9** 6 cm² **10** 6 cm²

11 5 cm **12** 4 cm²

13 10 cm², 과정은 풀이 참조

14 12 cm², 과정은 풀이 참조

1 점 D는 $\triangle ABC$의 외심이므로

$\overline{CD} = \overline{AD} = \overline{BD}$

     $= \dfrac{1}{2}\overline{AB} = \dfrac{1}{2} \times 14 = 7$ (cm)

점 G는 $\triangle ABC$의 무게중심이므로

$\overline{CG} = \dfrac{2}{3}\overline{CD} = \dfrac{2}{3} \times 7 = \dfrac{14}{3}$ (cm)

2 점 G가 $\triangle ABC$의 무게중심이므로

$\overline{AG} : \overline{GM} = 2 : 1$

$\therefore \overline{GM} = \dfrac{1}{2}\overline{AG}$

      $= \dfrac{1}{2} \times 12 = 6$ (cm)

점 G$'$이 $\triangle GBC$의 무게중심이므로

$\overline{GG'} : \overline{G'M} = 2 : 1$

$\therefore \overline{GG'} = \dfrac{2}{3}\overline{GM}$

       $= \dfrac{2}{3} \times 6 = 4$ (cm)

3 $\triangle ADC$에서

$\overline{AF} = \overline{FC}$, $\overline{CE} = \overline{ED}$이므로

$\overline{AD} = 2\overline{FE} = 2 \times 6 = 12$ (cm)

점 G가 $\triangle ABC$의 무게중심이므로

$\overline{GD} = \dfrac{1}{3}\overline{AD} = \dfrac{1}{3} \times 12 = 4$ (cm)

4 $\overline{MN} \parallel \overline{BC}$, $\overline{AG} : \overline{GD} = 2 : 1$이므로

$\triangle ABD$에서 $\overline{AG} : \overline{AD} = \overline{MG} : \overline{BD}$

즉, $2 : 3 = \overline{MG} : 6$, $3\overline{MG} = 12$

$\therefore \overline{MG} = 4$ (cm)

5 점 G가 $\triangle ABC$의 무게중심이므로

$\overline{AG} : \overline{GD} = 2 : 1$

$\therefore \overline{GD} = \dfrac{1}{3}\overline{AD}$

      $= \dfrac{1}{3} \times 18 = 6$ (cm)

이때 $\triangle EFG \backsim \triangle CDG$ (AA 닮음)

이므로 $\overline{EG} : \overline{CG} = \overline{FG} : \overline{DG}$

$1 : 2 = \overline{FG} : 6$, $2\overline{FG} = 6$

$\therefore \overline{FG} = 3$ (cm)

6 ② $\overline{AG} = \dfrac{2}{3}\overline{AD}$, $\overline{BG} = \dfrac{2}{3}\overline{BE}$,

$\overline{CG} = \dfrac{2}{3}\overline{CF}$

이때 $\overline{AD}$, $\overline{BE}$, $\overline{CF}$의 길이를 알 수 없으므로 $\overline{AG} = \overline{BG} = \overline{CG}$라 할 수 없다.

7 $\triangle DBE = \dfrac{1}{2}\triangle ABE$

      $= \dfrac{1}{2} \times \dfrac{1}{2}\triangle ABC$

      $= \dfrac{1}{4}\triangle ABC$

      $= \dfrac{1}{4} \times 72 = 18$ (cm²)

이때 $\overline{BE}$와 $\overline{CD}$가 $\triangle ABC$의 중선이므로 점 F는 $\triangle ABC$의 무게중심이다.

따라서 $\overline{BF} : \overline{FE} = 2 : 1$이므로

$\triangle DBF : \triangle DFE = 2 : 1$

$\therefore \triangle DFE = \dfrac{1}{3}\triangle DBE$

         $= \dfrac{1}{3} \times 18 = 6$ (cm²)

| 다른 풀이 |

점 F가 $\triangle ABC$의 무게중심이므로

$\triangle CBF = \dfrac{1}{3}\triangle ABC$

      $= \dfrac{1}{3} \times 72 = 24$ (cm²)

$\triangle ABC$에서 $\overline{DE} \parallel \overline{BC}$이므로

$\triangle DEF \backsim \triangle CBF$ (AA 닮음)

$\triangle DEF$와 $\triangle CBF$의 닮음비는 $1 : 2$

이므로 넓이의 비는 $1^2 : 2^2 = 1 : 4$

$\therefore \triangle DEF = \dfrac{1}{4}\triangle CBF$

         $= \dfrac{1}{4} \times 24 = 6$ (cm²)

---

8 다음 그림과 같이 $\overline{BE}$를 그으면

$$\triangle ABE : \triangle EBC = \overline{AE} : \overline{EC}$$
$$= 1 : 2$$

이므로

$$\triangle EBC = \frac{2}{3}\triangle ABC$$
$$= \frac{2}{3}\times 45 = 30\,(\text{cm}^2)$$

또 $\overline{BF}$와 $\overline{ED}$가 $\triangle EBC$의 중선이므로 점 P는 $\triangle EBC$의 무게중심이다.

$$\therefore \triangle PBD = \frac{1}{6}\triangle EBC$$
$$= \frac{1}{6}\times 30 = 5\,(\text{cm}^2)$$

9 $\triangle ABC = 6\triangle BDG$
$$= 6\times 4 = 24\,(\text{cm}^2)$$
$\triangle ABC$에서
$\overline{AE}=\overline{EC}$, $\overline{BD}=\overline{DC}$이므로
$\overline{AB}\,/\!/\,\overline{ED}$
따라서 $\triangle EDC \backsim \triangle ABC$ (AA 닮음)
이고, $\triangle EDC$와 $\triangle ABC$의 닮음비는
$\overline{EC}:\overline{AC}=1:2$이므로
넓이의 비는 $1^2:2^2=1:4$
$$\therefore \triangle EDC = \frac{1}{4}\triangle ABC$$
$$= \frac{1}{4}\times 24 = 6\,(\text{cm}^2)$$

10 $\triangle GBD = \frac{1}{6}\triangle ABC$
$$= \frac{1}{6}\times 54 = 9\,(\text{cm}^2)$$
$\triangle GBD$에서 $\overline{GG'}:\overline{G'D}=2:1$
이므로
$\triangle GBG' : \triangle G'BD = 2:1$
$$\therefore \triangle GBG' = \frac{2}{3}\triangle GBD$$
$$= \frac{2}{3}\times 9 = 6\,(\text{cm}^2)$$

11 다음 그림과 같이 두 대각선 AC와 BD의 교점을 O라 하면

점 P는 $\triangle ABC$의 무게중심이므로
$\overline{BP}:\overline{PO}=2:1$

$$\therefore \overline{PO} = \frac{1}{3}\overline{BO} = \frac{1}{3}\times\frac{1}{2}\overline{BD}$$
$$= \frac{1}{6}\overline{BD}$$
$$= \frac{1}{6}\times 12 = 2\,(\text{cm}) \quad \cdots \text{㉠}$$
$\triangle DAC$에서 $\overline{GF}\,/\!/\,\overline{AC}$이므로
$\overline{DQ}:\overline{QO}=\overline{DG}:\overline{GA}=1:1$
$$\therefore \overline{OQ} = \frac{1}{2}\overline{OD}$$
$$= \frac{1}{2}\times 6 = 3\,(\text{cm}) \quad \cdots \text{㉡}$$
따라서 ㉠, ㉡에서
$\overline{PQ}=\overline{PO}+\overline{OQ}=2+3=5\,(\text{cm})$

12 다음 그림과 같이 $\overline{BD}$를 그으면

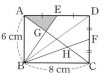

점 G는 $\triangle ABD$의 무게중심이므로
$$\triangle AGE = \frac{1}{6}\triangle ABD$$
$$= \frac{1}{6}\times\left(\frac{1}{2}\times 8\times 6\right)$$
$$= 4\,(\text{cm}^2)$$

13 다음 그림과 같이 $\overline{AG}$를 그으면

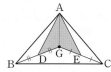

$$\triangle ADG = \frac{1}{2}\triangle ABG$$
$$= \frac{1}{2}\times\frac{1}{3}\triangle ABC$$
$$= \frac{1}{6}\triangle ABC$$
$$= \frac{1}{6}\times 30 = 5\,(\text{cm}^2) \quad \cdots (\text{i})$$

$$\triangle AGE = \frac{1}{2}\triangle ACG$$
$$= \frac{1}{2}\times\frac{1}{3}\triangle ABC$$
$$= \frac{1}{6}\triangle ABC$$
$$= \frac{1}{6}\times 30 = 5\,(\text{cm}^2) \quad \cdots (\text{ii})$$

$\therefore$ (색칠한 부분의 넓이)
$$= \triangle ADG + \triangle AGE$$
$$= 5+5 = 10\,(\text{cm}^2) \quad \cdots (\text{iii})$$

채점 기준	비율
(i) $\triangle ADG$의 넓이 구하기	40 %
(ii) $\triangle AGE$의 넓이 구하기	40 %
(iii) 색칠한 부분의 넓이 구하기	20 %

14 다음 그림과 같이 두 대각선 AC와 BD의 교점을 O라 하면

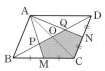

점 P는 $\triangle ABC$의 무게중심이므로
$$\square PMCO = \frac{1}{3}\triangle ABC$$
$$= \frac{1}{3}\times\frac{1}{2}\square ABCD$$
$$= \frac{1}{6}\square ABCD$$
$$= \frac{1}{6}\times 36 = 6\,(\text{cm}^2)\cdots(\text{i})$$
점 Q는 $\triangle ACD$의 무게중심이므로
$$\square OCNQ = \frac{1}{3}\triangle ACD$$
$$= \frac{1}{3}\times\frac{1}{2}\square ABCD$$
$$= \frac{1}{6}\square ABCD$$
$$= \frac{1}{6}\times 36 = 6\,(\text{cm}^2)\cdots(\text{ii})$$
$\therefore$ (색칠한 부분의 넓이)
$$= \square PMCO + \square OCNQ$$
$$= 6+6 = 12\,(\text{cm}^2) \quad \cdots(\text{iii})$$

채점 기준	비율
(i) $\square PMCO$의 넓이 구하기	40 %
(ii) $\square OCNQ$의 넓이 구하기	40 %
(iii) 색칠한 부분의 넓이 구하기	20 %

16~18강   p. 119~121

1 13 cm	**2** $\left(\frac{25}{8}\pi-6\right)$cm^2	
3 32	**4** $\frac{14}{5}$	**5** 17
6 ③	**7** 289 cm^2	**8** 9 cm^2
9 ②, ⑤	**10** ②	**11** 84
12 27	**13** 137	**14** 10 cm

15 49 cm^2

16 20 cm, 과정은 풀이 참조

17 14 cm, 과정은 풀이 참조

18 50 cm^2, 과정은 풀이 참조

19 16, 과정은 풀이 참조

1 $\triangle ABC$의 넓이가 30 cm^{2}이므로
$$\frac{1}{2}\times 12\times\overline{AC}=30$$
$$\therefore \overline{AC}=5\,(\text{cm})$$

$\overline{AB}^2=12^2+5^2=169$
이때 $\overline{AB}>0$이므로 $\overline{AB}=13$(cm)

2 $\triangle ABC$에서 $\overline{BC}^2=3^2+4^2=25$
이때 $\overline{BC}>0$이므로 $\overline{BC}=5$(cm)
$\therefore$ (색칠한 부분의 넓이)
$$=\frac{1}{2}\times\pi\times\left(\frac{5}{2}\right)^2-\frac{1}{2}\times3\times4$$
$$=\frac{25}{8}\pi-6\ (\text{cm}^2)$$

3 $\triangle ADC$에서 $x^2=13^2-5^2=144$
이때 $x>0$이므로 $x=12$
$\triangle ABD$에서 $y^2=16^2+12^2=400$
이때 $y>0$이므로 $y=20$
$\therefore x+y=12+20=32$

4 $\triangle ABC$에서 $\overline{BC}^2=6^2+8^2=100$
이때 $\overline{BC}>0$이므로 $\overline{BC}=10$
$\overline{AB}^2=\overline{BD}\times\overline{BC}$이므로
$6^2=x\times10$ $\therefore x=\dfrac{18}{5}$
$\overline{AC}^2=\overline{CD}\times\overline{CB}$이므로
$8^2=y\times10$ $\therefore y=\dfrac{32}{5}$
$\therefore y-x=\dfrac{32}{5}-\dfrac{18}{5}=\dfrac{14}{5}$

5 다음 그림과 같이 꼭짓점 D에서 $\overline{BC}$에 내린 수선의 발을 H라 하면

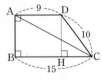

$\overline{CH}=15-9=6$
$\triangle DHC$에서 $\overline{DH}^2=10^2-6^2=64$
이때 $\overline{DH}>0$이므로 $\overline{DH}=8$
$\triangle ABC$에서 $\overline{AC}^2=8^2+15^2=289$
이때 $\overline{AC}>0$이므로 $\overline{AC}=17$

6 ① $\overline{IB}\,/\!/\,\overline{HC}$이므로 $\triangle IBA=\triangle IBC$
② $\overline{BD}\,/\!/\,\overline{AK}$이므로
$\triangle ABD=\triangle JBD$
④ $\triangle IBC\equiv\triangle ABD$ (SAS 합동)
이므로 $\triangle IBC=\triangle ABD$
즉, $\triangle IBA=\triangle ABD=\triangle JBD$
$=\dfrac{1}{2}\square BDKJ$
$\therefore \square AHIB=\square BDKJ$
⑤ $\triangle ACF=\triangle BCF=\triangle ECA$
$=\triangle JEC=\dfrac{1}{2}\square JKEC$
따라서 옳지 않은 것은 ③이다.

7 $\square EFGH$는 정사각형이므로
$\overline{EF}^2=169$
이때 $\overline{EF}>0$이므로 $\overline{EF}=13$(cm)
$\triangle AFE$에서 $\overline{AF}^2=13^2-5^2=144$
이때 $\overline{AF}>0$이므로 $\overline{AF}=12$(cm)
$\therefore \square ABCD=\overline{AB}^2=(12+5)^2$
$=289\ (\text{cm}^2)$

8 $\square ABCD=29\ \text{cm}^2$이므로 $\overline{AB}^2=29$
$\overline{BH}^2=29-2^2=25$
이때 $\overline{BH}>0$이므로 $\overline{BH}=5$(cm)
$\overline{BE}=\overline{AH}=2\ \text{cm}$이므로
$\overline{EH}=5-2=3$(cm)
$\therefore \square EFGH=\overline{EH}^2=3^2=9\ (\text{cm}^2)$

9 (i) x가 가장 긴 변의 길이일 때
$x^2=3^2+5^2=34$
(ii) 5가 가장 긴 변의 길이일 때
$x^2+3^2=5^2$ $\therefore x^2=16$
따라서 (i), (ii)에 의해 x^2의 값은 16, 34이다.

10 ② $6^2<4^2+5^2$이므로 예각삼각형이다.

11 $\overline{DE}^2+\overline{AC}^2=\overline{AE}^2+\overline{CD}^2$이므로
$4^2+x^2=6^2+8^2$ $\therefore x^2=84$

12 $\triangle OBC$에서 $x^2+y^2=\overline{BC}^2$
$\overline{AD}^2+\overline{BC}^2=\overline{AB}^2+\overline{CD}^2$이므로
$5^2+\overline{BC}^2=4^2+6^2$
이때 $\overline{BC}^2=27$이므로 $x^2+y^2=27$

13 $\overline{AP}^2+\overline{CP}^2=\overline{BP}^2+\overline{DP}^2$이므로
$15^2+9^2=x^2+13^2$ $\therefore x^2=137$

14 $\overline{BC}$를 지름으로 하는 반원의 넓이를 S_3이라 하면
$S_3=S_1+S_2$
$=10\pi+\dfrac{5}{2}\pi=\dfrac{25}{2}\pi\ (\text{cm}^2)$
이므로
$\dfrac{1}{2}\times\pi\times\left(\dfrac{\overline{BC}}{2}\right)^2=\dfrac{25}{2}\pi$, $\overline{BC}^2=100$
이때 $\overline{BC}>0$이므로 $\overline{BC}=10$(cm)

15 $\triangle ABC$에서 $\overline{AB}^2+\overline{AC}^2=14^2$
이때 $\overline{AB}=\overline{AC}$이므로
$2\overline{AB}^2=196$ $\therefore \overline{AB}^2=98$
색칠한 부분의 넓이는 $\triangle ABC$의 넓이와 같으므로
$\dfrac{1}{2}\times\overline{AB}^2=\dfrac{1}{2}\times98=49\ (\text{cm}^2)$

16 $\square ABCD=144\ \text{cm}^2$이므로
$\overline{BC}^2=144$
이때 $\overline{BC}>0$이므로 $\overline{BC}=12$(cm)
$\square CFGE=9\ \text{cm}^2$이므로 $\overline{CF}^2=9$
이때 $\overline{CF}>0$이므로 $\overline{CF}=3$(cm)
$\square FIJH=1\ \text{cm}^2$이므로 $\overline{FI}^2=1$
이때 $\overline{FI}>0$이므로 $\overline{FI}=1$(cm)
$\therefore \overline{BI}=12+3+1=16$(cm) $\cdots$(i)
따라서 $\overline{AB}=\overline{BC}=12\ \text{cm}$이므로
$\triangle ABI$에서 $\overline{AI}^2=12^2+16^2=400$
이때 $\overline{AI}>0$이므로 $\overline{AI}=20$(cm)
$\cdots$(ii)

채점 기준	비율
(i) $\overline{BI}$의 길이 구하기	60 %
(ii) $\overline{AI}$의 길이 구하기	40 %

17 $\triangle ABC\equiv\triangle CDE$이므로 $\overline{AC}=\overline{CE}$
또 $\angle ACE=90°$이므로 $\triangle ACE$는 직각이등변삼각형이다.
$\triangle ACE=\dfrac{1}{2}\times\overline{AC}^2=50$이므로
$\overline{AC}^2=100$
이때 $\overline{AC}>0$이므로 $\overline{AC}=10$(cm)
$\cdots$(i)
$\triangle ABC$에서 $\overline{BC}^2=10^2-8^2=36$
이때 $\overline{BC}>0$이므로 $\overline{BC}=6$(cm)
$\cdots$(ii)
따라서 $\overline{CD}=\overline{AB}=8\ \text{cm}$이므로
$\overline{BD}=\overline{BC}+\overline{CD}$
$=6+8=14$(cm) $\cdots$(iii)

채점 기준	비율
(i) $\overline{AC}$의 길이 구하기	40 %
(ii) $\overline{BC}$의 길이 구하기	30 %
(iii) $\overline{BD}$의 길이 구하기	30 %

18 다음 그림과 같이 꼭짓점 A에서 $\overline{BC}$, $\overline{DE}$에 내린 수선의 발을 각각 L, M이라 하면

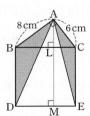

$\triangle ABC$에서 $\overline{BC}^2=8^2+6^2=100$
이때 $\overline{BC}>0$이므로 $\overline{BC}=10$(cm)
$\cdots$(i)
$\overline{BD}\,/\!/\,\overline{AM}$이므로
$\triangle ABD=\triangle LBD=\dfrac{1}{2}\square BDML$

$\overline{AM} /\!/ \overline{CE}$이므로

$\triangle AEC = \triangle LEC = \dfrac{1}{2}\square LMEC$

$\cdots$ (ii)

$\therefore$ (색칠한 부분의 넓이)

$= \triangle ABD + \triangle AEC$

$= \dfrac{1}{2}\square BDML + \dfrac{1}{2}\square LMEC$

$= \dfrac{1}{2}\square BDEC$

$= \dfrac{1}{2}\overline{BC}^2$

$= \dfrac{1}{2} \times 10^2 = 50\,(\text{cm}^2)$ $\cdots$ (iii)

채점 기준	비율
(i) $\overline{BC}$의 길이 구하기	30 %
(ii) 넓이가 같은 도형 찾기	40 %
(iii) 색칠한 부분의 넓이 구하기	30 %

19 다음 그림과 같이 $\overline{DE}$를 그으면

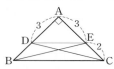

$\triangle ADE$에서

$\overline{DE}^2 = 3^2 + 3^2 = 18$ $\cdots$ (i)

$\triangle ADC$에서

$\overline{CD}^2 = 3^2 + (3+2)^2 = 34$ $\cdots$ (ii)

이때 $\overline{BC}^2 + \overline{DE}^2 = \overline{BE}^2 + \overline{CD}^2$이므로

$\overline{BC}^2 - \overline{BE}^2 = \overline{CD}^2 - \overline{DE}^2$

$= 34 - 18 = 16$ $\cdots$ (iii)

채점 기준	비율
(i) $\overline{DE}^2$의 값 구하기	30 %
(ii) $\overline{CD}^2$의 값 구하기	30 %
(iii) $\overline{BC}^2 - \overline{BE}^2$의 값 구하기	40 %

19~20강   p. 122~124

1 ①	2 ④	3 ②
4 ②	5 ⑤	6 24
7 7	8 210	9 15번째
10 ①	11 216개	12 36개
13 ①	14 ⑤	15 ⑤
16 ⑤		
17 10, 과정은 풀이 참조		
18 18, 과정은 풀이 참조		
19 48, 과정은 풀이 참조		
20 12, 과정은 풀이 참조		

---

1 8의 약수는 1, 2, 4, 8이므로 구하는 경우의 수는 4이다.

2 $5 + 3 + 4 = 12$

3 450원을 지불하는 방법을 표로 나타내면 다음과 같다.

100원짜리 동전	50원짜리 동전
4개	1개
3개	3개
2개	5개

따라서 구하는 경우의 수는 3이다.

4 (i) 두 눈의 수의 합이 8인 경우는
$(2, 6)$, $(3, 5)$, $(4, 4)$, $(5, 3)$, $(6, 2)$이므로 경우의 수는 5

(ii) 두 눈의 수의 합이 12인 경우는
$(6, 6)$이므로 경우의 수는 1

따라서 (i), (ii)에 의해 구하는 경우의 수는 $5 + 1 = 6$

5 $4 \times 5 = 20$

6 (i) 3의 배수인 경우는 3, 6, 9, 12, 15, 18이므로 경우의 수는 6

(ii) 5의 배수인 경우는 5, 10, 15, 20이므로 경우의 수는 4

따라서 (i), (ii)에 의해 구하는 경우의 수는 $6 \times 4 = 24$

7 (i) 사자 우리에서 코끼리 우리로 바로 가는 방법의 수는 3이다.

(ii) 사자 우리에서 기린 우리를 거쳐 코끼리 우리로 가는 방법의 수는 $2 \times 2 = 4$

따라서 (i), (ii)에 의해 구하는 방법의 수는 $3 + 4 = 7$

8 7개 중에서 3개를 골라 한 줄로 세우는 경우의 수와 같으므로
$7 \times 6 \times 5 = 210$

9 (i) $a\square\square\square$인 경우
a를 맨 앞에 고정시키고 b, c, d 3개의 문자를 일렬로 나열하는 경우와 같으므로 $3 \times 2 \times 1 = 6$(가지)

(ii) $b\square\square\square$인 경우
b를 맨 앞에 고정시키고 a, c, d 3개의 문자를 일렬로 나열하는 경우와 같으므로 $3 \times 2 \times 1 = 6$(가지)

(iii) $ca\square\square$인 경우
b, d 2개의 문자를 일렬로 나열하는 경우와 같으므로 $2 \times 1 = 2$(가지)

따라서 (i)~(iii)에 의해 $cbad$는
$6 + 6 + 2 + 1 = 15$(번째)에 있게 된다.

10 부모님을 하나로 묶어 1명으로 생각하여 3명을 한 줄로 세우는 경우의 수와 같으므로 $3 \times 2 \times 1 = 6$
이때 부모님이 서로 자리를 바꿀 수 있으므로 구하는 경우의 수는
$6 \times 2 = 12$

11 백의 자리, 십의 자리, 일의 자리에 올 수 있는 숫자는 각각 6개씩이므로 구하는 자연수의 개수는
$6 \times 6 \times 6 = 216$(개)

12 5의 배수이면 일의 자리의 숫자가 0 또는 5이어야 한다.

(i) $\square\square 0$인 경우
백의 자리에 올 수 있는 숫자는 0을 제외한 5개, 십의 자리에 올 수 있는 숫자는 0과 백의 자리에 숫자를 제외한 4개이므로
$5 \times 4 = 20$(개)

(ii) $\square\square 5$인 경우
백의 자리에 올 수 있는 숫자는 5와 0을 제외한 4개, 십의 자리에 올 수 있는 숫자는 5와 백의 자리의 숫자를 제외한 4개이므로
$4 \times 4 = 16$(개)

따라서 (i), (iii)에 의해 5의 배수의 개수는 $20 + 16 = 36$(개)

13 네 팀 중에서 자격이 같은 두 팀을 뽑는 경우와 같으므로
$\dfrac{4 \times 3}{2} = 6$(번)

14 (i) 회장 1명을 뽑는 경우의 수는
$2 + 4 = 6$

(ii) 회장 1명을 제외한 5명의 학생 중에서 부회장 2명을 뽑는 경우의 수는
$\dfrac{5 \times 4}{2} = 10$

따라서 (i), (ii)에 의해 구하는 경우의 수는 $6 \times 10 = 60$

15 6명 중에서 자격이 같은 대표 3명을 뽑는 경우의 수와 같으므로 구하는 삼각형의 개수는

$\dfrac{6 \times 5 \times 4}{3 \times 2 \times 1} = 20$(개)

16 A에 칠할 수 있는 색은 4가지이고, B에는 A에 칠한 색을 제외한 3가지, C에는 A, B에 칠한 색을 제외한 2가지의 색을 칠할 수 있다.
따라서 구하는 경우의 수는
$4 \times 3 \times 2 = 24$

17 두 눈의 수의 차가 2인 경우는
$(1, 3), (2, 4), (3, 1), (3, 5),$
$(4, 2), (4, 6), (5, 3), (6, 4)$
이므로 경우의 수는 8 ⋯(i)
두 눈의 수의 차가 5인 경우는
$(1, 6), (6, 1)$이므로 경우의 수는 2
  ⋯(ii)
따라서 구하는 경우의 수는
$8 + 2 = 10$ ⋯(iii)

채점 기준	비율
(i) 두 눈의 수의 차가 2인 경우의 수 구하기	40%
(ii) 두 눈의 수의 차가 5인 경우의 수 구하기	40%
(iii) 두 눈의 수의 차가 2 또는 5인 경우의 수 구하기	20%

18

위의 그림에서 A 지점에서 P 지점까지 최단 거리로 가는 경우의 수는 6이다.
  ⋯(i)
P 지점에서 B 지점까지 최단 거리로 가는 경우의 수는 3이다. ⋯(ii)
따라서 구하는 모든 경우의 수는
$6 \times 3 = 18$ ⋯(iii)

채점 기준	비율
(i) A 지점에서 P 지점까지 최단 거리로 가는 경우의 수 구하기	40%
(ii) P 지점에서 B 지점까지 최단 거리로 가는 경우의 수 구하기	40%
(iii) A 지점에서 P 지점을 거쳐 B 지점까지 최단 거리로 가는 경우의 수 구하기	20%

19 A가 맨 앞에 오는 경우는 A를 맨 앞에 고정시키고 M, G, I, C 4개의 문자를 일렬로 나열하는 경우와 같으므로
$4 \times 3 \times 2 \times 1 = 24$(가지) ⋯(i)

C가 맨 앞에 오는 경우는 C를 맨 앞에 고정시키고 M, A, G, I 4개의 문자를 일렬로 나열하는 경우와 같으므로
$4 \times 3 \times 2 \times 1 = 24$(가지) ⋯(ii)
따라서 구하는 경우의 수는
$24 + 24 = 48$ ⋯(iii)

채점 기준	비율
(i) A가 맨 앞에 오는 경우의 수 구하기	40%
(ii) C가 맨 앞에 오는 경우의 수 구하기	40%
(iii) A 또는 C가 맨 앞에 오는 경우의 수 구하기	20%

20 B가 회장으로 뽑히는 경우는 B를 제외한 나머지 A, C, D, E 4명의 학생 중에서 대의원 2명을 뽑는 경우와 같으므로
$\dfrac{4 \times 3}{2} = 6$(가지) ⋯(i)
D가 회장으로 뽑히는 경우는 D를 제외한 나머지 A, B, C, E 4명의 학생 중에서 대의원 2명을 뽑는 경우와 같으므로
$\dfrac{4 \times 3}{2} = 6$(가지) ⋯(ii)
따라서 구하는 경우의 수는
$6 + 6 = 12$ ⋯(iii)

채점 기준	비율
(i) B가 회장으로 뽑히는 경우의 수 구하기	40%
(ii) D가 회장으로 뽑히는 경우의 수 구하기	40%
(iii) B 또는 D가 회장으로 뽑히는 경우의 수 구하기	20%

21~22강 p. 125~127

1 ① 2 ① 3 $\dfrac{1}{10}$ 4 $\dfrac{1}{12}$
5 $\dfrac{1}{4}$ 6 ④ 7 $\dfrac{2}{3}$ 8 $\dfrac{9}{14}$
9 ① 10 ⑤ 11 $\dfrac{1}{8}$ 12 ④
13 ③ 14 $\dfrac{7}{15}$ 15 $\dfrac{5}{12}$ 16 ④
17 $\dfrac{3}{8}$, 과정은 풀이 참조
18 $x=18$, $y=2$, 과정은 풀이 참조
19 $\dfrac{3}{10}$, 과정은 풀이 참조
20 $\dfrac{5}{42}$, 과정은 풀이 참조

1 모든 경우의 수는 10이고,
4의 배수가 나오는 경우는 4, 8의 2가지이므로 경우의 수는 2이다.
따라서 구하는 확률은 $\dfrac{2}{10} = \dfrac{1}{5}$

2 7명 중에서 대표 2명을 뽑는 경우의 수는
$\dfrac{7 \times 6}{2} = 21$
여학생 4명 중에서 대표 2명을 뽑는 경우의 수는 $\dfrac{4 \times 3}{2} = 6$
따라서 구하는 확률은 $\dfrac{6}{21} = \dfrac{2}{7}$

3 모든 경우의 수는
$5 \times 4 \times 3 \times 2 \times 1 = 120$
A가 맨 앞에 서고, B, C가 이웃하여 서는 경우의 수는
$(3 \times 2 \times 1) \times 2 = 12$
따라서 구하는 확률은 $\dfrac{12}{120} = \dfrac{1}{10}$

4 모든 경우의 수는 $6 \times 6 = 36$
$x + 2y = 7$을 만족시키는 순서쌍
(x, y)는 $(1, 3), (3, 2), (5, 1)$의 3가지이므로 구하는 확률은
$\dfrac{3}{36} = \dfrac{1}{12}$

5 모든 경우의 수는 $2 \times 2 \times 2 \times 2 = 16$
동전을 4번 던져서 점 P의 위치가 -1에 있으려면 앞면이 1번, 뒷면이 3번 나와야 한다. 즉, 그 경우를 순서쌍으로 나타내면
(앞, 뒤, 뒤, 뒤), (뒤, 앞, 뒤, 뒤)
(뒤, 뒤, 앞, 뒤), (뒤, 뒤, 뒤, 앞)
의 4가지이다.
따라서 구하는 확률은 $\dfrac{4}{16} = \dfrac{1}{4}$

6 ④ 3보다 작은 소수가 나오는 경우는 2의 1가지이므로 그 확률은 $\dfrac{1}{6}$이다.

7 모든 경우의 수는 $3 \times 3 = 9$
A와 B가 가위바위보를 하여 A가 지는 경우를 순서쌍 (A, B)로 나타내면
(가위, 바위), (바위, 보), (보, 가위)의 3가지이므로 그 확률은
$\dfrac{3}{9} = \dfrac{1}{3}$
∴ (A가 지지 않을 확률)
$= 1 -$ (A가 질 확률)
$= 1 - \dfrac{1}{3} = \dfrac{2}{3}$

8 모든 경우의 수는

$$\frac{8 \times 7}{2} = 28$$

2개 모두 흰 구슬이 나오는 경우의 수는

$$\frac{5 \times 4}{2} = 10$$이므로 그 확률은

$$\frac{10}{28} = \frac{5}{14}$$

(적어도 한 개는 검은 구슬이 나올 확률)

$$= 1 - (2개 \text{ 모두 흰 구슬이 나올 확률})$$

$$= 1 - \frac{5}{14} = \frac{9}{14}$$

9 모든 경우의 수는 12이고, 바닥에 닿는 면에 적힌 눈의 수가 3의 배수인 경우는 3, 6, 9, 12의 4가지이므로 그 확률은 $\frac{4}{12}$이다.

또 바닥에 닿는 면에 적힌 눈의 수가 5의 배수인 경우는 5, 10의 2가지이므로 그 확률은 $\frac{2}{12}$이다.

따라서 구하는 확률은

$$\frac{4}{12} + \frac{2}{12} = \frac{6}{12} = \frac{1}{2}$$

10 동전의 앞면이 나올 확률은 $\frac{1}{2}$이고, 주사위에서 5의 약수의 눈이 나올 확률은 $\frac{2}{6}$이다.

따라서 구하는 확률은

$$\frac{1}{2} \times \frac{2}{6} = \frac{1}{6}$$

11 C반이 결승에 진출할 확률은 $\frac{1}{2}$이고, D반이 결승에 진출할 확률은

$$\frac{1}{2} \times \frac{1}{2} = \frac{1}{4}$$

따라서 구하는 확률은

$$\frac{1}{2} \times \frac{1}{4} = \frac{1}{8}$$

12 양궁 대표팀이 금메달을 따지 못할 확률은 $1 - \frac{1}{2} = \frac{1}{2}$

사격 대표팀이 금메달을 따지 못할 확률은 $1 - \frac{1}{3} = \frac{2}{3}$

따라서 구하는 확률은

$$\frac{1}{2} \times \frac{2}{3} = \frac{1}{3}$$

13 A가 문제를 틀릴 확률은 $1 - \frac{1}{3} = \frac{2}{3}$

B가 문제를 틀릴 확률은 $1 - \frac{2}{5} = \frac{3}{5}$

∴ (적어도 한 명은 문제를 맞힐 확률)

$$= 1 - (두 \text{ 명 모두 문제를 틀릴 확률})$$

$$= 1 - \left(\frac{2}{3} \times \frac{3}{5} \right)$$

$$= 1 - \frac{2}{5} = \frac{3}{5}$$

14 A 주머니에서 흰 공, B 주머니에서 검은 공을 꺼낼 확률은 $\frac{3}{5} \times \frac{2}{6} = \frac{6}{30}$

A 주머니에서 검은 공, B 주머니에서 흰 공을 꺼낼 확률은 $\frac{2}{5} \times \frac{4}{6} = \frac{8}{30}$

따라서 구하는 확률은

$$\frac{6}{30} + \frac{8}{30} = \frac{14}{30} = \frac{7}{15}$$

15 승훈이만 합격할 확률은

$$\frac{2}{3} \times \left(1 - \frac{3}{4} \right) = \frac{2}{3} \times \frac{1}{4} = \frac{2}{12}$$

동화만 합격할 확률은

$$\left(1 - \frac{2}{3} \right) \times \frac{3}{4} = \frac{1}{3} \times \frac{3}{4} = \frac{3}{12}$$

따라서 구하는 확률은

$$\frac{2}{12} + \frac{3}{12} = \frac{5}{12}$$

16 A가 당첨될 확률은 $\frac{2}{8} = \frac{1}{4}$

뽑은 제비를 다시 넣으므로 B가 당첨될 확률은 $\frac{2}{8} = \frac{1}{4}$

따라서 구하는 확률은 $\frac{1}{4} \times \frac{1}{4} = \frac{1}{16}$

17 만들 수 있는 두 자리의 자연수의 개수는

$$4 \times 4 = 16(개) \qquad \cdots \text{(i)}$$

이때 만들 수 있는 두 자리의 홀수는 13, 21, 23, 31, 41, 43의 6개이다.

$$\cdots \text{(ii)}$$

따라서 구하는 확률은

$$\frac{6}{16} = \frac{3}{8} \qquad \cdots \text{(iii)}$$

채점 기준	비율
(i) 만들 수 있는 두 자리의 자연수의 개수 구하기	30 %
(ii) 만들 수 있는 두 자리의 홀수의 개수 구하기	40 %
(iii) 만든 두 자리의 자연수가 홀수일 확률 구하기	30 %

18 파란 구슬이 나올 확률은 $\frac{1}{6}$이므로

$$\frac{4}{4+x+y} = \frac{1}{6} \qquad \cdots \text{(i)}$$

즉, $x + y = 20$ ··· ㉠

빨간 구슬이 나올 확률은 $\frac{3}{4}$이므로

$$\frac{x}{4+x+y} = \frac{3}{4}$$

즉, $x - 3y = 12$ ··· ㉡ ··· (ii)

㉠ − ㉡을 하면

$$4y = 8 \qquad \therefore y = 2$$

$y = 2$를 ㉠에 대입하면

$$x + 2 = 20 \qquad \therefore x = 18$$

$$\therefore x = 18, \ y = 2 \qquad \cdots \text{(iii)}$$

채점 기준	비율
(i) 파란 구슬이 나올 확률을 이용하여 x, y에 대한 방정식 세우기	30 %
(ii) 빨간 구슬이 나올 확률을 이용하여 x, y에 대한 방정식 세우기	30 %
(iii) x, y의 값 각각 구하기	40 %

19 수요일과 목요일에만 연속으로 비가 올 확률은

$$\frac{1}{3} \times \frac{3}{4} \times \left(1 - \frac{1}{5} \right) = \frac{1}{5} \qquad \cdots \text{(i)}$$

목요일과 금요일에만 연속으로 비가 올 확률은

$$\left(1 - \frac{1}{3} \right) \times \frac{3}{4} \times \frac{1}{5} = \frac{1}{10} \qquad \cdots \text{(ii)}$$

따라서 구하는 확률은

$$\frac{1}{5} + \frac{1}{10} = \frac{2}{10} + \frac{1}{10} = \frac{3}{10} \qquad \cdots \text{(iii)}$$

채점 기준	비율
(i) 수요일과 목요일에만 연속으로 비가 올 확률 구하기	40 %
(ii) 목요일과 금요일에만 연속으로 비가 올 확률 구하기	40 %
(iii) 이틀만 연속으로 비가 올 확률 구하기	20 %

20 첫 번째에 빨간 공을 꺼낼 확률은 $\frac{5}{9}$

$$\cdots \text{(i)}$$

두 번째에 빨간 공을 꺼낼 확률은 $\frac{4}{8}$

$$\cdots \text{(ii)}$$

세 번째에 빨간 공을 꺼낼 확률은 $\frac{3}{7}$

$$\cdots \text{(iii)}$$

따라서 3개 모두 빨간 공을 꺼낼 확률은

$$\frac{5}{9} \times \frac{4}{8} \times \frac{3}{7} = \frac{5}{42} \qquad \cdots \text{(iv)}$$

채점 기준	비율
(i) 첫 번째에 빨간 공을 꺼낼 확률 구하기	30 %
(ii) 두 번째에 빨간 공을 꺼낼 확률 구하기	30 %
(iii) 세 번째에 빨간 공을 꺼낼 확률 구하기	30 %
(iv) 3개 모두 빨간 공일 확률 구하기	10 %

2학기 중간고사 제1회   p. 1~2

1 ④	**2** ③	**3** ③	**4** ③
5 ②	**6** ②	**7** ③	**8** ③
9 ③	**10** ②, ⑤	**11** ②	**12** ⑤
13 ⑤	**14** ④	**15** ①	**16** ⑤
17 ②	**18** ⑤	**19** 13π cm	
20 $23\,\text{cm}^2$		**21** $\dfrac{21}{2}$	

22 5 cm, 과정은 풀이 참조

23 $180\,\text{cm}^2$, 과정은 풀이 참조

---

1 $\overline{AB}=\overline{AC}$이므로
$\angle C=\dfrac{1}{2}\times(180°-84°)=48°$
$\overline{AD}\,/\!/\,\overline{BC}$이므로
$\angle x=\angle C=48°$ (엇각)

2 $\triangle ABD$에서 $\overline{BD}=\overline{AD}$이므로
$\angle BAD=\angle B=38°$
$\triangle ABD$에서
$\angle ADC=38°+38°=76°$
$\triangle ADC$에서 $\overline{AD}=\overline{AC}$이므로
$\angle ACD=\angle ADC=76°$
$\therefore \angle x=180°-76°=104°$

3 이등변삼각형의 꼭지각의 이등분선은
밑변을 수직이등분하므로
$\overline{BD}=\overline{CD}$ (①),
$\angle PDB=\angle PDC=90°$ (④)
이때 $\triangle BPD$와 $\triangle CPD$에서 $\overline{PD}$는
공통이므로
$\triangle BPD\equiv\triangle CPD$ (SAS 합동) (⑤)
$\therefore \overline{BP}=\overline{CP}$ (②)
따라서 옳지 않은 것은 ③이다.

4 $\triangle ABD$와 $\triangle AED$에서
$\angle ABD=\angle AED=90°$,
$\angle BAD=\angle EAD$,
$\overline{AD}$는 공통이므로
$\triangle ABD\equiv\triangle AED$ (RHA 합동)
따라서 $\overline{AE}=\overline{AB}=7$ cm이므로
$\overline{CE}=\overline{AC}-\overline{AE}=10-7=3(\text{cm})$

5 $\angle BOC=2\angle A=2\times72°=144°$
$\triangle OBC$에서 $\overline{OB}=\overline{OC}$이므로
$\angle OBC=\dfrac{1}{2}\times(180°-144°)=18°$

---

6 $\angle BIC=90°+\dfrac{1}{2}\angle A$
$=90°+\dfrac{1}{2}\times28°=104°$

7 $\overline{BD}=\overline{BE}=x$ cm라 하면
$\overline{AF}=\overline{AD}=(9-x)$ cm,
$\overline{CF}=\overline{CE}=(8-x)$ cm
이때 $\overline{AC}=\overline{AF}+\overline{CF}$이므로
$7=(9-x)+(8-x)$ $\therefore x=5$
$\therefore \overline{BD}=5$ cm

8 점 I가 $\triangle ABC$의 내심이므로
$\angle DBI=\angle IBC$
$\overline{DE}\,/\!/\,\overline{BC}$이므로
$\angle DIB=\angle IBC$ (엇각)
따라서 $\angle DBI=\angle DIB$이므로
$\overline{DB}=\overline{DI}$
같은 방법으로 하면
$\angle ECI=\angle EIC$이므로 $\overline{EI}=\overline{EC}$
$\therefore (\triangle ADE$의 둘레의 길이$)$
$=\overline{AD}+\overline{DE}+\overline{AE}$
$=\overline{AD}+(\overline{DI}+\overline{EI})+\overline{AE}$
$=(\overline{AD}+\overline{DB})+(\overline{EC}+\overline{AE})$
$=\overline{AB}+\overline{AC}$
$=10+9=19(\text{cm})$

9 $\triangle ABE$와 $\triangle DFE$에서
$\overline{AE}=\overline{DE}$,
$\angle AEB=\angle DEF$ (맞꼭지각),
$\angle BAE=\angle FDE$ (엇각)이므로
$\triangle ABE\equiv\triangle DFE$ (ASA 합동)
따라서 $\overline{DF}=\overline{AB}=8$ cm이므로
$\overline{CF}=\overline{CD}+\overline{DF}$
$=8+8=16(\text{cm})$

10 ① 두 쌍의 대각의 크기가 각각 같으므
로 □ABCD는 평행사변형이다.
③ 한 쌍의 대변이 평행하고 그 길이가
같으므로 □ABCD는 평행사변형
이다.
④ 네 변의 길이가 모두 같으므로
□ABCD는 마름모이고, 마름모는
평행사변형이다.

11 $\triangle ABP$와 $\triangle CDQ$에서
$\angle APB=\angle CQD=90°$, $\overline{AB}=\overline{CD}$,
$\angle ABP=\angle CDQ$ (엇각)이므로

$\triangle ABP\equiv\triangle CDQ$ (RHA 합동) (④)
$\therefore \overline{AP}=\overline{CQ}$ (①)
이때 $\angle APQ=\angle CQP=90°$로 엇각
의 크기가 같으므로 $\overline{AP}\,/\!/\,\overline{CQ}$
따라서 한 쌍의 대변이 평행하고 그 길
이가 같으므로 □APCQ는 평행사변
형이다. (⑤)
한편 $\triangle ABP$와 $\triangle PBC$는 밑변의 길
이가 $\overline{BP}$로 같고, 높이가 $\overline{AP}=\overline{CQ}$로
같으므로
$\triangle ABP=\triangle PBC$ (③)
따라서 옳지 않은 것은 ②이다.

12 $\angle OCB=\angle OAD=55°$ (엇각)
$\triangle OBC$에서
$\angle BOC=180°-(35°+55°)=90°$
즉, 평행사변형의 두 대각선이 서로 수
직이므로 □ABCD는 마름모이다.
따라서 $\triangle BDC$에서 $\overline{BC}=\overline{DC}$이므로
$\angle BDC=\angle DBC=35°$

13 $\triangle ABE$와 $\triangle CBE$에서
$\overline{AB}=\overline{CB}$, $\angle ABE=\angle CBE=45°$,
$\overline{BE}$는 공통이므로
$\triangle ABE\equiv\triangle CBE$ (SAS 합동)
$\therefore \angle BEC=\angle BEA$
$\triangle ABE$에서
$\angle BAE=90°-25°=65°$이므로
$\angle BEA=180°-(45°+65°)=70°$
$\therefore \angle BEC=\angle BEA=70°$

14 두 대각선의 길이가 같은 사각형은 등
변사다리꼴, 직사각형, 정사각형이다.

15 ① 평행사변형에서 이웃하는 두 변의
길이가 같아야 마름모가 된다.

16 ⑤ $\triangle ABC\backsim\triangle DFE$ (AA 닮음)

17 $\triangle ABC$와 $\triangle ACD$에서
$\angle ABC=\angle ACD$,
$\angle A$는 공통이므로
$\triangle ABC\backsim\triangle ACD$ (AA 닮음)
따라서 $\overline{AC}:\overline{AD}=\overline{BC}:\overline{CD}$이므로
$3:2=4:\overline{CD}$
$\therefore \overline{CD}=\dfrac{8}{3}(\text{cm})$

18 $400\,\mathrm{m}\times\dfrac{1}{5000}=40000\,\mathrm{cm}\times\dfrac{1}{5000}$
$=8\,\mathrm{cm}$

19 직각삼각형의 외심은 빗변의 중점이므로
(외접원의 반지름의 길이)
$=\dfrac{1}{2}\times$(빗변의 길이)$=\dfrac{13}{2}$ (cm)
$\therefore$ (외접원의 둘레의 길이)
$=2\pi\times\dfrac{13}{2}=13\pi$ (cm)

20 $\triangle ABP+\triangle CDP=\triangle BCP+\triangle ADP$
이므로
$21+27=\triangle BCP+25$
$\therefore \triangle BCP=23(\mathrm{cm}^2)$

21 $\overline{AB}^2=\overline{BD}\times\overline{BC}$이므로
$100=8(8+x),\ 100=64+8x$
$8x=36 \quad \therefore x=\dfrac{9}{2}$
$\overline{AD}^2=\overline{BD}\times\overline{CD}$이므로
$\overline{AD}^2=8\times\dfrac{9}{2}=36$
이때 $\overline{AD}>0$이므로 $\overline{AD}=6$
$\therefore y=6$
$\therefore x+y=\dfrac{9}{2}+6=\dfrac{21}{2}$

22 $\triangle ADB$와 $\triangle CEA$에서
$\angle ADB=\angle CEA=90°,$
$\overline{AB}=\overline{CA},$
$\angle DAB+\angle DBA$
$=\angle DAB+\angle EAC=90°$이므로
$\angle DBA=\angle EAC$
$\therefore \triangle ADB\equiv\triangle CEA$ (RHA 합동)
$\cdots$(i)
따라서 $\overline{DA}=\overline{EC}=2\,\mathrm{cm}$,
$\overline{AE}=\overline{BD}=3\,\mathrm{cm}$이므로
$\overline{DE}=\overline{DA}+\overline{AE}$
$=2+3=5(\mathrm{cm})$ $\cdots$(ii)

채점 기준	배점
(i) $\triangle ADB\equiv\triangle CEA$임을 보이기	4점
(ii) $\overline{DE}$의 길이 구하기	3점

23 두 원기둥의 닮음비가 $2:3$이므로 겉넓이의 비는 $2^2:3^2=4:9$ $\cdots$(i)
작은 원기둥의 겉넓이가 $80\,\mathrm{cm}^2$이므로
$80:$(큰 원기둥의 겉넓이)$=4:9$
$\therefore$ (큰 원기둥의 겉넓이)$=180(\mathrm{cm}^2)$
$\cdots$(ii)

채점 기준	배점
(i) 두 원기둥의 겉넓이의 비 구하기	2점
(ii) 큰 원기둥의 겉넓이 구하기	4점

2학기 중간고사 제2회 p. 3~4

1 ②	2 ④	3 ④	4 ③
5 ①, ③	6 ③	7 ④	8 ④
9 ②	10 ⑤	11 ③	12 ②
13 ②	14 ③	15 ③	16 ③
17 ①	18 ②	19 64°	
20 18 cm²		21 $\dfrac{56}{5}$	

22 27°, 과정은 풀이 참조

23 10, 과정은 풀이 참조

1 $\angle ABC=180°-110°=70°$
$\therefore \angle x=\dfrac{1}{2}\times(180°-70°)=55°$

2 $\triangle ABC$에서 $\overline{AB}=\overline{AC}$이므로
$\angle B=\angle C=\dfrac{1}{2}\times(180°-36°)=72°$
$\angle DBC=\dfrac{1}{2}\angle B=\dfrac{1}{2}\times72°=36°$
따라서 $\triangle BCD$에서
$\angle BDC=180°-(36°+72°)=72°$

3 $\angle B=\angle x$라 하면

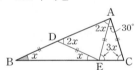

$\triangle AEC$에서
$30°+3\angle x+3\angle x=180°$
$6\angle x=150° \quad \therefore \angle x=25°$
$\therefore \angle B=25°$

4 $\angle B=\angle x$라 하면
$\triangle AMD$와 $\triangle BMD$에서
$\overline{AM}=\overline{BM}$, $\overline{DM}$은 공통,
$\angle AMD=\angle BMD=90°$이므로
$\triangle AMD\equiv\triangle BMD$ (SAS 합동)
$\therefore \angle DAM=\angle B=\angle x$
또 $\triangle AMD$와 $\triangle ACD$에서
$\angle AMD=\angle ACD=90°,$
$\overline{AD}$는 공통, $\overline{AM}=\overline{AC}$이므로
$\triangle AMD\equiv\triangle ACD$ (RHS 합동)
$\therefore \angle DAC=\angle DAM=\angle x$
$\triangle ABC$에서
$(\angle x+\angle x)+\angle x+90°=180°$
$3\angle x=90° \quad \therefore \angle x=30°$
$\therefore \angle B=30°$

5 ① 삼각형의 외심은 세 변의 수직이등분선의 교점이므로 $\overline{AD}=\overline{BD}$

③ 외심으로부터 세 꼭짓점에 이르는 거리는 같으므로 $\overline{OA}=\overline{OB}=\overline{OC}$

6 점 M은 직각삼각형 ABC의 빗변의 중점이므로 외심이다.
따라서 $\overline{MB}=\overline{MC}$이므로
$\angle MCB=\angle MBC=35°$
$\therefore \angle x=90°-35°=55°$

7 $25°+35°+\angle BAI=90°$이므로
$\angle BAI=30°$
$\angle ABI=\angle IBC=25°$이므로
$\triangle AIB$에서
$30°+25°+\angle AIB=180°$
$\therefore \angle AIB=125°$

8 내접원 I의 반지름의 길이를 r cm라 하면
$\triangle ABC=\dfrac{1}{2}\times r\times(\overline{AB}+\overline{BC}+\overline{CA})$
$\dfrac{1}{2}\times8\times6=\dfrac{1}{2}\times r\times(10+8+6)$
$24=12r \quad \therefore r=2$
따라서 $\triangle ABC$의 내접원의 넓이는
$\pi\times2^2=4\pi(\mathrm{cm}^2)$

9 $\angle D+\angle C=180°$이므로
$\angle D+115°=180° \quad \therefore \angle D=65°$
따라서 $\triangle AED$에서
$\angle AED=180°-(30°+65°)=85°$

10 $\angle DAF=\angle AFB$ (엇각)이므로
$\triangle ABF$는 $\overline{BF}=\overline{AB}=5$인 이등변삼각형이다.
$\therefore x=\overline{BC}-\overline{BF}=9-5=4$
$\angle BAE=\angle DEA$ (엇각)
따라서 $\triangle AED$는 $\overline{DA}=\overline{DE}$인 이등변삼각형이므로 $y=\overline{DA}=9$
$\therefore x+y=4+9=13$

11 ③ 평행하지 않은 한 쌍의 대변의 길이가 같으므로 평행사변형이 되는 조건을 만족하지 못한다.

12 $\overline{AD}\,/\!/\,\overline{BC}$이고 밑변 BC가 공통이므로
$\triangle DBC=\triangle ABC=7\,\mathrm{cm}^2$
$\therefore \square BEFD=4\triangle DBC$
$=4\times7=28(\mathrm{cm}^2)$

13 $4(● + ×) = 360°$이므로 $● + × = 90°$
따라서 △ABE, △AFD, △DGC,
△BCH에서
$∠HEF = ∠AFD = ∠HGF$
$= ∠BHC = 90°$
이므로 □EFGH는 직사각형이다.
②는 마름모의 성질이다.

14 점 D를 지나
고 $\overline{AB}$에 평행
한 직선이 변
BC와 만나는
점을 E라 하면 □ABED는 평행사변
형이므로
$\overline{AB} = \overline{DE}$, $\overline{BE} = \overline{AD} = 6\,cm$
또 $∠DEB = ∠A = 120°$이므로
$∠DEC = 180° - 120° = 60°$
$∠DCE = ∠ABE = 180° - 120° = 60°$
따라서 △DEC는 정삼각형이므로
$\overline{DE} = \overline{DC} = \overline{CE} = 14 - 6 = 8(cm)$
$∴ \overline{AB} = \overline{DE} = 8\,cm$

15 평행사변형 ABCD에서 $∠B = 90°$이
면 □ABCD는 직사각형이고,
$\overline{AC} ⊥ \overline{BD}$이면 □ABCD는 마름모
이므로 두 조건을 모두 만족하면
□ABCD는 정사각형이 된다.

16 ① $∠G = ∠C = 80°$
② $∠E = ∠A$
$= 360° - (75° + 80° + 130°)$
$= 75°$
③ 닮음비가 $8 : 12 = 2 : 3$ (⑤)이므로
$2 : 3 = \overline{AB} : 15$
$∴ \overline{AB} = 10(cm)$
④ $2 : 3 = \overline{AD} : \overline{EH}$이므로
$2 : 3 = 6 : \overline{EH}$ $∴ \overline{EH} = 9(cm)$
따라서 옳지 않은 것은 ③이다.

17 그릇의 높이와 수면의 높이의 비가
$3 : 2$이므로
(그릇의 부피) : (물의 부피) $= 3^3 : 2^3$
즉, $270 :$ (물의 부피) $= 27 : 8$
$∴$ (물의 부피) $= 80(mL)$

18 △ABC와 △CBD에서
$\overline{BA} : \overline{BC} = \overline{BC} : \overline{BD} = 2 : 1$,
$∠B$는 공통이므로
△ABC∽△CBD (SAS 닮음)
따라서 $\overline{AC} : \overline{CD} = 2 : 1$이므로
$x : 4 = 2 : 1$ $∴ x = 8$

19 $∠BAC = ∠x$ (접은 각),
$∠ACB = ∠x$ (엇각)
이므로 $∠BAC = ∠ACB$
따라서 △ABC는 이등변삼각형이므로
$∠x = \frac{1}{2} × (180° - 52°) = 64°$

20 $\overline{AC} /\!/ \overline{DE}$이고 밑변 AC가 공통이므로
△ACD = △ACE
$∴ □ABCD = △ABC + △ACD$
$= △ABC + △ACE$
$= △ABE$
$= \frac{1}{2} × (6 + 3) × 4$
$= 18(cm^2)$

21 $\overline{AB}^2 = \overline{BD} × \overline{BC}$에서
$8^2 = x × 10$ $∴ x = \frac{32}{5}$
$\overline{AD} × \overline{BC} = \overline{AB} × \overline{AC}$에서
$y × 10 = 8 × 6$ $∴ y = \frac{24}{5}$
$∴ x + y = \frac{32}{5} + \frac{24}{5} = \frac{56}{5}$

22 점 I가 △ABC의 내심이므로
$∠BIC = 90° + \frac{1}{2}∠A$
$= 90° + \frac{1}{2} × 42° = 111°$ ⋯(i)
점 O가 △ABC의 외심이므로
$∠BOC = 2∠A = 84°$ ⋯(ii)
$∴ ∠BIC - ∠BOC$
$= 111° - 84° = 27°$ ⋯(iii)

채점 기준	배점
(i) $∠BIC$의 크기 구하기	2점
(ii) $∠BOC$의 크기 구하기	2점
(iii) $∠BIC - ∠BOC$의 크기 구하기	2점

23 △ABC′과 △DC′F에서
$∠BAC′ = ∠C′DF = 90°$,
$∠ABC′ = 90° - ∠AC′B$
$= ∠DC′F$
$∴ △ABC′∽△DC′F$ (AA 닮음)
⋯(i)
따라서 $\overline{AB} : \overline{DC′} = \overline{AC′} : \overline{DF}$
이므로 $8 : 4 = \overline{AC′} : 3$
$4\overline{AC′} = 24$ $∴ \overline{AC′} = 6$ ⋯(ii)
$∴ \overline{BC′} = \overline{AD} = \overline{AC′} + \overline{C′D}$
$= 6 + 4 = 10$ ⋯(iii)

채점 기준	배점
(i) △ABC′∽△DC′F임을 알기	2점
(ii) $\overline{AC′}$의 길이 구하기	3점
(iii) $\overline{BC′}$의 길이 구하기	2점

2학기 기말고사 제1회 p.5~6

1 ⑤	2 ④	3 ③	4 ③
5 ②	6 ②	7 ①	8 ①
9 ④	10 ⑤	11 ③	12 ⑤
13 ②	14 ③	15 ⑤	16 ⑤
17 ②	18 ④	19 12 cm	
20 20	21 30		
22 12 cm, 과정은 풀이 참조			
23 $\frac{1}{2}$, 과정은 풀이 참조			

1 △AQC에서
$\overline{AP} : \overline{AQ} = 8 : 10 = 4 : 5$이므로
$\overline{AP} : \overline{AQ} = \overline{DP} : \overline{BQ}$
$4 : 5 = \overline{DP} : 5$ $∴ \overline{DP} = 4(cm)$

2 $x : 6 = 20 : (20 - 12)$
$∴ x = 15$

3 점 A를 지나고
$\overline{DC}$에 평행한 직
선이 $\overline{EF}$, $\overline{BC}$와
만나는 점을 각
각 P, Q라 하면
$\overline{PF} = \overline{QC} = \overline{AD} = 9\,cm$
$∴ \overline{EP} = \overline{EF} - \overline{PF} = 13 - 9 = 4(cm)$
△ABQ에서
$\overline{EP} : \overline{BQ} = \overline{AE} : \overline{AB} = 2 : 3$이므로
$4 : \overline{BQ} = 2 : 3$ $∴ \overline{BQ} = 6(cm)$
$∴ \overline{BC} = \overline{BQ} + \overline{QC}$
$= 6 + 9 = 15(cm)$

4 $\overline{AB} /\!/ \overline{PH} /\!/ \overline{DC}$이므로
$\overline{BP} : \overline{DP} = 8 : 12 = 2 : 3$
△BCD에서
$\overline{BP} : \overline{BD} = \overline{PH} : \overline{DC}$
$2 : 5 = \overline{PH} : 12$, $5\overline{PH} = 24$
$∴ \overline{PH} = \frac{24}{5}(cm)$

5 $\overline{BG} : \overline{GE} = 2 : 1$이므로
$\overline{GE} = \frac{1}{3}\overline{BE} = \frac{1}{3} × 24 = 8(cm)$
△GFD∽△GEA (AA 닮음)이므로
$\overline{GF} : \overline{GE} = \overline{GD} : \overline{GA} = 1 : 2$
$\overline{GF} : 8 = 1 : 2$ $∴ \overline{GF} = 4(cm)$

6 점 G가 △ABC의 무게중심이므로
$\overline{BG} : \overline{GE} = 2 : 1$
이때 △DBG : △DGE = 2 : 1이므로

$\triangle DBG = 2\triangle DGE$
$= 2 \times 3 = 6(cm^2)$
$\therefore \triangle ABC = 6\triangle DBG$
$= 6 \times 6 = 36(cm^2)$

7 $\overline{BO} = \frac{1}{2}\overline{BD} = \frac{1}{2} \times 18 = 9(cm)$
점 F는 $\triangle ABC$의 무게중심이므로
$\overline{FO} = \frac{1}{3}\overline{BO} = \frac{1}{3} \times 9 = 3(cm)$

8 오른쪽 그림과 같이 $\triangle ABC$의 꼭짓점 A에서 $\overline{BC}$에 내린 수선의 발을 H라 하면 $\triangle ABH$에서 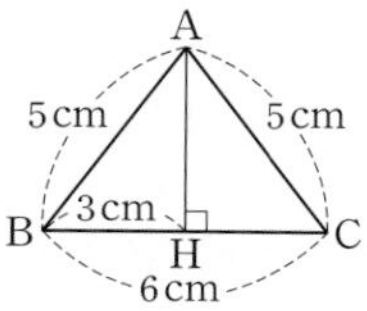
$\overline{AH}^2 = 5^2 - 3^2 = 16$
이때 $\overline{AH} > 0$이므로 $\overline{AH} = 4(cm)$
$\therefore \triangle ABC = \frac{1}{2} \times \overline{BC} \times \overline{AH}$
$= \frac{1}{2} \times 6 \times 4 = 12(cm^2)$

9 $\triangle FAC = \triangle FAB = \triangle CAD$
$= \triangle HAD = \triangle DIH$
따라서 나머지 넷과 다른 하나는 ④이다.

10 $\triangle BCD$에서 $\overline{BD}^2 = 16^2 + 12^2 = 400$
이때 $\overline{BD} > 0$이므로 $\overline{BD} = 20(cm)$
$\overline{BC} \times \overline{CD} = \overline{BD} \times \overline{CH}$이므로
$16 \times 12 = 20 \times \overline{CH}$, $20\overline{CH} = 192$
$\therefore \overline{CH} = \frac{48}{5}(cm)$

11 (색칠한 부분의 넓이)
$= \triangle ABC = \frac{1}{2} \times 12 \times 9 = 54(cm^2)$

12 $2 \times 2 \times 2 \times 6 = 48$

13 십의 자리에 올 수 있는 숫자는 0을 제외한 3가지, 일의 자리에 올 수 있는 숫자는 십의 자리의 숫자를 제외한 3가지이다.
따라서 만들 수 있는 두 자리의 자연수는 모두 $3 \times 3 = 9$(개)이다.

14 B, D를 하나로 묶어 한 줄로 세우는 경우의 수는 $4 \times 3 \times 2 \times 1 = 24$
이때 B, D가 서로 자리를 바꿀 수 있다.
따라서 구하는 경우의 수는
$24 \times 2 = 48$

15 ⑤ 사건 A와 사건 B가 동시에 일어날 확률은 $p \times q$이다.

16 모든 경우의 수는 $2 \times 2 \times 2 = 8$
$\therefore$ (앞면이 적어도 한 개 이상 나올 확률)
$= 1 - $(세 동전 모두 뒷면이 나올 확률)
$= 1 - \frac{1}{8} = \frac{7}{8}$

17 (내일 비가 올 확률)
$\times$ (내일 황사가 올 확률)
$= \frac{60}{100} \times \frac{20}{100} = \frac{3}{25}$
$\therefore \frac{3}{25} \times 100 = 12(\%)$

18 A가 당첨될 확률은 $\frac{3}{8}$이고, 뽑은 제비는 다시 넣지 않으므로 B가 당첨되지 않을 확률은 $\frac{5}{7}$이다.
따라서 구하는 확률은 $\frac{3}{8} \times \frac{5}{7} = \frac{15}{56}$

19 $\overline{GG'} : \overline{G'D} = 2 : 1$이므로
$\overline{G'D} = \frac{1}{2}\overline{GG'} = \frac{1}{2} \times 4 = 2(cm)$
$\therefore \overline{GD} = \overline{GG'} + \overline{G'D}$
$= 4 + 2 = 6(cm)$
이때 $\overline{AG} : \overline{GD} = 2 : 1$
$\therefore \overline{AG} = 2\overline{GD} = 2 \times 6 = 12(cm)$

20 $\overline{AP}^2 + \overline{CP}^2 = \overline{BP}^2 + \overline{DP}^2$이므로
$\overline{AP}^2 + 6^2 = \overline{BP}^2 + 4^2$
$\therefore \overline{BP}^2 - \overline{AP}^2 = 6^2 - 4^2 = 20$

21 $x = 5 \times 4 = 20$, $y = \frac{5 \times 4}{2} = 10$
$\therefore x + y = 20 + 10 = 30$

22 점 D를 지나고 $\overline{BC}$에 평행한 직선이 $\overline{AC}$와 만나는 점을 F라 하면
$\cdots$ (i) 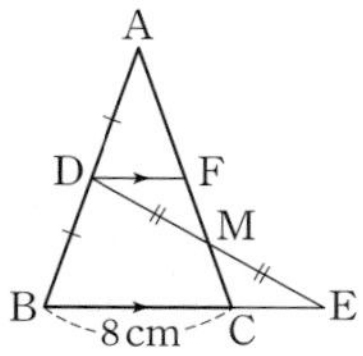
$\overline{AD} = \overline{DB}$,
$\overline{DF} /\!/ \overline{BC}$이므로
$\overline{DF} = \frac{1}{2}\overline{BC} = \frac{1}{2} \times 8 = 4(cm) \cdots$ (ii)
$\triangle DMF$와 $\triangle EMC$에서
$\overline{DM} = \overline{EM}$,
$\angle DMF = \angle EMC$ (맞꼭지각),
$\angle FDM = \angle CEM$ (엇각)이므로
$\triangle DMF \equiv \triangle EMC$ (ASA 합동)
$\cdots$ (iii)

따라서 $\overline{EC} = \overline{DF} = 4cm$이므로
$\overline{BE} = \overline{BC} + \overline{CE} = 8 + 4 = 12(cm)$
$\cdots$ (iv)

채점 기준	배점
(i) 보조선 DF 긋기	1점
(ii) $\overline{DF}$의 길이 구하기	2점
(iii) $\triangle DMF \equiv \triangle EMC$임을 보이기	2점
(iv) $\overline{BE}$의 길이 구하기	1점

23 현수는 합격하고, 민서는 불합격할 확률은 $\frac{1}{2} \times \frac{2}{5} = \frac{1}{5}$ $\cdots$ (i)
현수는 불합격하고, 민서는 합격할 확률은 $\frac{1}{2} \times \frac{3}{5} = \frac{3}{10}$ $\cdots$ (ii)
따라서 구하는 확률은
$\frac{1}{5} + \frac{3}{10} = \frac{1}{2}$ $\cdots$ (iii)

채점 기준	배점
(i) 현수는 합격하고, 민서는 불합격할 확률 구하기	3점
(ii) 현수는 불합격하고, 민서는 합격할 확률 구하기	3점
(iii) 한 사람만 합격할 확률 구하기	1점

2학기 기말고사 제2회 p. 7~8

1 ④	2 ②	3 ②	4 ③
5 ②	6 ①	7 ②	8 ②
9 ④	10 ①, ③	11 ①	12 ⑤
13 ④	14 ③	15 ④	16 ③
17 ①	18 ③	19 12	
20 15 cm		21 24	
22 16 cm², 과정은 풀이 참조			
23 $\frac{1}{2}$, 과정은 풀이 참조			

1 $\overline{AB} : \overline{AC} = \overline{BD} : \overline{CD}$이므로
$10 : 8 = 5 : x$ $\therefore x = 4$

2 $\overline{AD} /\!/ \overline{MN} /\!/ \overline{BC}$이므로
$\triangle ABC$에서
$\overline{MF} = \frac{1}{2}\overline{BC} = \frac{1}{2} \times 12 = 6(cm)$
$\triangle ABD$에서
$\overline{ME} = \frac{1}{2}\overline{AD} = \frac{1}{2} \times 8 = 4(cm)$
$\therefore \overline{EF} = \overline{MF} - \overline{ME}$
$= 6 - 4 = 2(cm)$

3 $\overline{DE} = \frac{1}{2}\overline{AC} = \frac{1}{2} \times 12 = 6(cm)$
$\overline{EF} = \frac{1}{2}\overline{AB} = \frac{1}{2} \times 14 = 7(cm)$

$\overline{DF}=\dfrac{1}{2}\overline{BC}=\dfrac{1}{2}\times16=8(cm)$

∴ (△DEF의 둘레의 길이)
　　$=6+7+8=21(cm)$

4 $\overline{AD}/\!/\overline{EF}/\!/\overline{BC}$이므로
$\overline{AF}:\overline{FC}=4:6=2:3$
따라서 $\overline{AD}:\overline{BC}=2:3$이므로
$\overline{AD}:12=2:3$ 　　∴ $\overline{AD}=8$

5 $\overline{AG}:\overline{GD}=2:1$이므로
$\overline{AG}=2\overline{GD}=2\times6=12(cm)$
△ADC에서
$\overline{AF}=\overline{FC},\ \overline{DE}=\overline{EC}$이므로
$\overline{EF}=\dfrac{1}{2}\overline{AD}=\dfrac{1}{2}\times18=9(cm)$

6 △DBE에서 $\overline{BE}:\overline{GE}=3:1$이므로
△DGE $=\dfrac{1}{3}$△DBE
　　　　$=\dfrac{1}{3}\times\dfrac{1}{2}$△ABE
　　　　$=\dfrac{1}{6}\times\dfrac{1}{2}$△ABC
　　　　$=\dfrac{1}{12}$△ABC
　　　　$=\dfrac{1}{12}\times24=2(cm^2)$

7 $\overline{AC}$를 그으면
점 P는 △ABC의 무게중심이고
점 Q는 △ACD의 무게중심이다.
△APQ와 △AEF에서
$\overline{AP}:\overline{AE}=\overline{AQ}:\overline{AF}=2:3$
∠A는 공통이므로
△APQ∽△AEF (SAS 닮음)
△APQ와 △AEF의 닮음비가 $2:3$
이므로 넓이의 비는 $2^2:3^2=4:9$
즉, $12:$△AEF$=4:9$이므로
△AEF$=27(cm^2)$
∴ □PEFQ $=$△AEF$-$△APQ
　　　　　$=27-12=15(cm^2)$

8 △ABC에서 $\overline{BC}^2=15^2-12^2=81$
이때 $\overline{BC}>0$이므로 $\overline{BC}=9(cm)$
△ABD에서
$\overline{AD}^2=12^2+(9+7)^2=400$
이때 $\overline{AD}>0$이므로 $\overline{AD}=20(cm)$

9 △EBA
　　$=$△EBC
　　$=$△ABF
　　$=$△LBF
이므로
□BFML

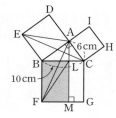

　　$=2$△LBF$=2$△EBA$=$□ADEB
△ABC에서 $\overline{AB}^2=10^2-6^2=64$
이때 $\overline{AB}>0$이므로 $\overline{AB}=8(cm)$
∴ □BFML $=$□ADEB
　　　　　$=8^2=64(cm^2)$

10 ① $13^2=5^2+12^2$이므로 직각삼각형
② $9^2<6^2+8^2$이므로 예각삼각형
③ $10^2=6^2+8^2$이므로 직각삼각형
④ $11^2<9^2+10^2$이므로 예각삼각형
⑤ $15^2>9^2+11^2$이므로 둔각삼각형
따라서 직각삼각형인 것은 ①, ③이다.

11 $\overline{AB}^2+\overline{CD}^2=\overline{AD}^2+\overline{BC}^2$이므로
$5^2+\overline{CD}^2=\overline{AD}^2+7^2$
∴ $\overline{CD}^2-\overline{AD}^2=7^2-5^2=24$

12 (i) 두 눈의 수의 합이 3인 경우:
　　$(1,2),(2,1)$의 2가지
(ii) 두 눈의 수의 합이 5인 경우:
　　$(1,4),(2,3),(3,2),(4,1)$의
　　4가지
따라서 (i), (ii)에 의해 구하는 경우의
수는 $2+4=6$

13 2개의 자음 각각에 대하여 6개의 모음
이 올 수 있다.
따라서 만들 수 있는 모든 글자는
$2\times6=12(개)$이다.

14 5명 중에서 자격이 같은 대표 2명을 뽑
는 경우의 수와 같으므로 구하는 선분의
개수는 $\dfrac{5\times4}{2}=10(개)$이다.

15 모든 경우의 수는 10이고 10의 약수는
1, 2, 5, 10의 4가지이다.
따라서 구하는 확률은 $\dfrac{4}{10}=\dfrac{2}{5}$

16 ① 눈의 수가 8인 경우는 없으므로 확
　　률은 0이다.
②, ⑤ 확률은 0이다.
④ $(2,4)$와 같이 두 눈의 수의 합이
　　짝수가 되는 경우가 있으므로 반드
　　시 홀수가 되는 것은 아니다.
따라서 확률이 1이 아니다.

17 (A, B 중 적어도 한 사람은 문제를 맞
힐 확률)
$=1-$(A, B 모두 문제를 틀릴 확률)
$=1-\left(\dfrac{3}{5}\times\dfrac{1}{4}\right)=\dfrac{17}{20}$

18 (A는 흰 공, B는 검은 공이 나올 확률)
　　$+$(A는 검은 공, B는 흰 공이 나올 확률)
$=\dfrac{2}{6}\times\dfrac{2}{5}+\dfrac{4}{6}\times\dfrac{3}{5}=\dfrac{8}{15}$

19 $10:(10+5)=x:12$이므로
$15x=120$ 　　∴ $x=8$
$10:5=8:y$이므로
$10y=40$ 　　∴ $y=4$
∴ $x+y=8+4=12$

20 △AFG에서
$\overline{AG}^2$
$=(4+5)^2+12^2$
$=225$
이때 $\overline{AG}>0$이므로
$\overline{AG}=15(cm)$
따라서 최단 거리는 15 cm이다.

21 K는 맨 앞에, N은 맨 뒤에 고정시키
고 O, R, E, A 4개의 알파벳을 일렬
로 나열하는 경우의 수와 같다.
∴ $4\times3\times2\times1=24$

22 △ADF∽△ABE (AA 닮음)이고
닮음비가 $1:2$이므로
넓이의 비는 $1^2:2^2=1:4$ 　…(i)
즉, △ADF : △ABE$=1:4$이므로
$4:$△ABE$=1:4$
∴ △ABE$=16(cm^2)$ 　…(ii)
두 점 D, E는 각각 $\overline{AB},\overline{AC}$의 중점
이므로
△DBC$=\dfrac{1}{2}$△ABC,
△ABE$=\dfrac{1}{2}$△ABC
∴ △DBC$=$△ABE$=16\ cm^2$
　　　　　　　　　　　　…(iii)

채점 기준	배점
(i) △ADF와 △ABE의 넓이의 　비 구하기	2점
(ii) △ABE의 넓이 구하기	3점
(iii) △DBC의 넓이 구하기	2점

23 모든 경우의 수는 $4\times4=16$ 　…(i)
만든 자연수가 30 이상인 경우는
30, 31, 32, 34, 40, 41, 42, 43의
8가지이다. 　…(ii)
따라서 구하는 확률은 $\dfrac{8}{16}=\dfrac{1}{2}$ …(iii)

채점 기준	배점
(i) 모든 경우의 수 구하기	2점
(ii) 만든 자연수가 30 이상인 경우 　의 수 구하기	2점
(iii) 만든 자연수가 30 이상일 확률 　구하기	2점

visang

업계유일
비상교재
독점강의

ONLY META

비상 교재속 모르는 부분은?

콕강의로
바로 해결

개념 키워드와 교재 페이지 번호만 입력하면
필요한 강의를 바로 볼 수 있어요!

콕 강의
30회 무료
이용 쿠폰

*QR코드 찍고
쿠폰 등록하기

TM21019161451606

혜택 1	혜택 2

콕 강의 100% 당첨 쿠폰 등록 이벤트

온리원 무료체험 혜택

쿠폰 등록하면 간식, 학용품 등 100% 당첨

콕 강의 이용권은 위 QR코드를 통해 등록 가능합니다. / 콕 강의 이용권은 ID 당 1회만
사용할 수 있습니다. / 당첨 경품은 두 달마다 변경됩니다.

전학년 전과목 7일 간 무료 학습
+
메타인지 안내서 전원 증정

국내 최초로 선보이는 메타인지 기반 완전 학습 온리원으로
배우고, 꺼내서 확인하고, 부족한 것은 채우는 100% 완전한 학습이 가능해집니다

내·공·의·힘·시·리·즈 단기간에 핵심만 빠르게, 내신 만점을 위한 공부법을 제시합니다.

대표전화 1544-0554
주소 서울특별시 구로구 디지털로33길 48 대륭포스트타워 7차 20층
협의 없는 무단 복제는 법으로 금지되어 있습니다.